ノーベル賞の真実

いま明かされる選考の裏面史

E・ノルビー 著
井 上 栄 訳

東京化学同人

NOBEL PRIZES
and
Nature's Surprises

ERLING NORRBY

World Scientific Publishing Co. Pte. Ltd.

Japanese translation arranged with World Scientific Publishing Co. Pte. Ltd., Singapore.

まえがき

私はノーベル賞に関しての本をすでに出版し（Nobel Prizes and Life Sciences, 2010. 日本語訳『ノーベル賞はこうして決まる』千葉喜久枝訳、創元社）、執筆の際ノーベル文書館の資料を利用した。そして今、その資料の価値をますます感じるようになった。この文書に匹敵する歴史的資料は世界中探してもここ以外にはない。ノーベル賞候補の推薦を外部にお願いした場合の推薦文の内容はさまざまであるが、その情報は価値あるものが多い。しかし何といっても中核となる資料はノーベル委員会メンバーによる評価である。この評価資料は通常よくできており、特定の委員が他の委員と密に連絡をとってつくったもので、その時点で最善のものと期待される。そこでの評価文を完全に理解するには、スウェーデン語の言葉の綾《あや》がわかり、かつその時代の学問の風潮も知っておかねばならない。ある候補者に関する評価が時期とともに熟し、昔の通説が破綻して新たな自然科学の理解へと変化することは大変興味深い。この点に関しては一九六〇年代、生物の情報はタンパク質でなく核酸に蓄えられていることが明らかになったことがあげられる。一方、タンパク質は細胞機能に必要な構造であり道具となる。ノーベル文書館資料を使ってこのような生物学の革命の刻々の動向を調べることができたのである。一九五〇、六〇年代のノーベル委員会メンバーはあまり変わらなかったので、その時代における自然理解の変化を調べるのには都合がよかった。

前著のいくつかの章は科学ジャーナルの総説として書いたものを改訂したものだったが、続編（第二作）となる本書（Nobel Prizes and Nature's Surprises, 2013）はすべて新たに書き下ろした。本書ではノーベル生理学・医学賞に焦点を絞って、授賞年は一九六〇〜六二年を中心に扱った。カロリンスカ研究所および王立スウェーデン科学アカデミーのノーベル文書館資料を並行して調べた。ただし化学賞に関しては一九六二年、一九六四年について詳しく書いた。一九五〇年代の分子生物学勃興の時代には、化学賞と生理学・医学賞の候補者に重複があったことを指摘しておきたい。

第1章は、オーストラリアのウイルス学者バーネットについてである。私はスヴェン・ガード教授（カロリンスカ研究所のウイルス学教室の私の前任者）から、バーネットを紹介されたことがある。ガードは一九五〇年代、バーネットをウイルス学の業績でノーベル賞に強く推したが、そうはならなかった。ノーベル委員会は、免疫学のメダワーとの共同授賞（一九六〇年）とすることで決着をつけたのであった。受賞者について書くと、それぞれの人物についてよく知ることになる。

本書で取上げたノーベル賞候補者のうち、バーネットは私が二番目に精通している人物である。その理由は、彼が自伝だけでなく人類生存などの広い範囲の問題に関して多作であったからだ。執筆にあたり、バーネットの同僚でありウォルター＆エリザ・ホール医学研究所の後任の所長グスタフ・ノッサルと、初期の学生でのち教授になったデレク・デントンからバーネットの個人的な情報をいただいた。デントンはスザンヌ・コリーとともに研究所に保管されていたノーベル賞のメダルと賞状の写真を提供してくださった。もう一人のオーストラリア人研究者で、のちに免疫学で受賞したピーター・ドハティには、免疫学に関する第1章の初期の原稿を読んでいただき、また本書（英文原書）の裏表紙に載せた感想文をいただいた。

第2章は、一九六〇年に免疫寛容の発見でバーネットと共同受賞したピーター・メダワーに関するものである。彼もバーネットと同様に、生命に関する幅広い領域に関して彼自身の研究と思想を本にしている。この二大学者についてゲオルク・クラインからもコメントをいただいた。クラインは、一九五〇年代後半からカロリンスカ研究所でノーベル賞審査に関わり、さらに医学生物学の分野の研究者に関して多数のエッセー（多くはスウェーデン語）を書いており、期待以上の情報源になった。また全原稿ができあがった時点でも、部分的に原稿を読んでいただき、コメントをもらい続けた。バーネットとメダワーを組合わせたのはノーベル委員会である。アーサー・シルバースタインは、「免疫寛容」という言葉がまだ科学界で一般的でなかったときにノーベル委員会はすでに注目していた、と私に指摘してくださった。

一九六〇年の賞は免疫学分野では三〇年ぶりであった。この分野は、この賞以降に重要な発見がなされたので頻繁に授賞対象となった。それゆえ、それらを第3章で取上げた。免疫学は非常に複雑な学問分野となったが、たとえば自己免疫疾患を病因から治療するためには免疫調節の基礎をさらに理解することが必要である。第4章は、臓器移植を可能にした免疫抑制の成功物語である。これは、人体における持続ウイルス感染を深く理解するようになったことを背景にしている。ドハティおよびクラス・シェーレは第3、4章の内容にコメントしてくださった。神経免疫学者のボドヴァー・ヴァンドドヴィクは第1〜4章まで読んで建設的な批評をしてくださった。彼はまたこれらの章のいくつかの節を一つの章にまとめるよう勧めてくださり、最終的にはそのようにした。ヤン・リンドステンは一九八〇、九〇年代のカロリンスカ研究所ノーベル委員会に関する情報と写真を提供してくださった。

一九六二年はノーベル化学賞および生理学・医学賞委員会の両者にとってきわめて重要な年であった。画期的で決定的な科学の二つの進展、すなわち巨大なタンパク質分子の三次元折りたたみの原理、およびDNAの構造が認識された年だった。これを第5章および第6章で詳しく扱うことにする。アンデルシュ・リリャは、ローレンス・ブラッグについて貴重な情報と写真を二枚提供してくださった。うち一枚はイヴァール・オロフソンが撮ったもので、彼はさらに手持ち写真からもう一枚を提供してくださった。さらにカロル・コリリョンからも写真を一枚いただだいた。第6章でペルオーケ・アルバートソンはティセリウスに関しての情報を提供してくださった。アーロン・クルーグは執筆する私を元気づけてくださり、原書裏表紙の推薦文もいただだいた。クリックの最初の結婚での息子マイケルは、授賞式にクリックの妻オディールと二人の娘のほかに彼自身も参席していたことを親切に教えてくださった。クリックとリッチの写真はチャン・シゥーガンからいただだいた。ジェームス・ダーネルは遺伝子概念の概観を教えてくださり、イストヴァン・ハルギッタイからは、彼自身のノーベル賞に関する本および個人的な接触を介して貴重な情報をいただだいた。クレイグ・ヴェンターは第6章の組立てに親切なコメントをくださった。

私が調べた人々のなかで最も知りたいと思ったのはロザリンド・フランクリンである。親密な友人や親戚にさえ隠されていたパーソナリティの部分があることを感じたからだ。J・クレイグ・ヴェンター研究所の文書館には彼女の手書きの手紙を含むたくさんの資料がある。手書きの文章を見ると、その人が亡くなってから時が経っていても直接会っているような気持ちになる。私はDNA構造発見に関する第6章を書いてから、彼女に関する新しい本を読んだ。それ以前に読んだのはアン・セイヤーとブレンダ・マドックスの価値ある本で、新しい本とは二〇一二年に出版されたジェニファー・グリンによるものだ。題名は『私の妹ロザリンド・フランクリン』で、心をひかれる本であった。

グリンからは第6章の内容にコメントをいただき、それを執筆の最後の段階で組込んだ。さらにこの章の最終版には、コールドスプリングハーバー研究所のヤン・ウィトコウスキーからも価値あるコメントをいただいた。

科学をすること、および科学をする人のパーソナリティについて、本書がさらなる議論を喚起してくれることが私の希望である。この「まえがき」で、フランクリンがパリにいたときに父親に宛てた手紙の一部を引用したい（これはグリンの本に載ったものである）。その手紙には科学者が特に関与することについて一般的な説明がある。

《お父様は私の職業の重要性についてお聞きになりました。たぶんそれを職業とよぶのは正しくないでしょう。私は純粋な研究をする場で働いており、直接産業には結びついていません。（ある人は、「純粋研究」と言います。他の人はそのような研究はないと言います。すべての科学の進歩は最終的には有益だからという理由です。）だから私は、お給料をもらい、自分自身のアイデアで―そして誰かのアイデアを借りても―研究施設を使えるのです。私の仕事の重要性は、もちろん私が何をやれるか―どんな結果を出せるか（出せるとして）にかかっています。》

研究者の立場をこれ以上によく述べることは難しい。そして実際、他の科学者が彼女のアイデアと研究結果を借りたのだった！

私はJ・クレイグ・ヴェンター研究所の評議委員会副議長を務めた。このことは本書の執筆に大変役に立った。特定の本を入手するのにジュリー・アデルソンが面倒を見てくださり、特にこの研究所の豊富な記録資料を利用できた。その資料の中核はジェレミー・ノーマンが収集したもので、何年か前に当研究所に移されたものである。二〇一二年秋以降、資料はクリスタル・カーペンターによってよく管理されている。彼女も資料探しを手伝ってくれ、本書の写真の何枚かを撮ってくださった。

シンガポールのWorld Scientific Publishing社での楽しい出会いにも感謝する。特に会長であるプア・コック・クー教授は、私のノーベル賞に関する執筆―研究者個人とその環境、学問の最前線に関する本―の意義を確信していただいた。編集者キム・タンはプロとしての援助をしてくださり、私のシンガポール滞在時には快適な仕事環境を提供してくださった。シンガポール南洋理工大学での同僚、バーティル・アンダーソンとヤン・ヴァスビンダーは私の仕事を勇気づけてくださった。

英語は私の母国語ではないので、全文をハリー・D・ワトソンに読んでいただいた。彼の洞察にあふれ当を得た修正に感謝する。その協力への謝金はスヴェン&ダグマー・サレン財団からの補助金を使った。

ノーベル賞に関係する多くの異なる機関が私の仕事を援助してくださった。ノーベル財団のヨンナ・ペターションと彼女の臨時代理役であったシアヴァシ・ポルヌーリは、二〇一二年十二月開催の「ノーベル週間討論会」でのジェームズ・ワトソンの写真とノーベル賞メダルに関する情報を提供してくださった。ノーベル博物館のオロフ・アメリンは同年その博物館に寄付されたワトソンとクリックの胸像のことを知らせてくださった。彼とワトソン、特に彫刻家ダニエル・アルトシューラーの協力のもと、その胸像写真を本書の表紙に載せた。カロリンスカ研究所のノーベル生理学・医学賞委員会書記ヨラン・ハンソンからは保管文書を調べる許可をいただき、事務局のアン＝マリ・デュマンスキとタチアナ・ゴリアチェヴァは私の訪問時に手助けをしてくださった。

私は今スウェーデン王立科学アカデミーの科学史センターに部屋をもっている。ここは私の好きな仕事場である。ノーベル文書館へ三十秒で行けるだけでなく、センターの職員もすばらしい。館長カール・グランディンは私の仕事に必要なサポートをしてくださっただけでなく、本書の表や写真のことで時間をとってくださり、また私のパソコンにトラブルが起こったときも助けてくださった。マリア・アスプ、アン・ミッシェ・デ・マレレー、ヨナス・ヘグブロム、オーセ・フリッド、そしてセンターで隣室のベングト・ヤングフェルト―偉大な人文学者で作家かつ知的な口論相手―によって、私の仕事環境は幸せで彩られ、仕事上の洞察にも恵まれた。コーヒーブレイクや昼食時に議論した話題の範囲は無限であった。

最後の感謝は家族に対してである。妻マルガレータは私の執筆への執念に常に変わらぬ援助と忍耐をもってくれたので、本書をつくるという企画をやっと終わらせることができた。前著は妻に捧げたが、本書は私ども夫婦の三人の子ども、ヤコブ、ラルシュ、クリスチーナに捧げたい。私どもの生活に豊かさと楽しみを与えてくれる子どもたちがいかに重要であるかは言い尽せない。

訳者まえがき

本書は、生命科学のノーベル賞（生理学・医学賞および化学賞）に関するE・ノルビーの第二作の日本語訳である。本書を読めば受賞者の研究内容だけでなく、生命科学発展の歴史も知ることができる。また、受賞者の人物に関しての著者の率直な感想が書かれている。

ノーベル賞は世界で一番権威ある賞である。小国スウェーデンの名前を他国人が知るのもこの賞のおかげである。なぜ権威があるかというと、授賞者の選考に国家や企業が関与せずに、国境を越えて世界で最高の業績をあげた人が公正に選ばれる仕組みになっているからだ。著者は第三作に以下の挿話を入れている。昔、ドゴール仏大統領がスウェーデン首相に、ノーベル賞がフランス人にあまり与えられていないと小言を述べ、なんとかできないかと言った。政治家は（首相でも）ノーベル賞選考に口を挟めないとの答えは大統領をひどく驚かせたそうだ。

ノーベル賞の賞金は大きいが、二人への共同授賞であれば個人の額は二分の一に、三人への共同授賞では三分の一または四分の一（賞の対象題目が二つで、その一つを二人で分け合う場合）になる。今は賞金の額がノーベル賞を超える賞もある。しかし右記のような特徴をもち、かつ一九〇一年の発足以来、二度の世界大戦を乗り越えて継続してきた百年以上の長い歴史と伝統がある賞は他にないのだ。

本書を読む前にノーベル賞がどのように決まるのかを知っておけば読みやすくなるので、ここで簡単に説明しておこう。

まず生理学・医学賞について説明すると、カロリンスカ研究所の教授五名からなるノーベル委員会が選ぶ。世界中から推薦された候補者を評価して、毎年一つの賞（受賞者は三人まで）に絞る。賞の最終決定を行うのは、カロリンスカ研究所の教授総会であった（現在は後述のノーベル議会が行う）。教授の定年は六五歳であり、定年後は賞選考に関与できない。現在ノーベル委員会委員の任期は三年になっており、二回まで最大六年間の就任が可能である。常任委員のほかに一年ごとの臨時委員が一〇名までおり、同一人が一〇回まで就任できる（臨時委員は必ずしもカロリンスカ研究所教授でなくてもよい）。委員会には書記が加わり、カロリンスカ研究所の教授が務める。書記には委員会での投票権はない。著者ノルビーは、教授になった一九七〇年代から約二十年間、生理学・医学賞委員会の常任または臨時委員を務めた。

ノーベル委員会での審議内容は、外部からの影響を受けないで公正さを維持するために完全な秘密にされている。記録文書はノーベル文書館に保管され、五〇年経つまで公開されない。文書に使われる言語はスウェーデン語であったが、最近は外国人も読めるように英語になった。

一方、化学賞のノーベル委員会は王立スウェーデン科学アカデミー（日本の学士院に相当、十以上の部会に分かれる）の化学部会の会員五名からなる。臨時委員の数は生理学・医学賞委員会より少ない。アカデミー会員は終身名誉職である。以前は八〇歳でもノーベル委員会委員を続けられたが、今は任期が限られたので委員の平均年齢は生理学・医学賞委員会とそれほど違わないようだ。化学賞・物理学賞の最終決定はアカデミーの全体総会で行われる。

アカデミーには常勤雇用の事務局長職があり、科学アカデミー会員から選ばれ、任期は六年である。著者は科学アカデミーの医科学部会会員でもあり、一九九七年に事務局長に任命された。彼は現在、科学アカデミー附属の科学史センターに部屋をもっているので、科学アカデミーとカロリンスカ研究所の両方でノーベル文書館の資料を閲覧しやすい立場にある。ということで著者はノーベル生理学・医学賞だけでなく化学賞のことも熟知しており、ノーベル賞について書ける科学史家としても彼以上の人はいないと思われる。

ところで第一回ノーベル生理学・医学賞に北里柴三郎が推薦されたことが知られている。しかし、ノーベル委員会と教授会でどのような議論がされたかは今まで明らかになっていない。日本人としては非常に興味あることだ。それを調べるにはカロリンスカ研究所ノーベル文書館の一九〇一年の記録資料を読まなくてはならないが、これは誰にでもできることではない。著者であれば最適と考え、ぜひにとお願いした。その回答と北里の研究業績をコラム（xivページ）にて紹介した。

本書各章の始まりにある三行の文章は著者創作の英語俳句である。シラブル（音節）数が五－七－五となっている（本訳書では単語内シラブルごとに区切りを入れた）。日本語訳では、平仮名の情報量が少なく五－七－五拍にするのが難しいので、漢字仮名交じりで五－七－五字となるようにした。

本書は、特に若い研究者に読んでもらいたいものである。ノーベル賞受賞者が若いときに何をしていたのか、メンター（師）からどのように影響を受けたのか、新規大発見のきっかけは何であったのか、その発見にどのようにして名前をつけたのか、等々、ノーベル賞を狙う人たちにとって参考になること満載である。

井上　栄

＊本書では訳者注は〔　〕で示した。

コラム　第一回ノーベル賞に推薦された北里柴三郎

読売新聞一九八八年三月二八日（月）朝刊第一面のトップ記事は、北里柴三郎が一九〇一年のノーベル生理学・医学賞委員会で評価の対象になっていたことを報じた。この記事は、フランス人科学史家サロモン＝バイエの調査結果を引用したものである。彼女はカロリンスカ研究所ノーベル文書館の記録文書を調べて、一九八一年に開催された第五二回ノーベルシンポジウムで発表した（議事録 Salomon-Bayet C, "Science, Technology and Society in the Time of Alfred Nobel", 377–400, Pergamon Press, 1982）。第一回ノーベル賞に推薦された学者は四二人（読売記事では四六人）で、微生物学関係ではロベルト・コッホ、エミール・フォン・ベーリング、北里柴三郎のほかフランス人のエミール・ルー、アレクサンドル・エルサンが含まれていた。ノーベル委員会が評価対象者を一五人に絞ったとき、五人のなかで北里、コッホ、ルーが残り、ベーリング、エルサンは外れた。委員会は最終的に、マラリア原虫を発見したR・ロスと尋常性狼瘡の光線療法を開発したN・フィンセンを候補者として教授会（教授一九人）に提案した。ところが教授会はその提案を拒否し、ジフテリア血清療法の業績でベーリングに決定するどんでん返しとなった。

ベーリングが選ばれた理由は、当時欧米社会でジフテリアが多数の子どもの命を奪っていたためであろう。抗生物質がなかった時代、ジフテリア血清療法はアルフレッド・ノーベルの遺言「人類への最大の貢献」であった。ベーリングと北里は連名で一八九〇年十二月四日発行『*Dtsch. Med. Wochenschr.*, **16**, 1113–1114, 1890』に「実験動物でのジフテリアおよび破傷風免疫の成立」を発表し、その一週間後に同じ雑誌にベーリングが単名で「ジフテリア抗血清による治療」を発表した。この業績によりベーリングが第一回ノーベル生理学・医学賞を受賞したのであった。

血清療法に使われたのは、動物を毒素で免疫してつくった抗毒素血清である。ジフテリアという病気は、喉の偽膜でジフテリア菌が毒素を分泌し、その毒素が血液を介して体中に巡って心臓や神経に重篤な症状を起こす。これを見つけたのはパスツール研究所のルーとエルサンで『パスツール研究所紀要』一八八八年十二月号に発表した。細菌が存在しない部位で細菌がつくった毒素が病変を起こす病気は少なく、ジフテリア以外に破傷風、百日咳がある。

この破傷風菌を純培養したのが北里である。これは嫌気性細菌で、彼は爆発の危険性がある水素ガスを利用して培養し、菌体外に分泌される毒素が病気を起こすことを見つけ、『*Zeitschr. Hyg.*, ***7***, 225–234, 1889』に発表した。彼はさらに、その毒素を微量ずつ動物に注射すると、毒素の活性を中和する物質（抗毒素抗体）がつくられることを見つけた（その詳細は、『*Zeitschr. Hyg.*, **10**, 267-305, 1891』に発表）。コッホ研究室に一八八九年七月に来たベーリングはジフテリア菌の研究を命じられ（H・ザッター『免疫学者ベーリングの生涯』岡本節子訳、近代文芸社）、北里と一緒にジフテリア抗血清をつくり、前述の一八九〇年の論文発表となり、ベーリングのノーベル賞受賞となったのだ。

ジェンナーの種痘（一七九六年）→パスツールの狂犬病ワクチン（一八八五年）→北里-ベーリングの抗毒素血清→免疫学の成立という系譜のなかで、北里の抗血清作製の意義は大きい。

一九〇一年のノーベル委員会および教授会での議論について、本書の著者ノルビーの回答の内容は次のようであった。ハンガリーのブダペスト大学薬理学教授A・デ・ボカイがベーリングと北里をこの順で推薦し、フランス語で「この議論の余地のない功績は医学史に永遠に記載されるべきものである」とたたえた。教授会での議論の結論は次のようであった。「抗血清の治療効果はベーリングが北里と一緒に最初に発表したが、ジフテリアの治療研究を行ったのはベーリングであることは明白である。コッホも北里もベーリングのアイデアに貢献していないというのが大方の認識であるようだ。」詳細はノルビーがどこかに発表するのを待ちたい。

一九六〇年に生理学・医学賞を受賞したメダワーは、科学の発見を二つに分類している（第3章）。結果が予想される「分解的」発見と、予想もつかぬ画期的な「合成的」発見である。後者がノーベル賞に値し、北里の発見はこれに該当する。一八九〇年論文の第一著者はベーリングであり、第一回ノーベル賞当時には共同授賞の慣習はなかった。しかしジフテリア抗毒素血清は、破傷風抗毒素血清作製の原理に基づきつくったものである。北里の免疫学への貢献がノーベル賞として評価されなかったことは残念である（Kantha SS, *Keio. J. Med.*, **40**, 35-39, 1991）。北里の破傷風抗毒素の作製に関する一八九一年の論文は、一八九〇年のベーリング-北里論文の前に発表しておくべきだった。とにかく最初のノーベル賞評価過程ではいくつか不備があっただろう。北里がいつか国際的に評価されることを期待したい。

ついでながら一九二六年のノーベル委員会は、山際《やまぎわ》勝三郎（コールタールを使う発癌実験）でなくヨハネス・A・G・フィビゲル（寄生虫による発癌説）に授賞した。これはノーベル賞選考における数少ない間違いとして有名である。山際の研究こそが合成的発見であった。なお野口英世（進行麻痺患者の脳組織切片に梅毒トレポネーマを観察）と鈴木梅太郎（米ヌカから脚気を抑えるビタミンを抽出）の発見が賞にならなかったのは、ノーベル委員会は分解的発見とみなしたのだろう。

目次

第2章　分割ノーベル賞と免疫学の新時代……37

第5章　折りたたまれたタンパク質の構造解明

第6章　美しい、じつに美しい……205

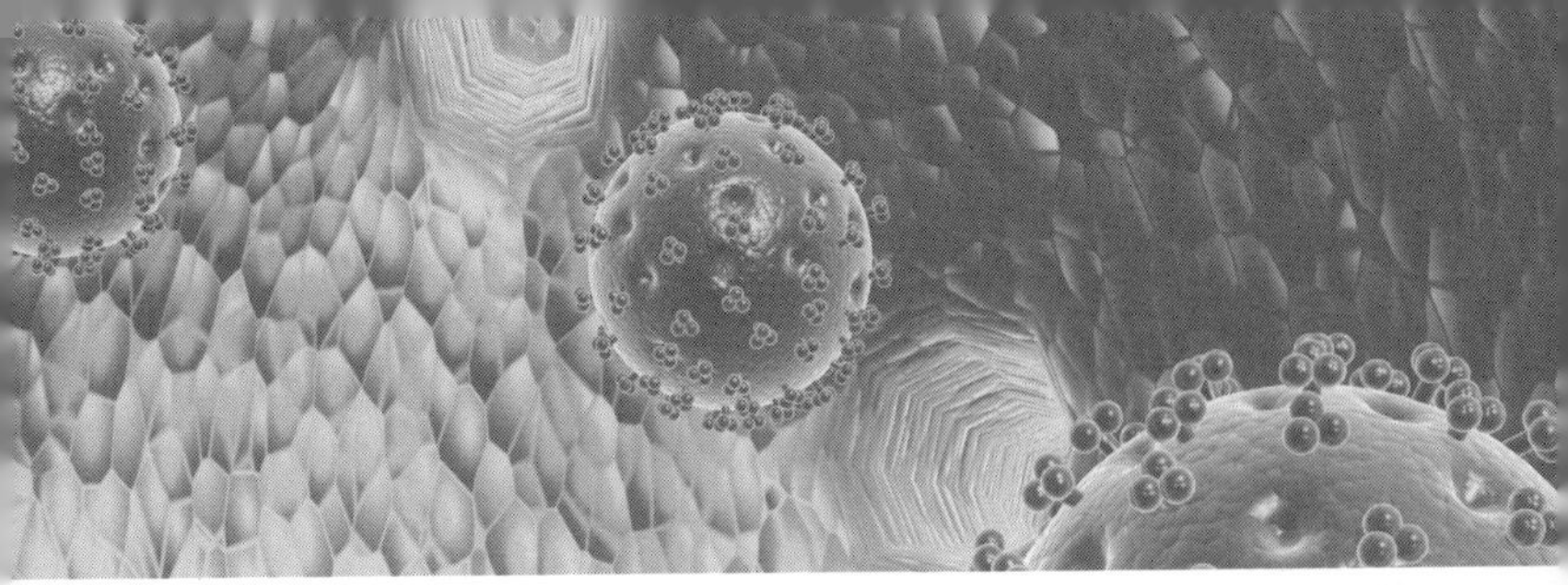

第 1 章
オーストラリアからのウイルス学の魔術師

PACK·AGES OF GENES
EV·O·LU·TION AL·WAYS AT WORK
CLEV·ER PA·RA·SITES

遺伝子包み
進化は常に続く
賢い寄生体

ノーベル賞は予想しにくいものだ。これは一九六〇年の生理学・医学賞をみるとよくわかる。受賞者のフランク・マクファーレン・バーネットとピーター・ブライアン・メダワーは、免疫学領域での新参者であった。二人が「免疫寛容」の研究で共同受賞することへの推薦はまったくなかった。この決定はノーベル委員会において僅差で決まったことだ。これでバーネットの推薦が委員会に繰返し出てくる問題が決着したのである。

バーネットにノーベル賞を授与すべきとの意見は前から出ていたが、問題は彼の発見の数が多く、かつ内容が多様なことだった。彼が同世代をリードするウイルス学者であることは明確で、一九四八年以降、繰返し推薦されていた。推薦があった最初の年にすでに授賞に値することがノーベル委員会で認識されていたにもかかわらず、長らく授賞に至らなかった。多くの推薦は、彼のウイルス病での重要な貢献に焦点が当てられた。彼の基礎免疫学の理論もまた授賞対象に値する、という最初の推薦があったのは一九六〇年であった。これとは対照的に、メダワーの推薦は一九五八年が最初で、一九六〇年に再び彼の免疫寛容に関する研究が推薦された。

生物学者バーネット

バーネットの科学者としての豊かな生活を洞察できる優れた資料がある。その一つが、彼自身が人生について書いた本『変わりゆくパターン―バーネット自伝』[1]〔和気朗訳、東京図書〕である。彼は夢を追う科学者としての人生に絞り、彼の生き方に影響したであろう個人的体験は書かなかった。彼は「個人の物語はあまりにも複雑で多面的なので、満足がいくように滑らかに直線的に語ることは無理である」と言い訳している。総体的にみればバーネットは能力ある著述家で、生涯に多数の科学論文を書いただけでなく、晩年にいくつか一般向け本と専門の単行本を書いている。彼にとって書くことは、たくさんの考えを仕分けして、彼の効率良く収容能力のある頭の中で生まれてきた多数のアイデアの妥当性を試すことだった。とりわけ晩年に一般向けに書いたときには、読者をわざと諭すようにもした。時とともに、自分の才能にかなりの自信をもつようになった。若いときでさえ、諸事実を統合し他の人が気づかなかった関係性を見つける格別な能力に楽しんでいたようだ。彼は文章を苦もなく書いた。最初の原稿がそのまま最終のものになったという。適切な意味を伝えるために、言葉や文体と格闘している多数の物書きにとっては、バーネットの話は神話であってほしいことであろう。晩年に彼は、クリストファー・ゼクストンの取材を受けることに同意した。ゼクストンは、この内気で内省の学者から話を聞出すことに成功したのだった。バーネットは逆説の人物であった。深く個人的《プライベート》な人間であり、ときには公衆《パブリック》の人でもあった。その時代、彼は最も有名なオーストラリア人であった。ゼクストンは、彼を洞察して伝記を書いた。最初の題名は、シェイクスピアの『マクベス』から引用した語句『The Seeds of Time（時間の種）』としたが、最終的には単に『Burnet: A life』[2]となった。

バーネットは、二十世紀が始まる三カ月前に生まれた。父系はスコットランド人で、父フランク・バーネットは、一八八〇年にオーストラリアへ若い銀行員として移住した。ヴィクトリア拓殖銀行のいくつかの支店で働いた後、ヴィクトリア州西部の小さな町クロイトで支店長となった。十四歳下の、町の教師の娘ハダサー・マッケイと結婚した。家族はトララルゴンへ移り、一八九六年に最初の子どもドリスが生まれた。悲運なことにドリスは出産時の合併症で肢体不自由児であった。家族はそれを秘密にしようとした。その結果、母親はドリスと一緒に過ごす時間が多く、その後に生まれた六人の子どもと過ごす時間は少なかった。第二子のフランク・マクファーレンは大人びた少年で、早い時期から自然界の多様な生き物に興味があった。彼は家の裏の谷、空き地、小川を探索するのが好きで、そこに生息するチョウ、カブトムシなどの生物を捕まえた。大人になるとカブトムシの熱心な収集家となった。ダーウィンと同じようにカブトムシ愛好家であることを喜んで話し、その興味は三十歳ごろまで続いた。

マクファーレンはのち皆からマックとよばれた。小学校では学びが速く記憶力がよく、特別優秀な生徒であった。本の虫で、家にあったチャンバーズ百科事典の古い版をむさぼり読んだ。彼と両親との関係は酷いものだったといわれているが、両親は彼の賢さを認め、隔週刊の『ハームワース自然誌』を購読させてくれた。家庭はよきスコットランドの伝統に従ってプロテスタントの長老派教会に属していた。いち早くこの少年の才能を認めた教会のサミュエル・フレーザー牧師は彼に『蟻と道』という本を与え、父親に、マクファーレンに教育を受けさせることを強く勧めた。マクファーレンは奨学金をもらい、一九一三年にジーロング・カレッジでただ一人の全期寄宿生となった。内気な性格は、勉強での優秀さがカバーした。スポーツでも頑張ろうとしたが、ボート部で一時的に選手となったことを除けば向いていなかった。一九一六年、首席で卒業した。彼は当然大学へ進学することを決め、神学、法律、医学の選択肢があった。宗教には疑問を感じ始めた一方、生物学に興味が湧いていたので、医学を選択した。メルボルン大学構内にあるオーモンド・カレッジは長老派教会によって運営されており、そこへ進学した彼に自由が訪れた。彼の能力の目覚ましい発展について、ゼクストンの本から引用する。

《第二学年が始まるとき、バーネットはすでに抽象思考力を備えており、広い範囲の哲学および社会問題を自ら問いかけようとしていた。鋭い機知と明晰な知力をもって、でしゃばらない優雅な文体で、ときには神秘的や心情的になることもあったが、深遠なことがらを驚くべき簡素さで表現した。冷静で容赦ない論理と落ち着いた観察の力があり、この知性と感性との結合は、彼がのち著述家かつ思想家になることを予示していた。》

しかし彼はまだ若く、自然を愛していた。次のことも書かれている。

《大きな黒い傘を持って午後にカブトムシを集め歩いた。逆さまに広げた傘に虫が落ちるのを期待して、手に届くユーカリの枝を揺すぶった。日が差す空き地に来ると、彼は林の中へ戻るのを好んだ。そこにはなじみのある音と匂いがあり、親戚のような気持ちになった。木々の下を目的なく歩き回ると、壮大で眠りを誘う力の下にいるかのように感じ、自分への疑問や将来への不安はすべて解消していった。》

彼はガリ勉せずに授業をこなした。将来の方向性を決めるとき、患者と接する臨床医学は自分のシャイな性格には合っていないと感じた。さらに、早い時期に人類全体の状態を改善したいという野心があり、一九二一年の日記に「医学研究所の専任になり、よい業績をあげる」という目的が記されている。しかしながら、まずインターンをやらなくてはならなかった。外科ではうまくやり、神経学にひかれ、臨床医をやってみるかどうかしばらく迷った。インターンが終わるとき、罹患《りかん》登録の役職に応募した。彼の人生ではこれが唯一の応募であったが、これは受入れられなかった。バーネットのユニークな性格を理解した賢明な上司は、他の応募を取消して、数カ月後に病理学の職に就くことを提案した。その上司は、バーネットは研究室に合っていて、好みは研究の場で新しい知識を得ることであると理解していた。バーネット自身、「研究室の仕事は水を得た魚のようであった」と述べている。一九二三年三月、彼はウォルター＆エリザ・ホール研究所の門を初めてくぐり、そこから四十年間、ユニークな能力を発揮した。ここは一九一五年開設のオーストラリアで二番目に古い医学研究所で、王立メルボルン病院に近かった。この研究所の紋章には Fiat lux（旧約聖書創世記の「光あれ」）と記されている。バーネットが研究所で働き始めたとき、学ぶべき手技はたくさんあった。しかし彼の頭はすでに解決すべき問題を探していた。二、三カ月後の日記には次の文章が記されている。

《あるとき私は尿を寒天培地で培養し、大腸菌が均一に広がっている中に四つのプラークを見たことをはっきりと覚えている。私が腸チフス菌のファージを採った約一カ月後のことだった。デレーユの本『バクテリオファージ―免疫における役割』（一九二二年）は出版されたばかりであり、もし私がデレーユの本を読む前にこのプラークを見ていれば、私の眼前に研究すべきものがあると実感しただろう。》

細菌（バクテリア）に感染するウイルスであるバクテリオファージ（phagos はギリシャ語で「食べる」）は当時、熱いトピックになっていた。寒天培地で培養した細菌の層にファージは透明な斑点（プラーク）をつくる。一つのプラークは一つのウイルスから始まっている。ファージの発見はカロリンスカ研究所ノーベル委員会の注目を浴び、一九二六年、委員会は保留になっていた

ヘンリー・H・デール(1875〜1968年)，1936年生理学・医学賞受賞者〔1936年ノーベル賞年鑑〕

一九二五年の生理学・医学賞をデレルに与えることを進言した。しかしそうはならなかった。研究所教授会は一九二五、二六年の賞を保留した[3]。このファージはバーネットの最初の手柄であったが、彼の微生物学の初期の仕事は異なる方向へ向かった。

一九二三年九月、ウォルター&エリザ・ホール研究所の指導者群に変化があった。チャールズ・ケラウェイ博士が英国から帰国したのだ。彼は王立協会からの奨学金で英国で訓練を受けていた第一級の生理学者であり、指導者の一人はヘンリー・ハレット・デール（のちのヘンリー卿）で、一九三六年の生理学・医学賞の受賞者である。後で述べるように、デールはノーベル賞候補者の推薦人としても活躍した。ケラウェイは、すぐにバーネットのために研究計画を立て、腸チフス患者血清中の凝集抗体に絞って医学博士を取得することを勧めた。その後は彼を熱心に指導した。バーネットは、ロンドンのリスター研究所で二年間のベイト医学客員研究員として奨学金を得た。彼はファージに魅せられて、それを研究主題にし一九二八年に理学博士号を取得した。バーネットは、この分野での師をもたなかった。多くのノーベル賞受賞者は、影響力をもちノーベル賞受賞に値する経験豊かな研究者のもとで働く経験をしているが、バーネットは自ら分野を開拓したのだった。

バーネットは旅行好きで、英国滞在中に二度欧州を自転車で旅行している。英国人同僚はこの若いオーストラリア人研究者の能力に気づいており、もし彼がロンドンにとどまれば細菌学教授になれるのは明らかであった。しかし彼には母国へ帰る二つの理由があった。第一は母国への連帯感である。もちろんキャリアのためには英国や米国の方が有利であることは知っていたが、彼は自分の能力に自信があり、学問の中心から離れた母国の研究所でも研究ができることを証明したいと感じていた。この方が母国の科学に役立つことに疑いはなかった。彼の業績があがるにつれオーストラリアを出るという勧誘があったが、それには負けなかった。唯一の例外は、一九三二～三四年の二年間の英国での特別研究のときだった。バーネットがオーストラリアにとどまったのは幸運であったかもしれない。彼は内気な性格なので、大規模で国際的な大学での競争で研究成果をあげたかどうかは不明である。そして彼が母国へ帰った第二の理由は、そこで家族をつくるためであった。

バーネットの女性との付き合いは、ぎこちないものだった。しかし二四歳のとき、二歳年下のエディス・リンダ・マーストン・ヅルースを友人のジョージ・シンプソン博士から紹介された。シンプソンは、のちにオーストラリアで有名な制度「空飛ぶ医者」の初期の一人となった。リンダとの付き合いはバーネットの生活を変えたが、執筆のために避けたこともある。彼女は、彼の無口で恥ずかしがり屋な性格という壁をなんとか壊した。彼がリスター研究所にいたとき彼女は英国へ行き、一九二七年十月の帰国前に婚約した。バーネットは、彼女に近刊のシンクレア・ルイス著『ドクター アロースミス』[4]〔内野 義訳、小学館〕を贈った。この本は、ニューヨークのロックフェラー研究所でバクテリオファージを癌の治療に使おうとする研究者についてのフィクションである。彼女がオーストラリアへ帰る長い航海で読むのに相応しいと考えたのだ。

何カ月か後、彼はホール研究所の副部長として帰国した。二人は一九二八年七月に結婚した。彼女は長い結婚生活のあいだ、夫の社会との関わりを支えたのだった。彼は自分自身を、社会の不適合者のようだとよく言っていた。一方、彼女は社交的で客を楽しませる知的な女主人として振舞った。バーネットが内に引きこもったときには、彼女は夫をうまく引っぱり出すようにした。彼女は夫のやりたいことを尊重した。初期の何年ものあいだの日常は、昼間は実験をして、夜に論文を書いていた。彼は非常に厳密な仕事倫理をもち—ときには世俗的なカルヴァン主義といわれた—仕事に集中する能力をもっていた。現代の言葉でいえば、ワーカホリックである。研究に没頭するために、自分は社会からの除け者であるというイメージをつくった可能性さえもあろう。これはまれでなく、科学者の性格の典型として観察されるものである。私は若いころにカロリンスカ研究所で、ある国際的に有名な学者から次のようなアドバイスをもらったことがある。委員会で最初に会った人に自己紹介する必要はなく、また茶封筒（大学からの通知）を開けなくてもよい。もし私がその忠告に従っていたら、私はもっと「科学者らしく」なっていただろう。私は、子どもの教育のためにこのようなことはしなかった。もちろんバーネットも家族と過ごす時間をつくっていた。バーネットとリンダは、一九二九年、一九三一年、一九三七年に三人の子どもを授かっていた。普段子どもたちの面倒はリンダがみていた。彼女は夫と同様に旅行好きで、長い結婚生活を通してともに旅行を楽しんだ。

一九三一年、ロンドンの国立医学研究所の所長になっていたデールから、ケラウェイ宛に手紙が届いた。この研究所は、ロックフェラー財団から研究費をもらってウイルス病研究に重点を置いた計画を始めていた。その手紙で、バーネットはその計画に二年間の特別客員研究員として参加することを要請された。あまりにもよい話なので、バーネット家は乳飲み子を連れて再びロンドンに滞在した。彼は業績をあげ、その研究所で行われていた他の研究からも多くを学んだ。訪問研究員の任期が終わるころ、彼は再びデールから英国に残ることを提案された。彼はそれに同意せず、代わりにロックフェラー財団から、オーストラリア帰国後の研究に必要な援助を得ることに成功した。一九三四年に家族とともに帰国し、ウォルター&エリザ・ホール研究所の副所長に任命され、さらに十年後にはケラウェイを継いで所長となった。

バーネットは、けっして大きな研究グループをつくらなかった。彼は長いあいだ一人で研究し、研究補助の技術員は女性一人だけであった。もちろん所長として、国内外からのたくさんの研究者を刺激し、徐々にオーストラリア随一の研究環境へと発展させた。彼の影響下で育った多くの研究者には、のち本書で会うことになる。この研究所の主点は長いあいだウイルス学領域であったが、一九五〇年代半ば、免疫学へ移りつつあった。この学問は急激に発展しており、バーネットが新概念を導入したことも免疫学へ移行した大きな理由であった。

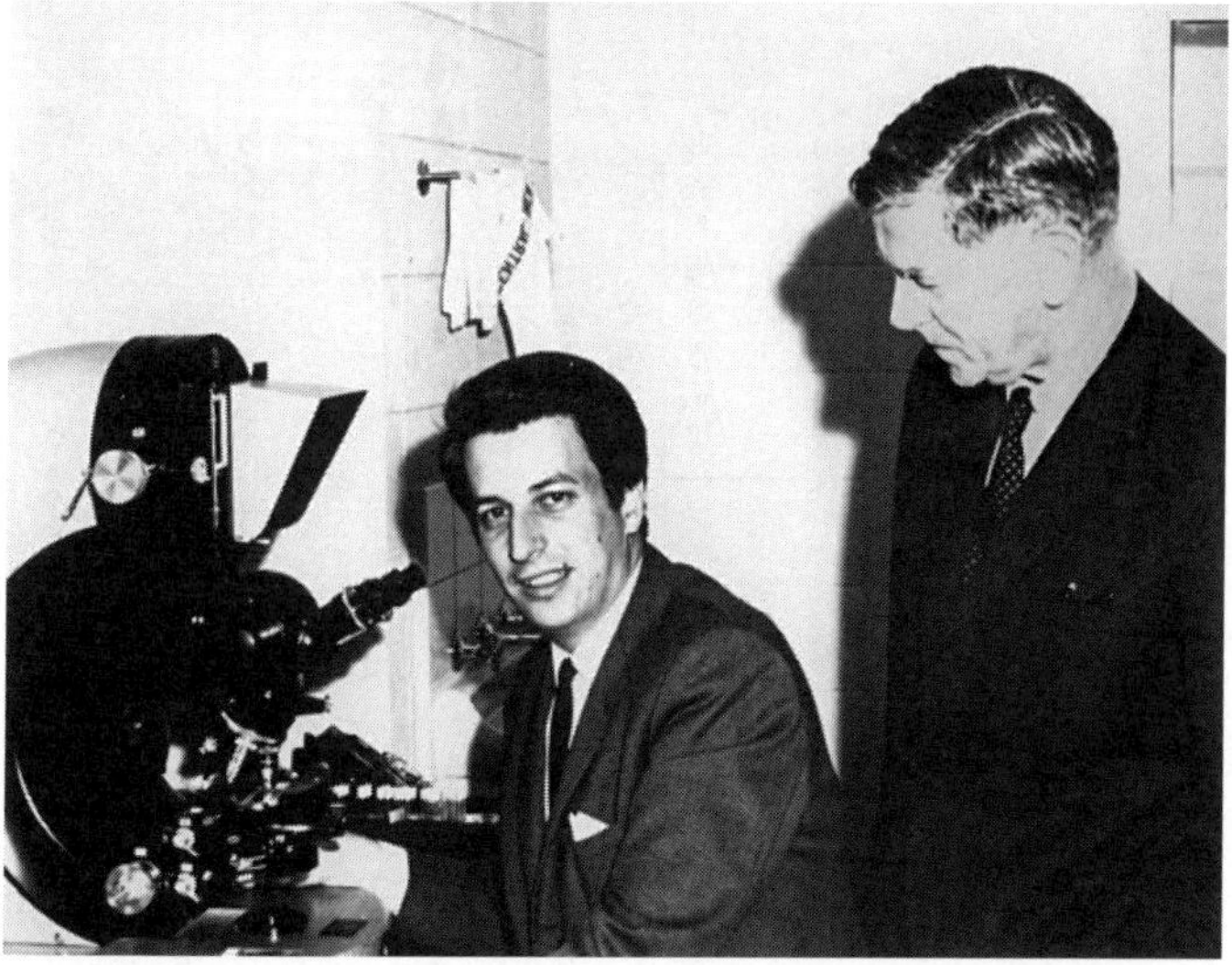
グスタフ・ノッサル(左)とバーネット(右)〔ノッサル氏提供〕

一九六五年、二一年間勤めた所長を定年退職したときの演説の内容は驚くべきものだった。その一部は、「疑うことのない権威を発揮し、自分の望むように研究所を運営する、生まれつきの十分な権勢と能力をもつ人たちがいます。その正反対に、私のような人間がいます。知的能力はまあまあだが、人間同士の関係と対立に関しては下位にいる者です。」明らかにバーネットは、特有の指導者スタイルをもっていたのだ。それは遠慮がちで、礼儀正しく、率直なものといえるだろう。のちにふれるように、退職後の二十年間バーネットは非常に活発に研究した。少なくともはじめは実験を行い、その後は幅広い範囲で首尾一貫して執筆した。

バーネットの年下の共同研究者の一人に、グスタフ・ノッサルがいる。彼はオーストリアに生まれ、八歳のとき第二次世界大戦のためにオーストラリアへ逃げざるをえなかった。初期の研究で、彼はバーネットの抗体産生の革命的理論を支持するパイオニア的研究をした。彼はバーネットの退職後、所長となった。彼は三十年以上も所長職を務め、そこを第一級の研究所として保ちバーネットの遺産を育てた。

生物としてのウイルス

バーネットは、研究対象のウイルスをバクテリオファージからポリオ、インフルエンザ、昆虫媒介ウイルスなどと変えていった。これらの研究のなかで、彼は進化の重要性を深く理解していた。感染過程での二つのパートナー、すなわち病原体と宿主をいつも考えていた。われわれは人間中心の視点から、あるいは生活を支えるために利用する動物、植物への考慮から、病原体の重要性を過大に強調する傾向にある。それゆえウイルスは、呼吸器や腸管に感染を起こす病原体としてみなされている。しかしバーネットは、いつも人間中心とウイルス中心の見方に等分の重みを置いた。呼吸器に感染するウイルスは多くあるが、個々のウイルスの生物学という視点から感染を考える必要がある。感染への合理的な介入を行うためには、ウイルスごとの性質をよく知らなくてはならない。進化論的にみれば、各ウイルスは人間と同様に自然界で生きていかなくてはならない。ヒトに重い病気を起こせば、ウイルス伝播の効率は悪くなるので、ウイルスの生存には不利になる。理想的にはウイルス-宿主間のバランスが重要で、宿主は軽い病気かあるいは無症状の方が、ウイルスの伝播には有利である。この洞察がバーネットのすべての著作で光っており、章や本の題名に『生物としてのウイルス』[5]や『ウイルスと人間』[6]が使われた。

彼はまた、宿主の中に病原体に対して生じた免疫が維持されることに興味をそそられ、免疫の基本的意義を深く思索した。これらの思索のなかで、彼は最も創意に富む新しい概念を生み出し、晩年にはウイルス学から免疫学へと移行した。実際、彼はヒト・動物ウイルス学の最重要なときは過ぎ、一九五〇年代半ばまでには主要な発見がなされ、ウイルス研究の科学は本質的には終わったと述べている。その十年後には免疫学研究もピークに達したと宣言した。今日では、この宣言は明らかな間違いであるが、バーネットはなぜそう考えたのだろうか。

バーネットが研究を始めたとき、ヒトに病気を起こすことが知られているウイルスはきわめて少なく、黄熱、ポリオ、狂犬病、天然痘などしかなかった。これらウイルスの研究には動物が必要であった。時とともに、発育鶏卵法や組織培養などの新しい技術が多数の沪過性病原体（ウイルス）の増殖を可能にした。特に有用な細胞培養ができるようになったのは一九五〇年代であった。このときすでにペニシリンやストレプトマイシンなどの抗生物質が入手できるようになっており、これらを利用して細胞培養への細菌汚染を防ぐことができたのだ。この技術によって、ヒトに病気を起こす重要なウイルスが見つかった。そしてウイルス学の進展は、バーネットが予期したようには止まらなかった。のちにその存在がわかったのだが、培養困難なウイルスが残っていた。このようなウイルスは研究室での非常に特殊な条件でのみ増殖するか、あるいはまったく増殖しない。後者については患者のウイルス核酸から分子生物学的手法により検出するが、この手法が開発されたのは何十年も後のことだった。

バーネットは、一九三〇～五〇年代にウイルス学に重要な貢献をして、その分野での秀でた学者となった。本章では、彼の種々の貢献についてまず概観し、次にノーベル文書館資料とスウェーデン王立科学アカデミーの外国人会員選出時の資料を使って説明する。興味深いことに、一九五七年六月のアカデミー会員指名時、病原体-宿主間の生物学的平衡の力学に関する彼の貢献は十分に評価されたが、抗体産生メカニズムの基礎理論のことには言及がなかった。彼が会員に選ばれたことを知らされたとき、ノーベル賞をもらえないことに対する慰めだと思ったそうだ。彼がノーベル賞受賞を何年も待っていたことは明らかである。受賞は一九六〇年となったが、その授賞理由と時期に、彼は驚いただろう。そのことは第2章で述べるとして、まず彼のウイルス学への多面的な貢献について議論する。ウイルスごとに分けて話そう。

ファージと受容体

細菌ウイルス（ファージ）はバーネットの興味をかき立てた。理学博士号取得の際にこの研究を始め、二回目の英国滞在時、ロンドンの国立医学研究所で研究を発展させた。この研究のエッセンスは、一九三四年彼自身によって要約されていて[7]、初期の研究の波及効果はのちの本に書かれている[8,9]。バーネットはファージをいろいろな材料から分離し、細菌宿主での増殖の性質を調べた。彼自身の言葉によれば、彼は「性格として生態学者、博物学者、カブトムシ愛好家、どうでもよいことへの食いつき屋」であった。この性格が、彼の研究の原点といえよう。研究対象を好奇心のままに追いかけた。自分が集めたファージに他の研究者のものも加えて、複数のグループに分類した。実験動物で抗血清をつくり、抗原性で分類し、五十種のファージを十二の群に区別した。その中での大群の一つは、のちT偶数系とよばれ、後の研究で特別な役を果たした。彼の言葉によれば、「ファージの遺伝学研究の近代基盤は、大腸菌の標準株Bと二つのファージT2とT4でつくられた…」

バーネットは、ファージの一段増殖曲線（すべての細菌が感染する条件での増殖）を調べた。これらの実験は、一九三九年のエモリー・エリスとマックス・デルブリュックによるウイルス遺伝学の実験にファージを使う実験に先駆けたものだった。「ファージ学派」の先駆的な貢献は遺伝学研究に影響を与え、多くの発見がなされた。ファージを使う研究の特徴は、一個一個のファージの性質を調べられることだった。一個のファージは寒天プレートの細菌層に一個の透明な斑点（プラーク）をつくる。そしてプラークの形はそれぞれ異なる。これらの原理を使ったウイルスの研究で、前著[3]に書いたように一九六九年のノーベル生理学・医学賞がデルブリュック、アルフレッド・ハーシー、サルヴァドル・ルリアに授与された。バーネットはまたクリストファー・アンドリュースとともに、種々の大きさの孔をもつエルフォード・フィルターを使ってファージのサイズを決めた。さらに、彼はファージが休眠している状態（細菌遺伝子に組込まれて感染性を示さない）になるという重要な発見をした。このファージと細菌の関係は、のち「溶原性」とよばれるようになった。溶原性についてはフランス人研究者、とりわけアンドレ・ルウォッフによって研究され、一九六五年のノーベル生理学・医学賞となった。

ファージ感染サイクルの第一段階に関する重要な発見もある。バーネットは、ファージはまず細菌表面の特異的な化学構造に吸着することを見つけた。これは「受容体」と名付けられ、この概念は広く適用されて動物ウイルス、特にインフルエンザウイルスの研究に役立った。受容体をブロックすれば、細胞のウイルス感染は阻止されることは早い段階で理解された。細胞表面受容体の概念の正常な細胞機能への重要性が時とともにわかってきた。これが発展して、重要な薬の発見に結び付いた。二十一世紀になってから使われるようになった薬の約半分は受容体と結合するものであることは、二〇一二年のノーベル化学賞「Gタンパク質関連受容体の研究」(受賞者はロバート・J・レフコウィッツとブライアン・K・コビルカ)からもわかる。

補足すると、ファージの化学的分析は一九三〇年代半ばまでにハンガリーの科学者マーチン・シュレージンジャーによって行われた。彼はドイツのフランクフルト・アム・マインで研究を始めたが、ナチ支配のためにロンドンへ移った。彼は、ファージの半分はタンパク質で、残り半分はDNA(デオキシリボ核酸)でできていると結論した。[10] ファージは遺伝子を収納したものというう彼のデータは時代の先をいっていた。一九三六年、彼の夭折《ようせつ》によってファージ化学の研究は一旦止まった。シュレージンジャーの独創的な研究の重大性は、その後約二十年間埋もれたままだった。DNAは(一部のRNAウイルスを除いて)生物の遺伝物質であることがのちに判明したのである(文献3 第7章)。これらファージの初期の研究が、のちの分子遺伝学の爆発的発展を導いたが、バーネットは一九四〇年以降、ファージの研究を中止して、動物ウイルスの研究に入ったのであった。しかし彼は過去を振返り、「ファージ研究は私が熱中したものであり、ロンドンでの研究がたぶん私の研究業績のピークだったと思う」と述べている。だが彼にはまだまだ余力があり、さらに発見をしたのだった。

ポリオウイルス

バーネットが小児麻痺(灰白髄炎)を起こすウイルスの研究に関わったことについて述べたい。一九二八年から一九四二年のあいだ、彼はときおりこの病気の研究に携わった。彼は共同研究者と一緒に、この感染と予防法の理解に、かなり重要かつ独創的な発見をしている(このことはあまり評価されていない)。

一九二八年メルボルンでの比較的小規模なポリオの流行があったとき、バーネットはサルをウイルスに感染させた。当時、回復患者からの血清を感染初期患者に注射して治療する試み(受け身免疫療法)があり、そのような血清の効果をサルで調べたのだ。そのとき次のことが

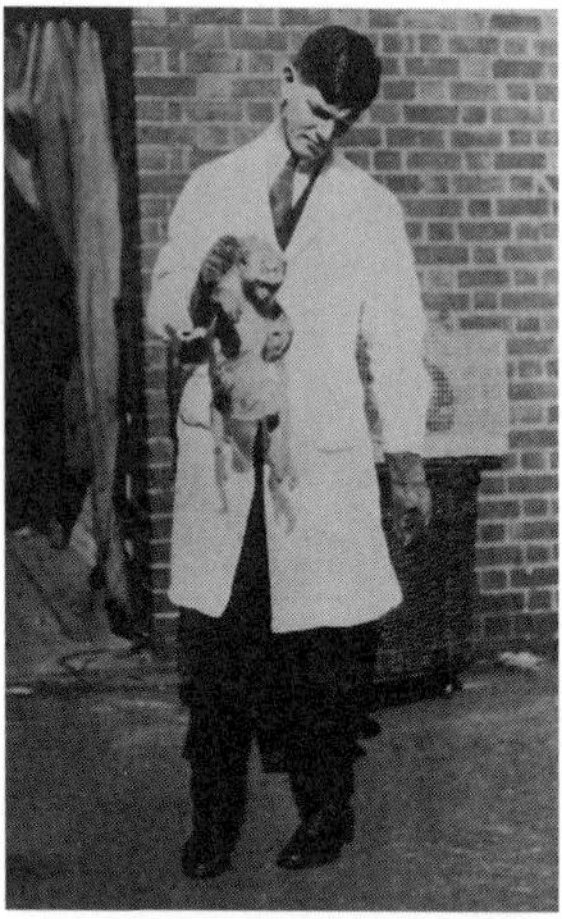

オーストラリアのポリオウイルスで感染麻痺を起こさせた最初のサルを持つバーネット(1929年)〔文献1〕

わかり、一九三一年に発表している。その血清は、メルボルン流行での患者からのウイルスを投与したサルを感染から守ったが、ニューヨークのロックフェラー研究所から分与されたウイルスには効果がなかった。これはポリオウイルスには血清型が一つ以上あることの最初の発見だった。他の研究者によるのちの研究で、実際には1~3型の三つの型があることがわかった。この事実は、一個人がポリオに二度罹ることがあり、流行が終わった後に再流行が起こることを説明した。ワクチンが一九五〇年代半ばにつくられるようになったときに、適切なワクチンの製造に不可欠な知識であった。

一九三七~三八年メルボルンで一九〇〇例ものポリオ患者発生の大流行があり、彼は第二の重要な観察をした。彼が研究所の人々を興奮させた初めての時であった。そして彼は公衆衛生のスポークスマンになったのだ。彼は喜んだが、でしゃばらなかった。のちには研究の領域外でもスポークスマンとしての役を何度も演じた。当時ポリオウイルスを分離するには、亡くなった患者から取出した脊髄組織をインドから輸入したアカゲザルに注射して感染させることだった。アカゲザルはなかなか感染しないので、ウイルス材料を直接脳内か脊髄内に注射した。別の感染方法は、サルを逆さまにして鼻孔から鼻腔に露出している嗅神経に接種することだった。嗅神経を介してウイルスは逆行性に脳に達するのだ。この手順をバーネットたちは採用した。そのころ、彼らにとって幸運な出来事が起こった。

一時的にカルカッタからのサルの供給が止まり、代用としてシンガポールからマレーのカニクイザルを輸入した。このサルはアカゲザルよりはるかにウイルス感染に感受性が高く、喉の奥をこするだけで感染が起こった。

これを知ったバーネットは巧妙で彼らしい実験を行った。二匹のカニクイザルを麻酔して、外科的に切開してウイルス材料を腸管内に入れたところ、二匹のサルに感染が起こったのだ。この発見は、スウェーデン人細菌学者カール・クリングが二、三十年前に立てたポリオウイルスは腸管で広がるという理論を再評価させるものだった。これは、すぐに他の研究者によって確かめられた。この観察は、約三十年前にロックフェラー研究所のサイモン・フレクスナーたちによる当時の定説を反証するものであった。彼らはポリオウイルスの体への唯一の侵入門戸は嗅神経上皮であると考えていたが、これは間違っていたのだ。悲しいことに、これまで多くの子どもが恐ろしいポリオを予防するために嗅神経上皮を腐食剤処理によって壊す処置を受けていた。この処置によって、大勢の子どもたちの嗅覚が失われた。

発育鶏卵法

ウイルスは生きた細胞の中でのみ増殖する。それゆえウイルス研究の伝統的方法では、実験室で使える適切な宿主細胞を選ぶ必要がある。一九三〇年代初期、アーネスト・W・グッドパスチャーは、ヒトおよび動物ウイルス研究に発育鶏卵を導入した。これは動物そのものを使うのに比べ、大きな進歩であった。バーネットは英国での二度目の滞在中に、グッドパスチャーの方法をさらに広範囲に利用した。彼は、発育鶏卵はいろいろなウイルスの増殖に適した異なる細胞を含んでいることを確認した。発育鶏卵内の異なる組織部分に注射ができるので、異なる種類のウイルスを増殖させることができる。たとえば、インフルエンザウイルスの新鮮株は羊膜（のちに生じる呼吸管に接する）で尿膜よりよく増殖する。ウイルスを卵で植え継いでいくと、羊膜腔より大きい尿膜腔でも殖えるようになる。このような初期の発見から不活化ワクチンをつくるのに必要な大量のウイルスを調製することが可能になり、一九四〇年代初期には第二次世界大戦の兵士のためのホルマリン不活化ワクチンをつくれるようになった。

もう一つの発育鶏卵の利用法は、ウイルスを漿尿膜で殖やすことだ。これを行うには、卵に透過光を当て気室と胚の位置を探し、歯科用のドリルで殻に孔を二つ開け

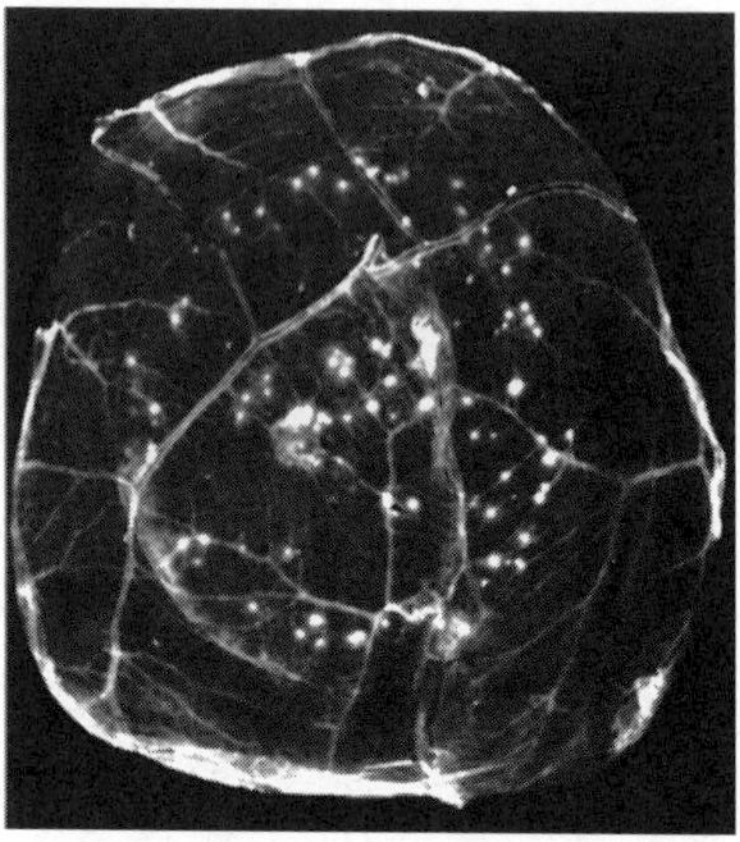

発育鶏卵の漿尿膜で増殖するウイルスによってできたポック（細胞集団の盛りあがり）〔文献 16〕

る。一つは気室の上でもう一つは卵の横である。気室の上に開けた孔を陰圧にすると、他の孔の部分が人工的な気室となり、そこにウイルスを接種する。するとウイルスは漿尿膜で増殖する。適当な濃度のウイルスを使うと膜の上にポックが見られる。ファージが寒天の細菌層につくったプラークのようなものであり、一つのポックが一つのウイルスに由来する。この技術で初めて動物ウイルスの定量が可能になった。さらにポックの形態はウイルスの株で異なることがわかった（白血球の浸潤の違いや血管形成の違いによる）。あるウイルスの変異株の発生率を調べることで、動物ウイルスの遺伝学研究が可能になったのだ。これはバーネットらが一九四〇年代にインフルエンザウイルスで行った先駆的な研究である。

バーネットは、グッドパスチャーと長年のよき友人になった。グッドパスチャーがほとんどすべての研究生活を過ごした米国テネシー州ナッシュビルのヴァンダービルト大学を、バーネットは一九五八年に訪問した。これが彼らの最後の出会いになったとバーネットは悲しみとともに記している。このとき彼は、抗体産生とクローン選択の理論について初めて講演を行った。グッドパスチャーはノーベル賞に推薦されたが、彼の貢献は授賞にはならなかった。このことにはのちにふれる。

インフルエンザウイルスの先駆的研究

インフルエンザウイルスが最初にロンドンの国立医学研究所で分離されたとき、バーネットはそこにいた。すでに述べたように[3]、一九三三年にインフルエンザ患者からの臨床材料を接種したフェレットが症状を出し、さらにフェレットを扱っていた学者ウィルソン・スミスがフェレットからインフルエンザに罹ったのである。そして彼の喉からウイルスが分離された。このウイルスは当時流行していたA型ウイルスWS株の原株となった。一九五〇年代後半、インフルエンザウイルスの発見はノーベル賞に値するか徹底的に議論された。その結論は「賞に値しない」だった。このウイルスを発見したグループのリーダーであるパトリック・P・レイドローは亡くなっていたからである。バーネットはこの研究の初期には参加していなかった。彼がインフルエンザに関しての秀でた研究を始めたのは、オーストラリアへ帰国してからだった。彼のヒトおよび動物ウイルスの仕事には多数の面がある。発育鶏卵法に関する二つの重要な面は、インフルエンザウイルスの分離法とワクチン製造のためのウイルス大量調製法であり、これは既述した。以下にさらに二つの例をあげよう。

アーネスト・W・グッドパスチャー(1886〜1960年)とバーネット〔文献16〕

　初期のファージの研究で、細胞上の受容体の存在が仮定されていた。バーネットらは、インフルエンザウイルスの受容体に関しても詳細な研究を行った。バーネットの言葉を借りると「あるべきだが、見つからない」[1]発見から始まった。彼はときおりインフルエンザウイルスを含む尿膜腔液に血管から漏れた赤血球が凝集塊をつくることを観察していた。この赤血球凝集反応がウイルス特異的な現象であることを最初に示したのは、ニューヨークのジョージ・K・ハーストである。この反応はウイルス量を測定するのに効率的な方法であり、また一定量のウイルスによる凝集を血清中の抗体が抑制するので、抗体価測定にも使われた。

赤血球凝集反応は、ウイルス感染の第一段階、受容体への結合の研究に役立った。この反応は酵素‐基質反応の性質があった。三七度に長く保つとウイルスは赤血球から離れたが、四度ではそのままだった。新たに新鮮なウイルスを加えてもその赤血球は凝集しなかったが、細胞から離れたウイルスは新鮮な赤血球を凝集した。細胞表面受容体は、ウイルスとの接触で分解されたのだ。この洞察と直感的な推理から、バーネットはコレラ菌培養上清が受容体にもたらす効果を調べたところ、受容体は破壊されていた。バーネットはこれを受容体破壊酵素(receptor destroying enzyme　ＲＤＥ)と名付けた。研究室の化学者、特にアルフレッド・ゴッチョークによって受容体は粘液性の物質であり、ノイラミン酸を含むことが特徴であることがわかり、それを分解するものはノイラミニダーゼ(ノイラミン酸分解酵素)とよばれるようになった。受容体が粘液性物質であることにちなんで、異なるインフルエンザウイルスをまとめた群はミクソ(粘液を意味する)と名付けられた。オルトミクソウイルスである。似たような受容体をもつ他のウイルス群はパラミクソウイルスと名付けられた。後者のウイルスにはヒトに重要な病気を起こすものがある。麻疹、ムンプス(おたふくかぜ)、パラインフルエンザウイルスである。一九六〇年には麻疹ウイルスはミドリザルの赤血球を凝集することが見つかった。このサルからの培養細胞がポリオウイルスワクチン製造に使われており、私が研究を始めたときに製造所が近くにあったので、麻疹ウイルスの赤血球凝集能をすぐに確かめ、ウイルスを定量する簡便な試験法を完成させた。私はこの研究で興味深い発見をたくさんして、四年後の理学博士論文の主要部分となった。

これらウイルスの研究では、のちにゲノム中の遺伝子数、遺伝子の産物(タンパク質)の構造と機能について詳しいことがわかった。とりわけインフルエンザウイルスに関して詳細な研究が行われた。粒子を取囲む膜様構造はエンベロープとよばれ、二種類の飛び出した構造体がある。一つは赤血球凝集素で量が多く、もう一つはノイラミニダーゼである。この二つがヒトでの防御免疫の対象となる。感染後に人体はこの二つに対して効率的に抗体をつくる。問題は、このウイルスでは遺伝子の頻繁

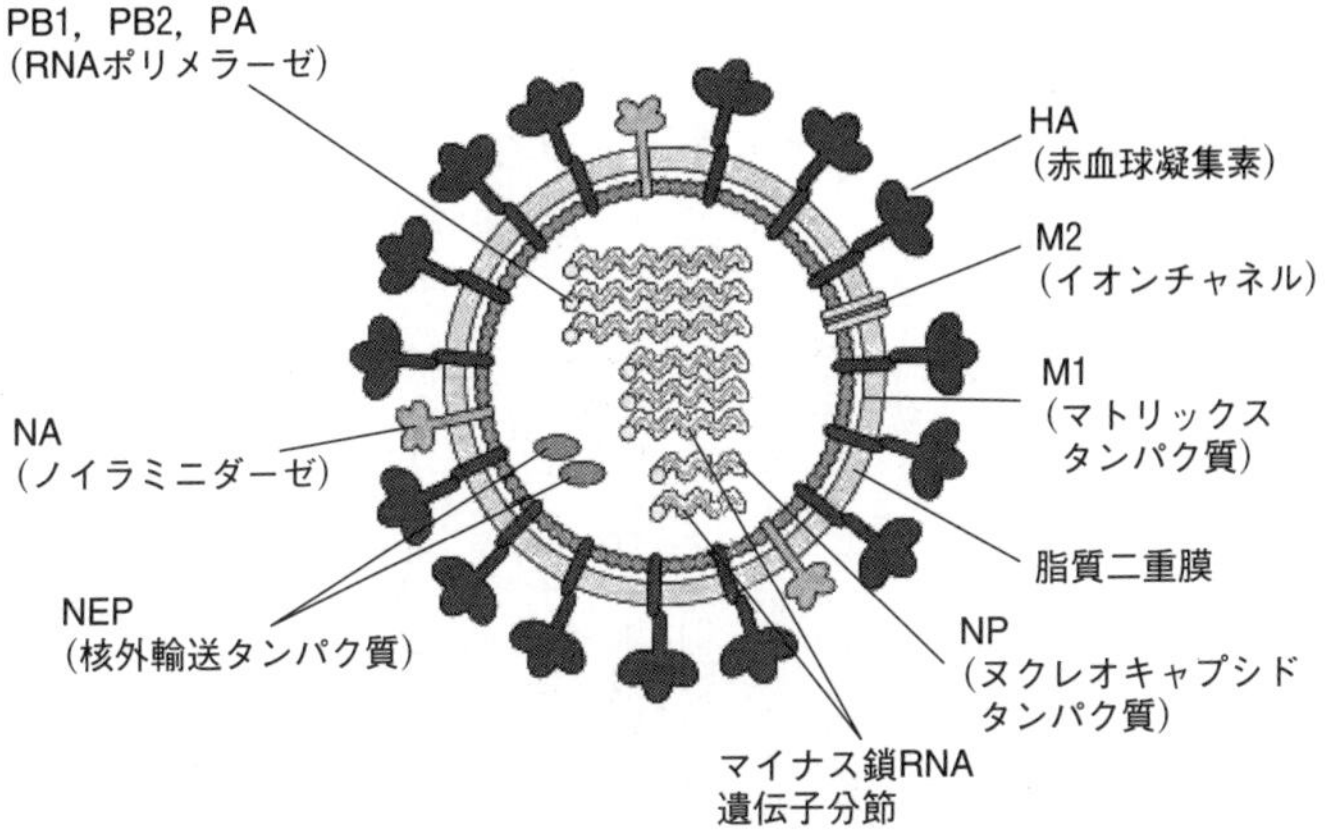

インフルエンザウイルスの構造．ゲノムは8本のRNA(マイナス鎖)分節からなる．ウイルス表面の突起はHA(赤血球凝集素タンパク質三量体)とNA(ノイラミニダーゼタンパク質四量体)の二種類である．

な突然変異によってアミノ酸が変化して抗原性が連続的に変化することだ。これを抗原ドリフト（抗原連続変異）とよび、われわれが繰返し感染する要因である。感染を防ぐには変化に対応したワクチンを毎年注射しなくてはならない。ワクチンに使うウイルス株は、そのときに流行しているウイルスにできるだけ近いものを使わなくてはならない。また、ウイルスは別の方法でもヒトに感染しようとする。図に示すように、ゲノムは八つの分節からなる。もし二つの異なるウイルス（一つはヒトでもう一つは動物のもの）が同じ一つの細胞で増殖すると、分節の交換（遺伝子再集合）が起こる。異なった宿主起源のウイルス間で分節の交換が起こると、抗原シフト（抗原不連続変異）が起こり、新しい抗原性のウイルスが出現し、一九一八年のスペインかぜ流行のように人類に重篤な病気を起こす可能性が生じる。

　赤血球凝集素はタンパク質三量体で、ノイラミニダーゼは四量体であるが、その三次元構造がX線結晶学で詳しく調べられている。現在、インフルエンザウイルス（細胞の相互作用の第一段階―吸着およびウイルス外膜と細胞膜との融合）の分子メカニズムが解明されつつある。バーネットがそのような進歩を称賛するかどうかはわからない。彼は、自分はどちらかといえば生物学者かつ進化論者で、いったん原理がわかればその詳細には興味がないと普段から話していた。のちの研究でウイルス構成成分の分子構造と機能がわかることの価値が証明されたが、これは驚くことではない。新しい知識の発展とその応用にはなお時間がかかる。これらの新知識があるにもかかわらず、われわれはなおインフルエンザワクチンを一九四〇年代の鶏卵を使う方法でつくっており、卵アレルギーのリスクが避けられる細胞培養法を使っていないのである。さらにウイルスが細胞内に侵入し、遺伝子が細胞内に放出される分子機構の詳細を知っているにもかかわらず、その過程をブロックする薬の開発にはまだ至っていないのである。

インフルエンザ生物学への彼の重要な貢献の二つ目の例としては、このウイルスの遺伝学的研究に先駆的に取組んだことである。一九四〇年代の終わりには、異なる二株のファージを一つの細菌に同時に感染させた場合、この二株の性質をもったファージが出現すること（遺伝子組換え）がわかっていた。バーネットは発育鶏卵漿尿膜法で、異なる性質のインフルエンザウイルス株を同定できた。これらの株を使って動物ウイルスの組換え実験を行った。当時、インフルエンザウイルスのゲノムが分節になっていて遺伝子再集合が起こることは知られていなかった。バーネットは遺伝子組換えで生ワクチンのために弱毒ウイルスをつくり出そうとした。しかし成功せず、一九五七年に諦めることになる。

バーネットの試みから五十年以上が経ってから、遺伝子再集合によってワクチンをつくる試みがなされた。そして今日、そのようなインフルエンザ生ワクチンが入手できるようになった。そのワクチンは鼻に接種してそこで増殖させ、鼻局所での免疫〔IgA抗体〕を優先してつくる。この方法は魅力的であるが欠点もあり、現在なお不活化ワクチンを注射する伝統的な方法が好まれている。どちらのワクチンが使われても、感染防御に重要な因子は、ワクチンウイルスと流行ウイルスの抗原性がどの程度似ているかである。

ヒトの中で持続するウイルス

インフルエンザウイルスは急性感染だけを起こす。感染が終わればウイルスは体からいなくなる。しかしヒトや動物のある種のウイルスは、溶原性ファージのように体内で持続する。例として口唇に疱疹をつくる単純ヘルペスウイルスがある。バーネットの同僚グレイ・アンダーソンは、孤児院の子どもでこのウイルス感染の発生をよちよち歩きのときから経過を追って観察した。生後一年以内では、子どもは母親から胎盤を介してもらった抗体によって感染に抵抗していた。その後に感染が急速に起こり、二歳児のほとんどは自分がつくった抗体をもっていた。裕福な家庭の子どもを調べると、感染は遅れて起こったが、これは衛生状態がよいことを反映している。しかし若年齢で感染は起こっていた。このウイルスはほとんどの人で一生のあいだ免疫系によって排除されない。ある人では、理由はよくわかっていないがウイルスが再活性化する。これを反復性感染といい、発熱したときや日光に強く当たったときに起こることがある。かぜのような痛みを起こし、未感染者へウイルスをうつす。

バーネットは、単純ヘルペスウイルスがなぜ人類の定住が始まった文明社会だけでなく、狩猟採集時代にも持続したか考察した。彼は、このウイルスがある世代から次世代へと継続する感染は、われわれホモ・サピエンスの先祖がサピエンス以前のヒト属から引き継ぎ、さらには他の霊長類であるサルから引き継いだものだろうと結論した。彼はまた、宿主と長い期間共存してきたウイルスでは、両方のパートナーが互いに寛容である関係が生まれるという一般的ルールがあると結論した。しかしながら、このウイルスがまったく異なる宿主へうつった場合には、その結果は予想できないものになろう。宿主への適応の重要性に関しては第4章で議論する。

のちの研究で、単純ヘルペスウイルスには二つの型（1型と2型）があることがわかった。バーネットらが研究したのは1型ウイルスだった。2型ウイルスは性器に感染し、性交で広がる。2型ウイルスに対する血清中の抗体の年齢別分布（血清疫学）を調べると、抗体は十代で性交が始まった後の年齢群に検出される。一般的に初感染は症状が軽い。しかし潜伏ウイルスの活性化による反復性感染では1型が起こす口唇の痛みと同様の症状があり、ウイルスは性接触を介して次の宿主へうつる。

疫学のシャーロック・ホームズ

バーネットは、新しい病気が流行して社会が謎と複雑さに満ちた状況に直面したとき、それを見事に解決した。単純ヘルペスウイルスの潜伏感染については前述したので、もう一つの例を以下に述べよう。そのほか、オウム病とQ熱についても述べる。

まず、マレー渓谷脳炎（MVE）についてである。この話の前に、ウサギに蔓延した他のウイルス病について述べる必要がある。それは、野生ウサギを減らすためにオーストラリアに導入された感染性粘液腫である[11]。この導入計画の主たる責任者は著名なウイルス学者フランク・フェンナーであった。彼はバーネットを除いて当時最も尊敬されたオーストラリア人ウイルス学者であった。彼はバーネットより十四歳年下で、第二次世界大戦後バーネットの研究所で働くよう招かれた。フェンナーはマウスのポックスウイルスの発病病理について模範的かつ有益な研究を行った後、もう一つのポックスウイルスであるウサギの粘液腫病原体の研究に従事した。このウイルスは、オーストラリアでの野生ウサギの生物学的制御のために選択されたものである。のちの職業人生で、彼は一九七八年のWHO（世界保健機関）による天然痘ウイルス（ポックスウイルス）の根絶成功に重要な貢献をしている（第4章）。彼は天然痘根絶認証世界委員会の委員長を務めた。

ウサギは一八五九年以降オーストラリアの田園生活者にとって悪名高い厄介者になっていた。このウサギは、ヴィクトリア州ジーロングに広大な土地をもつトーマス・オースチンが導入したものである。まず純系ウサギを輸入したが生き残れなかったので野生ウサギに変えたのだ。天敵がいなかったウサギは急速に繁殖し、南回帰線以南のオーストラリアのほとんどの土地に広がった。七匹のウサギは一匹のヒツジと同じ量の草を食べるので、これは農家にとって大きな負担となった。この状況を制御するために、フェンナーは北米から粘液腫ウイルスを輸入してその効果を調べた。北米大陸では、そのウイルスと宿主であるウサギとは均衡関係ができていた。しかしオーストラリアに馴化したウサギは北米ウサギとは属が異なるため、効果は劇的であった。実験室ではその感染でほぼすべてのウサギが死んだ。十分な検討の後ウイルスをウサギの自然生息地に放出したところ、ウサ

フランク・フェンナー（1914〜2010年）〔文献16〕

ギ集団は激減した。初期の死亡率は九九・七パーセントであった。時とともにウイルスとウサギとの新しいバランスが生じた。わずかに生き残ったウサギはウイルス抵抗性の子孫を残した。同時にウイルスの方も、軽い症状を起こすものが残ったため、ウサギは長生きするようになった。ウサギが長く生きるようになると、二つのことが起こった。一つは別のウイルス伝播様式が生じたこと。初めは感染ウサギと正常ウサギとの直接接触で伝播したのだが、蚊が長生きした感染ウサギを刺して、次に健康ウサギを刺して間接的な伝播が起こったのである。ベクター（運び屋）を介する伝播が起こったのだ。

粘液腫ウイルスがオーストラリアで七、八年間蔓延しているあいだに、ウサギの致死率は約半分になった。死んだウサギの半数は感染による直接の死で、残りは感染で弱まったウサギが捕食動物に食べられたことによる死であった。かくしてウイルス導入がウサギの数を減らし、生態学的に比較的好ましいバランスをつくったのだ。

粘液腫ウイルスを放出したのは一九五〇年で、最初の広がりはマレー川とその周辺地区であった。一九五一年一月の終わりにはヴィクトリア州北西部のミルドラへ広がった。ウサギはその地区で大量に死んだが、同時に小児に十二例の重篤な脳炎が発生した。このような症例は長いあいだ起こっておらず、当然ながら次のような疑問が出された。ウサギを殺すために政府が放出した粘液腫ウイルスが変異して、ヒトにも感染を起こしたのだろうか？

バーネットの共同研究者エリック・L・フレンチが、

子どもに脳炎を起こしたウイルスは、すぐ粘液腫ウイルスとは違うものだと決定した。脳炎を起こしたウイルスは、それ以前に知られていた蚊や鳥が媒介する日本脳炎ウイルスに近いものであることがわかった。このウイルスの分離には、バーネットが開発した発育鶏卵法が使われた。新しいウイルスがこの方法で分離された最初の例である。バーネットはこのウイルスをマレー渓谷脳炎（MVE）ウイルスと名付けた。この脳炎と粘液腫とは無関係だが、なぜ同時に起こったのかメディアと国民に説明しなければならなかった。この一連の仕事は探偵が行うようなものだった。その前にバーネット、フェンナー、CSIRO（政府研究機関）のカリスマ的トップであるイアン・クルーニース-ロスの三人は、国民の不安を鎮めるために、たくさんのウサギを殺すほどの量の粘液腫ウイルスを自分自身に注射したのだった。病気は起こらなかった。この三人は、多くのフィールド研究者が粘液腫ウイルスを運ぶ蚊に刺されているが、病気にはなっていないことを知っていた。そしてこの結果の報告は国民を納得させる効果があった。

MVEはなぜ流行したのだろうか。一九一七〜一八年、ニューサウスウェールズ州西部とヴィクトリア州北部に脳炎が局所的にまとまって発生した。当時その病原体をサルに感染させることはできたが、それ以上の解析は無理であった。この病気はオーストラリアX病といわれた。その病気とMVEとは関係があるのではないかと考えられ、新規に分離されたウイルスを使って異なった場所で住民の年齢別の抗体の存在を調べる血清疫学研究が行われた〔ウイルス粒子に対する抗体は長期間持続するので、その抗体が健常人の血清に存在することは、過去に感染があったことを示す〕。わかったことは、X病が多かった場所では三五歳以上の住民はMVEウイルスに対し抗体を保有していた。これは過去にこのウイルスの流行があったことを示す。それゆえX病とMVEとは関連している病気であると解釈された。

さらにMVE流行とその起源を調べるために、人間と動物の血清中の抗体を調べる研究が長期間にわたって行われた。昆虫学者と鳥類学者もウイルス分離のために調査チームに加わった。陰性結果が多かったが、若干の感染動物が見つかり徐々に全体像が浮かび上がってきた。MVEウイルスは、インドネシア、ニューギニア、オーストラリアの熱帯地域で鳥と蚊に害を起こさない寄生体として存在することがわかったのだ。このウイルスは蚊によって鳥から鳥へと伝播される。蚊が鳥を吸血するとウイルスは蚊の体内で増殖し、約十日で唾液腺に集まり、その蚊が別の鳥を吸血してウイルスをうつす。

ウイルスは非常に例外的な気象条件のときだけオーストラリア南部のミルドラへ運ばれたと推論された。脳炎は一九一七年、一九一八年、一九五一年に流行し、一九二五年には少数の症例があった。とびとびの年に流行が起こった理由として次のことが推測される。すべての流行事例において前年十月と十一月に、オーストラリア東部は広範囲にわたり豪雨に見舞われた。鳥と蚊が交互に感染を起こしながら、ウイルスは南部のミルドラにまで達したのだ。流行当年の二月〔オーストラリアは夏〕になったとき、ミルドラでウイルスをもつ野鳥の数が増え、ウイルスは家禽《きん》に入り込み、家禽から子どもにうつったのだろう。

動物から蚊やダニ（媒介動物）を介してヒトへ感染するウイルス感染症は、数百種類も見つかっている。ほとんどの場合ヒト感染は終着点であり、そこから広がることはない。進化論的視点からみればヒト感染はウイルスの生存には価値がないが、感染を受けた人にとっては大きな障害が起こる。都市型黄熱は特殊な例で、蚊を介して人から人へのウイルスの伝播が起こる（文献3 第4章）。しかし他のほとんどすべてのベクター媒介感染では、ウイルスが存続するための源は鳥であり、長距離にわたってウイルスを運ぶことができる。

ノーベル委員会の評価

バーネットが最初にノーベル賞候補に選ばれたのは一九四八年で、それ以降は一九五一、五二、五七年を除いて一九六〇年まで毎年選ばれた。全部で十九の推薦があり、一つ（一九六〇年の三つの推薦のうちの一つ）を除いてすべてウイルス学への貢献で推薦された。この一九六〇年の例外的な推薦は免疫学への貢献に対してであった。スヴェン・ガード（74ページ）。ガードは繰返しバーネットの評価を行っていた(3)。ガードは、カロリンスカ研究所のウイルス学教授で私の指導者であり、私は彼の後任者になった。彼のことは前著に書いてある。彼の評価に加えて、細菌学教授ベルント・マルムグレンも評価を行った。バーネットのウイルス学の仕事に関しての彼ら二人の印象とノーベル委員会の評価について述べたい。

バーネットを最初に推薦したのは、アデレード大学病理学教授J・B・クリーランドであった。彼は五ページの添付文書のなかで、前述したバーネットのすべての分野での重要な貢献について書いている。委員会はガードにさらなる評価を命じた。ガードは一九四八年にウイルス学教授になっており、同じ年にノーベル委員会の臨時委員になった。彼ははじめからこの委員会で忙しく、最初の仕事はアルバート・セービンによって推薦されたマックス・タイラーの業績を予備的に調べることだった。彼の比較的詳しい評価により、タイラーへ三年後に授賞することになった（文献3 第4章）。しかしガードの最初の年の最も重要な仕事は、九月はじめに提出された十四ページにわたるバーネットの評価であった。

ウイルス病の化学予防への第一歩

ガードが、バーネットのウイルス学への多くの貢献に多大な尊敬と称賛の念を抱いていたことは間違いない。しかし、多くの業績のなかからノーベル賞授与の基礎となる研究を選び出すのは、大変なことであった。彼は業績を次の三つの群に分類した。①抗体産生と免疫応答のメカニズム、②ファージの性質と機能、③ヒトに感染するウイルスの諸問題。彼は免疫学の業績は考慮しなかった。一九四八年では、免疫学研究は熟していないと判断したのだ。一九五〇年代、バーネットは免疫の研究に徐々に深く関与するようになったが、ガードがこの領域を評価するのに一九六〇年までかかったのである。

ファージ研究に関しては、ガードは特に受容体概念の導入と、ウイルスが細胞へ侵入するときの第一段階となる構造の重要性を評価した。ガードは次に動物ウイルスの諸研究に注意を向けた。ヘルペスウイルス感染の性質に関する予見的な解釈（ウイルスが潜伏し再活性化する性質を含む）について議論した。また簡単ながらオウム病とQ熱に関する疫学的研究にもふれた。これら二つはウイルス病ではないが、病原体はそれぞれクラミジアとリケッチアとよばれる細胞に寄生する細菌である。

次にガードは発育鶏卵法の発展とインフルエンザウイルスの研究を評価した。おもに赤血球凝集素についての研究である。ガードはこれらの革新的な研究に興味をそそられ、ウイルス感染を治療するために将来の発展の可能性を推測した。実際バーネットらは、動物の気道を受容体の機能に干渉する物質で処置してから動物を感染させる実験を行っていて、感染への若干の防御効果があった。ガードは次の文に傍線を引き強調した。「受容体破壊酵素で処理された卵は完全に感染を免れた…この防御効果はマウスでも観察された。」ガードは、バーネットはこれらの画期的な発見での主導者であると結論した。ただしハーストも有力な候補者であると簡単に述べた。ガードの評価は次のように締めくくられている。

ベルント・マルムグレン(1906～1977年)〔マルムグレンの娘マリアンヌ・リードストレーム氏提供〕

《これら発見の重要性をこれ以上議論する必要はない。理論的な視点でみれば、ウイルスと宿主の関係をより深くみた最初の一歩である。医学におけるウイルス病の化学予防への応用は現実的な可能性となった。

私がここで紹介したことから、バーネットの貢献は賞に値するという意見を躊躇なく述べたい。》

ノーベル委員会はバーネットの結論に合意し、細胞をウイルス感染に不感受性にするバーネットの方法は賞に値することを確認した。しかし一九四八年の賞としてはポール・ミュラーの殺虫剤ＤＤＴの発見を選び、これはカロリンスカ研究所教授会の決定となった（文献３ 第６章）。

鶏卵で殖えるウイルス

バーネットは、翌年グッドパスチャーと一緒にライデン大学のJ・ムルダーとJ・D・フェルリンデによって推薦された。またグッドパスチャー一人だけの推薦が二つあった。これらの推薦は、発育鶏卵でウイルスを増殖させる異なった技術の開発に焦点を当てていた。ガードは二つの評価を行った。一つはグッドパスチャーに関する予備的評価と、バーネットに関する包括的評価であった。発育鶏卵でのウイルス増殖の新技術の開発でグッドパスチャーを称賛したが、この技術的なものだけではノーベル賞には値しないと言った。それは「発見」ではない。バーネットに関する四ページの評価文では、彼を候補者として強く推薦した。委員会は細胞をあるウイルスに不感受性にする方法の発見は賞に値すると再度確認したが、ガードの添付文書に従って授賞は遅らせると結論づけた。一九四九年の賞は、ウォルター・R・ヘス「内臓活動の調整役としての間脳の機能的組織化の発見」とアントニオ・エガス・モーニス「ある種の精神病での脳白質切除手術の治療的価値の発見」の二つに分割された。この授賞は議論を呼んだ。特に脳白質切除術はのち悪名高いものになった。(12)

Q 熱

一九五〇年、バーネットはサンフランシスコの細菌学教授マックス・S・マーシャルによって、Q熱病原体の発見で推薦された。一九三四年、ブリスベンの屠殺場の労働者にかなりの高熱が出る病気が流行した。その原因病原体は、E・H・デリック博士によってモルモットを使って分離された。バーネットはマウスで植え継ぎを行って、注意深く光学顕微鏡で観察した。最高倍率で彼はニシンの骨のような像を見た。彼はそれをリケッチア（ウイルスより大きく複雑な細胞内寄生体）であると結論した。発見者を尊重して、病原体の種名は *Coxiella*《コクシエラ》 *burnetti*《バーネッティイ》 と名付けられた。バーネットは自分の名前が永久に残るとして喜んだそうだ。

ガードはこの年もバーネットの評価を行い、萌芽となるような多くの研究貢献に加え、「はっきりした目的、直感、効率良さ」がバーネットの研究への向き合い方の特徴であるとコメントした。しかしQ熱のことには重点を置かず、インフルエンザウイルス受容体の研究のその後の経過を十ページ以上にわたって分析した。彼は再び細胞受容体を修飾する物質は感染を遅らせることに注目した（ただし感染を防がないので、効果のある予防薬ではない）。それでも彼はバーネットを強く推薦し、次のように結論した。「この研究の理論的かつ第一の重要性はきわめて大きいので、私は賞に値すると躊躇なく主張する。特に感受性細胞を不感受性にする受容体破壊酵素の発見を強調したい。」ガードの議論は委員会にインパクトを与え、教授会への提言のなかでバーネットは、賞の候補者リストに残った（授賞の推薦理由は一九四八年と同じ）。しかし最終の議論で委員会の意見は割れた（文献3 第4、6章）。十三人の委員の多数はフィリップ・S・ヘンチ、エドワード・C・ケンドル、タデウス・ライヒシュタインの副腎皮質ホルモンとその臨床応用の発見を推した。しかし委員長を含む四委員は異なる意見で、バーネットの発見とマックス・タイラーの黄熱ワクチンの発見で賞を分割というものだった。教授会は委員会の多数意見を採用した。タイラーは翌年に受賞したが、バーネットはずっと後まで待たなくてはならなかった。

バーネットの推薦は一九五一、五二年にはなかったが、一九五三年にはシドニーのC・W・スタンプとA・N・バーキットによって推薦された。委員会は、細菌学者のマルムグレンにバーネットに関し追加の評価を依頼した。彼の五ページの評価は、ガードのものに直近の研究の評価を加えたものだった。委員会はバーネットの候補者としての妥当性を再確認した。

赤血球凝集反応

一九五四年にはロンドンのA・A・モンクリーフがバーネットを推薦し、赤血球凝集反応とウイルスと細胞の結合現象の研究の重要性を訴えた。彼はまたバーネットがいくつかのウイルス病自然誌の深い理解への貢献を強調した。また、ハーストの赤血球凝集反応の発見についても推薦があった。ガードはこれら二人の候補者を一緒に評価した。彼はバーネットがこれまで四回の評価で高く評価されていることをまず述べ、たくさんの業績のなかではインフルエンザ研究が最高のものであると述べた。

さて、ハーストは一九四〇年にロックフェラー財団国際保健部に採用されて、インフルエンザの研究を始めた。財団はプリンストン大学に研究室を構え、ウェンデル・M・スタンリーが監督していた。彼は一九四六年にタバコモザイクウイルスの結晶化でノーベル化学賞を受賞していた（文献3 第3章）。研究室のおもな目標はインフルエンザワクチンをつくることであった。これは、第二次世界大戦開始時に必要に迫られていた。ワクチンに関する仕事の一部は財団のニューヨークの研究所でも行われていた。ハーストはその場所で財団からの奨学金をもらって研究を始めた。一年足らずで、インフルエンザウイルスが赤血球を凝集させるという重要な発見をした。彼はウイルスと細胞の相互作用―吸着と溶出（放出）―のメカニズムおよび吸着を抗体で阻止する可能性を研究した。彼はまた細胞受容体はムコ多糖であることも調べた。しかし、受容体の化学的研究はバーネット研究室の方がより詳細であった。ガードは赤血球凝集反応に関しての研究を分析して次のように評価した。

《バーネットおよびハーストの研究結果は躊躇なく賞に値すると考える。それらが互いに補い合うことは幸運である。この問題を解決するのに貢献した多くの研究者のなかから、私がこの領域でバーネットとハーストに匹敵する研究者を見つけるのは不可能である。それゆえにウイルス受容体研究に関するノーベル賞は、この二人に平等に授与するのが合理的である。》

委員会はバーネットとハーストが授賞に値すると結論づけた。しかし一九五四年の賞は他の三人のウイルス学者、ジョン・エンダース、トマス・ウェラー、フレデリック・ロビンス「ポリオウイルスの非神経組織での増殖」に授与された。これもガードの有能で権威ある力添えによるものである（文献3 第5章）。

推薦が弱まる

一九五五年にはバーネットへの推薦が二つあった。アデレードのJ・I・ロバートソンとニューヨークのC・W・ユンゲブルートからである。マルムグレンは二回目の評価を行ったが、一ページだけで新しいことは書いていなかった。委員会はバーネットを以前と同様の評価とし、有力な候補者としてリストにとどめた。一九五六年には三つの新規の推薦があった。特にその一つはデールからであり、内容は非常に包括的なものだった。すでに述べたように、彼はロンドンの国立医学研究所の所長であり、一九三六年の受賞者であった。推薦文には次のような称賛の辞が含まれていた。「バーネット博士が所長として発展させたメルボルンの研究所は〈他の追随を許さない〉機関であり、提出した推薦文を委員会で検討していただければ、マクファーレン・バーネット卿が成し遂げ、かつ今も成し遂げつつある、医学および生物学の知識への基盤となる貢献の光輝あり広く影響力をもつ性質を認識されるでしょう。」委員会はバーネットが賞に値することを再認識した。委員会は「しかし将来の進展が待たれる」との文言を残したので、候補者としての推薦の強さは減じつつあった。したがってバーネットのノーベル賞は遠ざかったという予感は真実だっただろう。

カロリンスカ研究所のノーベル委員会の活動の歴史において、何年かトップであった候補者の順位が徐々に下がる例は多い。私はノーベル生理学・医学賞選考に携わった二十年間にそのような例をたくさんみてきた。幸運なことに、バーネットは今までと異なる分野（免疫学への理論的貢献）でノーベル委員会に再び注目されたのである。

バーネットのウイルス学の業績での推薦は続いた。一九五八年にはキャンベラのF・フェンナーとバーゼルのJ・トルネツィクによる二つの推薦があった。最後一九五九年にはデールとバンクスより推薦された。最後の推薦は一九六〇年で、ロンドンのR・ロヴェルとカリフォルニア州パロアルトのJ・レーダーバーグからの二つであった。レーダーバーグは「バーネットの貢献は免疫学の諸問題へ新視点から取組むのにも役立ってきた」と述べた。同年の第三の推薦はオハイオ州コロンブスのヨルゲン・M・バークランドによるもので、免疫学への貢献のみに絞っていた。抗体産生の理論への授賞を提案しており、バーネットの最新刊『獲得免疫のクローン選択説』[13]を引用していた。免疫寛容は胚発生時に起こるというバーネットの予見について述べ、さらに「ビリンガムとメダワーは、皮膚同種移植実験によって彼の説が正しいことを実験で証明した」と書いた。しかしこの二人の研究者は推薦には含まれていなかった。この話題は第2章で戻ることにする。

ウイルス受容体研究のその後

最終的にバーネットは、細胞をウイルス非感受性にするという研究では受賞しなかった。ガードはこの研究こそが賞に値すると主張したのだが、歴史的にみるとこの研究で授賞しなかったことは非常に幸運なことだといえる。ウイルスの細胞への吸着と侵入の阻止によりウイルス感染を防止する概念は魅力的だが、この五十年以上にわたって抗ウイルス薬開発として実りが少なかった。このことは、多くのウイルスにおける増殖の初期段階の分子機構が詳細にわかってきたのに、驚きであり失望することでもある。

新しい抗ウイルス薬開発の現況についてふれる前に、概観をしておこう。細胞表面のウイルス侵入のための受容体は、もともと侵入のためでなく、別の生理学的役割がある。進化の過程でそれがウイルスにハイジャックされたのだ。ウイルス受容体を消失した細胞が、時間とともにまたウイルス感受性になることがある。これはバーネットが受容体破壊酵素を使った動物で発見したことだ。その感染防止効果は完全ではなく一時的であった。

このような限界にもかかわらず、たとえば感冒（鼻かぜ）ウイルスの細胞への侵入を抑える可能性のある薬剤の利用は魅力的だ。百種以上もある感冒ウイルスにワクチンをつくることは現実的でない。その代わりに、鼻粘膜での感染を起こす多くのウイルスが同じ細胞受容体を使うことを利用し、その受容体をブロックする手法がある。一九八五年インディアナのパーデュー大学のマイケル・ロスマンらは、ポリオウイルスに似る感冒ウイルスの微細構造をX線結晶学で調べた。彼らはウイルス表面にある細胞受容体と結合する溝を見つけた。長年にわたって製薬会社と協働してその溝の働きをブロックできる分子を合成して探したが、まだ成功していない。

ヒト免疫不全ウイルス（ＨＩＶ）のようにワクチン開発がうまくいっていない場合、効果的な抗ウイルス薬を見つけることは喫緊の課題である。ＨＩＶの場合、ウイルス増殖の異なる段階をブロックする物質が多数種合成された。そのなかにはウイルス吸着と侵入を抑える物質も含まれた。あるHIV-1型株の受容体であるCCR5をブロックする薬剤がある。もう一つは、ウイルス遺伝子が細胞内に注入されるときに必要なウイルスと細胞膜の融合に干渉する物質も見つかった。しかしHIV感染を制御する抗ウイルス薬の開発に成功したと同時に、薬剤耐性株の出現の問題も生じたのである。

ウイルス核酸と細胞DNAの複製の忠実度には大きな違いがある。細胞DNAは非常に厳密に複製でき、間違いは百万塩基につきわずか一個である。これに比べ、ウイルスでは間違いが起こる確率は百倍も高い。つまり、ウイルスでは薬剤に抵抗性の変異株が簡単に生じる。この問題に対処するためには、ウイルス増殖の異なる段階で干渉する複数の（少なくとも三種の）薬剤を使う。抵抗株の出現確率は個々の薬剤での出現確率の乗じたものになる。もし二剤を同時に使った場合には、抵抗株の出現確率は一万分の一を二回掛けたものになる。もし三剤ならばウイルスはほとんど抵抗株をつくることはできない。

抗インフルエンザウイルス薬の開発も行われてきた。有効な薬剤があれば、抗原ドリフトに対抗するために、毎年ワクチン製造のウイルス株を変える必要はなくなる。たとえばアマンタジンという薬剤は、膜融合に影響を与えると考えられる。タミフルなどの商品名で知られる薬剤はノイラミニダーゼ阻害剤である。この薬剤はウイルス吸着を抑えるのでなく、ウイルス粒子の放出を抑えるものである。ウイルス増殖の最終段階ではウイルスは細胞膜から徐々に出芽して外へ出ていく。放出されたウイルスはその細胞の受容体に戻ってくることはない。それはウイルスが放出するときにノイラミニダーゼが受容体を壊していくからである。タミフルは、ノイラミニダーゼ活性を抑えることでウイルスの放出を抑えて、ウイルスが広がらないのである。

バーネットは三十年以上のあいだにウイルス学のさまざまな面で基本となる発見をした。一九五九年に、当時としてすべての知識を盛込んだ三巻の本が出版された。『ウイルス—生化学的、生物学的、生物物理学的性質』一〜三巻である。ちょうど私が研究を始めた領域の百科事典であった。編者はバーネットとスタンリー（ノーベル化学賞受賞者）であった。

ウイルス学の黄金期と変わりゆく科学

バーネットは彼の著作で、ウイルス学の黄金期に活動できて幸運だったとしばしば述べている。一九五八年に初めてウイルスを明確に定義することができた（文献3 第3章）。一九三〇年代から五〇年代まで医学的に重要なウイルスが発見され、人類の文明に利用されてきた動物、植物に感染するウイルスも発見された。これらの目覚ましい進歩はポリオ、麻疹、ムンプス、風疹などの多数の有効なワクチンの開発を可能にして、バーネットはウイルス学の最も重要な発見は完了したと考えた―すでに述べた「科学の終わり」観である。

興味深いことに、バーネットは一九五〇代以降の新しい技術の進歩にやや懐疑的であった。刻々と発展する分子生物学の新技術が感染症予防に実用されるとは思っていなかった。歴史を振返れば、彼の懐疑的態度は間違っていた。二つの例をあげればエイズやＳＡＲＳ（サーズ、重症急性呼吸器症候群）を起こすウイルスである。これらのウイルスは分子生物学の技術がなければ見つからなかっただろうし、エイズ治療薬はＨＩＶ増殖の分子メカニズムがわかったからこそ製造可能になったのだ。

私のウイルス学の研究と学生への教育は、バーネットがすべては終わったと言ったときに始まった。驚くことではないが、この学問領域に関する私の解釈はバーネットとは異なる。ウイルス感染を制御するための大きな進歩があり、ウイルス学が比較的粗野な生物学的検査によっていた時代から、洗練された生化学的技術の学問へと変わる過程において、私もその一員であったのは幸せである。しかし医学生への教育において私はバーネット風になった。一九六〇年代の講義では、異なるウイルス粒子の構造から始まり、細胞内でのウイルスの増殖へ、さらに多細胞生物での病気の起こり方へと進み、最後に社会での病気流行を扱った。これはボトムアップ方式である。このやり方を十年続けてから講義の順を逆にした。最初にウイルス病疫学の特徴を概観し、次に各ウイルスと人間とのユニークな相互作用の特徴がどのように流行の起源となっているか話す。ウイルスと人間の二者の役割に同じ重みを置く。最後に個々のウイルスについてその遺伝子構成に焦点を当てる。このやり方は学生に評判がよかった。バーネットの科学への態度を取入れたものである。彼はまず広い展望で始め、次により細かく入っていったのだ。

大胆な仮説を立てるのがバーネットの特徴であった。ゲオルク・クラインは彼の著書[14]で、バーネットについて当時広く流布していた話を引用している。

《マック卿は、五個の発育鶏卵を使った実験を五日間行い、その結果から新たな仮説をつくる。その説はすぐに公表されて本になる。その後五百人のウイルス学者が、五年をかけて五十万個の卵を使って、その仮説が間違っていたことを証明する。しかし、それらの仕事は科学の新分野を切り拓いた。そのあいだにバーネットはその分野に興味を失い、別の分野へ移っている。》

新たな仮説を拒絶する能力についても、バーネットがユニークであったのは間違いない。ノッサルはバーネットの科学への取組みについて書いている。じつに啓発的なものである。

《バーネットは、自然はいつも彼に何かを語りかけると信じて疑わなかった。想定外の解釈しづらい実験結果を、あれやこれやと考え、数値を足したり引いたりして遊び、何らかの条理を見つけようとした。彼はいたずらっぽく「ノッサル、私は繰返しの実験はやらない」と言っていた。もちろん、それは文字通りの意味ではない。彼が意味したことは、個々の実験はそれがどんなに小規模なものでも、新しく生じた結果であり、対照実験であり、少々変動した実験データである。それは確認実験を念入りなものにし、学習経験を広げるものなのだ。》

この引用は、フランシス・クリックの言葉「よい仮説を悪い（実験）結果で捨ててはならない」を思い起こさせる。バーネットの科学への取組みについて、彼自身が言ったことを次にあげよう。「科学での仕事は一般原則を見つけることで、あらゆる段階で仮説に導かれ刺激されなければ、研究は意味がないものになる。この仮説とは最良の実験データと類推に基づいてつくられたもので、原則として実験によって議論、証明、反証または修正がいずれ可能でなければならない。」したがって科学者の心のもちようの重要な点は、現実の適切なものを誇張し、不適切なものを単純化するか無視することである。バーネットの見解をさらに知るために彼の自叙伝から引用する。「偉大な発見は、まったく期待していなかった結果を認識することから生まれる。新しい現象は実験計画に入っていないことなので、最初の時点では幼稚な技術で研究されなければならない。」この記述は、バーネットが時代の技術の限界を知っていたことを明瞭に示している。彼は、メダワーの「科学は解決できるものでつくる芸術（the art of the soluble）」という見解[15]に同意しただろう。この言葉は一八六〇年代にドイツの鉄血宰相オットー・フォン・ビスマルクの言葉に対照的につくったものだ。彼は、政治は厳密科学ではなく「可能なもの（the possible）でつくる芸術」と言った。

バーネットは技術の限界を知っていたので、新しい技術に興味をもっていたと考える人もいるだろうが、そうではなかった。実際、一九六〇年代に急速に進展した分子生物学の新技術の導入にあからさまに批判的であった。いろいろな分子技術が導入され始めた一九六〇年代初めに生物科学はその性格を変えたというバーネットの主張は真実だろうか？　時代とともに新奇の劇的な仮説を立てることがより難しくなり、研究はより細部にはまり込むことになったのだろうか？　この質問に対する回答は、イエスでもありノーでもあるだろう。

さてメダワーについて話すときが来た。彼は次章の二人の主人公のうちの一人である。彼は多才な心性と知性をもっており、天才の語源の意味を含めて言葉の価値を知悉していた。この背景を知ったうえで、ノーベル賞共同受賞者バーネットについて彼が語った次の文は興味深い。

《「天才」は、科学者が互いを呼ぶのに簡単に使ってはならない言葉である。しかし私は、繰返しバーネットは天才であると言ってきた。それは免疫寛容の発見へと導いただけでなく、彼が免疫応答をリンパ球の集団力学として解釈するという、もっと深い洞察力をもっていたからである。》

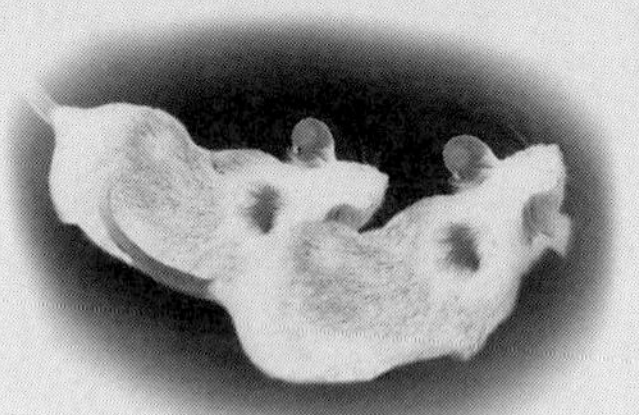

第 2 章
分割ノーベル賞と免疫学の新時代

THE SELF OR NON·SELF
A CREDO OF BI·O·LO·GY
CLO·NAL SE·LEC·TION

自己、非自己
生物学での信条*
クローン選択

*高等動物は自己、非自己を区別する信条

伝染病に罹《かか》って生き残った人は、同じ病気が再度流行したときに罹らないと、古代から知られていた。病気へのこの特異的な抵抗性は免疫（immunity）とよばれた。その語源であるimmunitasは、ローマ帝国で帰還兵が課税を一時的に免れることを意味した。一九〇一年第一回ノーベル生理学・医学賞はエミール・A・フォン・ベーリングが受賞した。ウマに細菌毒素を注射して得た「抗」血清がジフテリアの治療に使えるという発見に対してであった。[1,2] 以降この活性物質は「抗体」とよばれた。病気を起こす毒素活性を抑制するので、最初は「抗毒素」とよばれた。この抗体は、注射に使った物質（のち抗原とよばれる）と特異的に反応することがわかり、さらに長期間にわたって少量ずつ注射することで抗体が多量に産生されることがわかった。多細胞生物の免疫系にはある種の記憶があり、繰返し免疫の後で免疫応答は促進される（ブースター現象という）。ベーリングは研究生活の後半、ジフテリアと破傷風のワクチン（不活化した毒素を人間に直接注射して抗体をつくらせて病気を予防する）の開発に携わった。〔第一回ノーベル賞に推薦された北里柴三郎に関しては、コラム（xivページ）を参照〕

パウル・エールリッヒ（1854〜1915年），1908年生理学・医学賞受賞者〔1908年ノーベル賞年鑑〕

免疫学初期のノーベル賞

ベーリングへの授賞の後、一九六〇年までに免疫学分野で生理学・医学賞が四つ授与されている（表2・1）。抗原と抗体の反応は、パウル・エールリッヒによってより詳細に研究された。彼は、ベーリングと同じくロベルト・コッホの研究室で研究の手ほどきを受けた。コッホは細菌学の開祖で、[1] 一九〇五年の授賞題目は「結核に関係する研究と発見」であった。エールリッヒは免疫学の開祖とよばれた。二人ともノーベル賞受賞は遅れ、

表2・1　免疫学領域で授与されたノーベル生理学・医学賞（1901〜1959年）

年	授賞者	授賞題目
1901	エミール・A・フォン・ベーリング	血清療法の研究，特にジフテリアへの応用
1908	パウル・エールリッヒ イリヤ・イリッチ・メチニコフ	免疫に関する研究
1913	シャルル・R・リシェー	アナフィラキシーの研究
1919	ジュール・ボルデー	免疫に関する発見
1930	カール・ラントシュタイナー	ヒト血液型の発見

エールリッヒの受賞は一九〇八年であった。彼は受動免疫と能動免疫を区別した最初の学者である。受動免疫とは、既存の抗体を感染症治療および予防に使うことであり、能動免疫とは、特定の抗原を注射して抗体をつくらせておき（ワクチン接種）、将来の病気を予防することである。彼は抗原抗体反応を初めて提案した人物でもあるが、当時はまだ抗原と抗体の化学的性質は知られていなかったので、曖昧な推測であった。

エールリッヒは、抗梅毒薬「魔法の弾丸」サルバルサンによる化学療法の先駆者でもある。ドイツには二つの重要な医学生物学賞があり、一つは彼の名がついたパウル・エールリッヒ&ルートヴィヒ・ダルムシュタッター賞で、もう一つはロベルト・コッホ賞である。前者は、エールリッヒがユダヤ系だったので第二次世界大戦中とその後の長いあいだ授与されなかった。私は十八年間前者の選考委員として免疫学最前線の科学者の多くの発見を調べてきた。委員会は、免疫学以外の分野からも授賞者を選んだ。ある年には二人の結晶学者が受賞し、一人は前章でふれたマイケル・ロスマンであった。授賞式はフランクフルトのフラウエン教会（今は世俗の建物として使われている）で行われたが、ロスマンはユダヤ系で、十一歳のとき母親と一緒に街から逃れたことを私は知った。彼は受賞のために生まれ故郷に帰ってきたことは、感慨深かったことだろう。

一九〇八年のノーベル生理学・医学賞は、エールリッヒとイリヤ・メチニコフの「免疫に関する研究」に関しての共同授賞であったが、二人の研究分野は異なっていた。エールリッヒの研究は、血清中を循環する抗体（体液性免疫）の誘導とその特異性に関する一方、メチニコフの研究は免疫における細胞の重要性に関するものであった。この領域は彼がパイオニアであったが、全体像をはっきりさせるまでに長い期間がかかった。彼は特にマクロファージ（大食細胞）に興味をもった。この細胞は細菌などの外来物を飲み込み、それを無害化する。この過程をファゴサイトーシス（食作用）という。これは一般的なメカニズムであり、ある病原体を他のものと区別することはできない。この非特異的機構をまとめて「自然免疫」または「先天性免疫」という。自然免疫に関する異なる特質は二十世紀後半に発見されたが、この進展に対するノーベル賞は二〇一一年まで授与されなかった。それに関しては次章で述べる。

　自然免疫以外の特異的で適応性のメカニズムに関しては、それがウイルス、細菌、寄生虫であろうが、外来の侵入者への免疫応答は「適応免疫」または「獲得免疫」という。この言葉が意味するように、この免疫応答の特異性と強さは「適応的」である。何十年ものあいだ、適応免疫の領域は「体液性免疫学者」が支配的であり、抗体の役割の研究をしてきた。一九四〇年代になって、ある種の白血球「リンパ球」が免疫応答に関与していることが興味の対象になった。それ以後は「細胞性免疫」が、非常に広範で複雑な分野となった。

イリヤ・I・メチニコフ(1845～1916年)，1908年生理学・医学賞受賞者〔1908年ノーベル賞年鑑〕

　一九一三年のノーベル生理学・医学賞は、シャルル・リシェーのアナフィラキシー（生命を脅かすこともあるアレルギー反応）の現象の発見に授与された。この研究は、免疫系は侵入病原体から身体を守るだけでなく、不運な状況では害になることを示した最初の発見である。リシェーは多種類の研究に関わった科学者である。文化にも深い興味をもった博識な人であると同時に、航空医学のパイオニアでもあった。感覚外知覚や催眠術への興味もあり、一風変わっていた。有名なイタリア人霊媒

シャルル・R・リシェー(1850～1935年)，1913年生理学・医学賞受賞者〔1913年ノーベル賞年鑑〕

ジュール・ボルデー(1870～1961年)，1919年生理学・医学賞受賞者．実際は1920年に受賞．〔1919年ノーベル賞年鑑〕

ユーサピア・パラディーノの降霊術集会では、彼は靄《もや》のようなぼんやりした手足（テレプラスマと名付けた）を見たという。

一九一九年のノーベル賞は、一年遅れて一九二〇年にベルギー人の微生物学・免疫学者ジュール・ボルデーに「免疫に関係する発見」で授与された。この年初めて授賞理由に「発見」という言葉が使われた。ボルデーの研究により、抗体と細菌の相互作用はジフテリアや破傷風の免疫反応に比べて複雑であることが示された。後者では抗体は毒素の作用をブロックするが、細菌の場合には抗体は直接細菌に作用し、ある条件では細菌は破壊される（溶菌）。細菌などの異種の細胞に働く免疫反応を調べるために、ボルデーはモデル系として異種の赤血球を使った。赤血球の破壊は、血色素であるヘモグロビンが放出される（溶血）ことで測定できる。この実験系を使って溶血を起こすには、いわゆる「補体」が必要であることがわかった。のちこの補体系には、正常血清中にある多くの異なるタンパク質が関与することもわかった。ボルデーの補体の発見を受け、梅毒に対する抗体を検出するワッセルマン反応が開発された。ボルデーは、

カール・ラントシュタイナー(1868〜1943年)，1930年生理学・医学賞受賞者〔文献31〕

自分の体の細胞と外来の細胞（細菌でも、異種の哺乳類の赤血球でも）の免疫学的違いを認識した。ボルデーはまた血液凝固の研究も行った。さらにオクタヴ・ゲンゴウとともに百日咳を起こす細菌を発見した。彼の教科書『免疫の性質』は古典となっている。

カール・ラントシュタイナーは、一九〇一年には早くも血清中に自然に存在して赤血球を凝集させる抗体を見つけた。これはヒトを血液型A、B、AB、Oに分類する基礎となった。人から人への輸血を安全にするために、血液型検査が行われるようになったのは、やや後のことである。ラントシュタイナーは十年ほどノーベル賞に推薦されたが、「ヒト血液型の発見」で受賞したのは一九三〇年であった。彼は、驚くほど多くの発見をしている。たとえば一九〇八年に世界で初めてポリオ患者からウイルスをサルを使って分離した（文献2第5章）。

彼はウィーンで生まれ、そこで医学教育を受け、早い段階で医学生物学研究を始めた。ドイツで五年間生化学を学び、一部の期間は一九〇二年のノーベル化学賞受賞者H・エミル・フィッシャーの研究室に所属した。一九一九年にウィーンを去り、ハーグで何年か過ごした後、ニューヨークのロックフェラー研究所へ移った。そこで一九三九年に名誉教授になった後も、レベルの高い研究を続けた。晩年の一九四〇年代、もう一つの重要な血液型を発見した。Ｒｈ血液型である。この名はアカゲザル（**Rhesus**）に由来し、妊娠に際して重要な血液型である。

妊娠は、免疫学的合併症の原因にもなる。胎児の細胞は両親の遺伝子でつくられる抗原を含むので、胎児は母親に免疫応答を起こさせる外来抗原となりうる。脊椎動物の出現以来、妊娠中の母親が胎児への免疫応答を抑えるメカニズムも進化した。免疫学は目覚ましい進歩を遂げたにもかかわらず、胎児を保護する重要なメカニズムはまだよくわかっていない。胎児の細胞が母親血液へ移行することがあり、その際にＲｈ型が重要となる。胎盤を介して胎児の赤血球が母親の血液へ漏れ出る場合、もし母親がＲｈマイナスで胎児がＲｈプラス（父親がＲｈプラスの場合）であれば、母親はＲｈプラス抗原に対して抗体をつくる。最初の妊娠では問題は起こらないが、二回目以降の妊娠で、母親にはＲｈに対するＩｇＧ抗体がつくられ、妊娠時に胎盤を通って胎児へ移行する。その抗体が胎児の赤血球と結合して溶血が起こり、胎児の溶血性貧血や死産が起こる。これを防ぐために現在は母親にＲｈ抗体を注射している。〔妊娠時に母親に少量のＲｈ抗体を注射しておくと、胎盤を通って母親の血液へ入ってきた胎児の少量の赤血球は破壊されて免疫原性がなくなり、母親はＲｈ抗体をつくらなくなる。〕

ラントシュタイナーは人生の最後にもう一つ重要な発見をした。のちに発見される細胞性免疫の基礎となり、古典となった一九四二年の論文である。メリル・チェイスとともにモルモットに結核菌を免疫したときの性質を調べた。免疫モルモットから採取したリンパ球を非免疫のモルモットに注射し、次に結核菌を接種したところ、モルモットは既免疫モルモットと同様の既往応答（急激な抗体価上昇、ブースター現象）を示した。この応答は、免疫モルモットからの血清を注射した動物では起こらなかった。つまり抗体産生の記憶は、リンパ球という細胞にあることを示したのである。ラントシュタイナーは一九四三年、七五歳のとき研究室でピペットを握ったまま心臓発作で亡くなった。

ラントシュタイナーがノーベル賞を授与された三十年

後、さらなる免疫学の進歩に賞が与えられた。このとき適応免疫に関し解答が求められた問題が二つあった。

一、脊椎動物がいかなる種類の外来抗原に対しても特異的な免疫応答を起こし、それを記憶するメカニズムは何か？

二、体はどのようにして自己と非自己の成分を区別し、自分自身への免疫応答を防ぐのか？

一九六〇年のバーネットとメダワーへの授賞は、二つ目の問題に関する発見であり、題目は「免疫寛容の発見」であった。バーネットはなお、両方の問題に対する解答を得たと主張した。後述のように、彼は免疫学における最も重要な発見での授賞ではなかったと述べている。

ウイルス学から免疫学へ

自己と非自己

第1章で述べたように、バーネットは病原体と宿主間のいろいろな相互作用を常に広い視点から見ていた。繰返し強調するように、彼は生物学者かつ進化論者であった。一九四〇年代から一九五〇年代にはさらに強く、いかにヒトは病原体から自分を防御するのか、免疫応答を発動させるか、生涯にわたる病原体の記憶をいかに保ち、同じ病原体に再曝露されたときすぐに身を守るのか、焦点を当てて考え続けた。まず脊椎動物は、自身を構成する化学成分（自己）と、それとは異なる化学成分（非自己）を区別するようになっていると考えた。そのような識別は病原体防御に必須である。バーネットが仮説を考えていた時代は、ジフテリア抗毒素のような抗体は球状タンパク質であると考えられていたが、遺伝子の化学的性質はほとんど知られていなかったことを確認しておきたい。

個人個人が異なる「自己」抗原をもつことは、すでに知られていた。前述のように異なる血液型の化学成分は赤血球の表面に存在し、血液型は通常メンデルの法則に従って遺伝する。A型の人はB型赤血球に対する抗体を保有し、B型の人はその逆である。輸血時に血管内での赤血球の凝集による合併症を避けるためには、同型同士で輸血を行う必要がある。しかしO型の人は、A型やB型の人の血清中で凝集が起こらず、万能供血者といわれる。感染がない状態で、個人にもともと存在する抗原に対して抗体がないことは、出生後早期や胎児期に自身の抗原への攻撃を一生ブロックする何らかの仕組みがあると考えられた。

この理論は一九四〇年代に血液型以外の観察でさらに強められた。バーネットは、ニワトリの卵の中の胚（鶏胚）をインフルエンザウイルスで免疫しようとしてもうまくいかなかった。ファージやヒツジ赤血球でも同じ結果であった。ロックフェラー研究所のリチャード・E・ショープとエリック・トラウブも似た現象を観察した。彼らはマウスのリンパ球性脈絡髄膜炎（LCM）ウイルスによる感染を研究した。マウスが出生直後に感染すると持続感染が起こるが、マウスは健康であった。このウイルスを成熟した未感染マウスの脳内に注射すると重症の病気が起こった。まれにこのウイルスは人にも感染し、ショープ自身一九三〇年代後半にこの病気に罹った。

出生直後に慢性感染したマウスでは、マウスはいかなる免疫応答も起こさず、ウイルスが持続して増殖している器官で何の症状も示さなかった。これより次のように結論した。

一、胎児期に感染したマウスでは、そのウイルスへの免疫応答が中止される。

二、成熟マウスへの感染で起こる症状は、ウイルス増殖と感染細胞への免疫反応が一緒に起こる効果である。ウイルス感染細胞への免疫反応は、その細胞を除去して治癒に向かうために必要なことであるが、症状を起こすことにもなる。このことは、のちにより重要な意味をもつことがわかる。

双生のウシ

バーネットは、レイ・D・オーウェンが双生《ふたご》のウシで観察したある現象に興味をもった。その現象は、生体が自分の化学成分に対し免疫反応を防ぐメカニズムとしての免疫寛容の仮説を考えさせるきっかけになった。考えが生まれたのは一九四〇年代で、フェンナーと執筆した一九四九年の本に記載した。この本の一九四〇年初版には、この主題に関する当初の彼の思考が記されている。

《多くの考えを盛込んだ論文がボツになったとき、私は不正に扱われた気分になり落ち込んだ。同時に、抗体産生に関する単行本を書くための資料を集め始めた。私の研究所で出版すれば、科学ジャーナルの編集委員に拒絶されることもない。完全に不道徳的な態度ではあるが、ストックホルムへ行く道を拓いてくれたといえよう。》

オーウェンが発見した双生ウシの血液型の話に戻る。二卵性双生ウシが異なる血液型の場合にはどうなるのか？　なぜウシに着目したかというと、胎盤の構造がヒトを含む他の脊椎動物と異なるからだ。二卵性双生を妊娠したウシの胎盤は融合して一つになっており、二つの胎仔の血液は混ざり合う。その結果、双生ウシは二つの血液型の赤血球を生涯もち続ける。胎盤を共有することで免疫寛容の条件が生じて、それぞれのウシに二つの血液型が共存することになる。

少し脇道にそれるが、双生のウシが雄と雌の場合には雌に興味深い現象が起こる。それはフリーマーチン現象（語源は不明）とよばれている。卵巣が機能しないので不妊になり、雄として振舞う。その理由は、雄から出る男性ホルモンが雌ウシに作用するからである。フリーマーチン現象は昔から知られており、民話にも出てくる。証明はされていないが、おそらくヒトでも男女の二卵性双生児〔胎盤は別々〕に起こるといわれている。オールダス・ハクスリーの有名な小説『すばらしい新世界』[5]には、独裁者がフリーマーチン現象を利用する話がある。政府の指導で胎児期に男性ホルモン処置を行い、女性の七割を不妊にするのである。

これらの異なる現象すべてを考慮に入れ、バーネットは一九四九年の本に驚くべき予見性のある結論を書いた。[3]

《もし胎仔が、遺伝的に異なる動物の細胞の移植を受けて定着すれば、移植を受けた動物が成長したとき、その外来細胞抗原に対する抗体は産生されないだろう。》

この一文が、彼への一九六〇年ノーベル賞授賞の基礎となったのだ！　バーネットは異なる抗原を胎生期に投与して、彼の仮説を証明しようとした。その実験は成功しなかったが、彼が選んだ抗原がその目的に適していなかったのだろう。他の研究者による実験で、免疫寛容現象が胎生期に起こることはすぐに明らかになった。寛容現象の確立は、本章のはじめに提示した二つの質問の二つ目―自己と非自己―への合理的な解答となった。しかし一つ目の質問は未解答のままだった。「脊椎動物が、いかなる種類の外来抗原に対しても特異的な免疫応答を起こし、それを記憶するメカニズムは何か？」この質問は一九五〇年代バーネットの心を徐々に占め、科学への最も重要な貢献と彼が考える仮説を立てることになった。

指令説 vs 選択説

二十世紀初頭にエールリッヒは、高度に可変な特異抗原抗体反応のメカニズムは「鍵と鍵穴」反応であると推測した。抗体の構造と産生の知識なしに「側鎖」（細胞の外側へ突出している鎖）の存在を推測したが、のちに誤りだと判明した。抗体応答のことがより明らかにされ、化学者によって抗体は球状タンパク質だとわかり、この特異的タンパク質がいかにつくられるか推測され始めた。

この問題解決に一役買った人物は、カリフォルニア工科大学（カルテック）のライナス・C・ポーリングだった。彼はタンパク質分野での指導者であり、一九五四年のノーベル化学賞を受賞している。この賞に関しては第5章でより詳しく議論する。ポーリングは、抗原が抗体産生機構に指令を与えて抗体がつくられると考えたのだが、「鍵と鍵穴」問題を説明するには難点があった。バーネットが一九四〇年代初めにポーリングと議論し、多くの疑問点が残っていることを感じた。彼は直感的に「指令」メカニズムは間違いであると感じた。しかし代案は？　もしメカニズムが指令でなければ、それは「選択」に基づくものだろう。バーネットの思考は、明らかに彼が生物学を理解することによって影響を受けたものだった。抗体の新たな形質の出現はダーウィン的選択によるもので、ラマルク的な形質の獲得ではない。しかしなお、完全に成熟した動物が何百万、何千万もの抗体の保管場所をつくっておき、将来いつかそのうちの一つを利用することを想像するのは難しかった。意味ある仮説を立てるのには当時、遺伝子の機能に関する洞察は乏しかったのである。

バーネットは解答を模索していた。一九五〇年代半ばデンマークの免疫学者ニールス・K・イエルネが、カルテックを訪れていたとき、ウマをファージで免疫して抗体応答を調べた。彼は、免疫前にそのファージと反応する少量の抗体分子が存在することに興味をもち、次のような仮説を立てた。何らかのランダム過程によって多数の抗原に対し自然抗体がつくられており、抗体応答にはこの自然抗体と注射した抗原との最初の接触が重要であるとの考えだった。すでに存在している抗体を抗原が選択するというアイデアは、イエルネの「自然選択説」となった。バーネットはこの仮説をさらに発展させ、自然抗体は免疫細胞のクローンによってつくられるという仮説を立てた[6]。クローンとはギリシャ語で「新芽」を意味する。細胞クローンという着想は、イエルネの実験結果から得たのだ。

一九五五年、バーネットの研究室に、カールトン・ガイジュセク（一九七六年ノーベル生理学・医学賞の半分を受賞）が訪問研究員として滞在した（文献2第8章）。ガイジュセクのユニークな性格について以前に述べているが、ここではあの恥ずかしがり屋のバーネットが、ときには人の性格を鋭く辛辣に読み取ることに着目したい。バーネットはある手紙で「この余所者《よそ》のでしゃばり屋」について次のように記している。

《ガイジュセクの十五カ月の滞在中に私が彼から得たものは期待以上でした。彼は最後の四、五カ月で自己免疫について第一級の成果をあげました。われわれはよい間柄でした。端的にいうと、彼の知能指数IQは一八〇もありますが、精神年齢は十五歳です。彼は熱中したときには躁的にエネルギッシュで、技術員を熱中させることができます。自己中心的で厚顔で思慮深くありませんが、同時に彼がしたいことで危険を冒したり、身体的に無理をしたり、また他人の感情が干渉しないようにします。彼は女性には興味を示しませんが、子どもには異常なほどに興味を示します—子どもがどんな服を着ていようが、どんなに汚らしくあろうが。彼はスラムや草小屋でも平気で暮らします。彼はいかなる分野でも第一線の科学者とはいえません。しかし多くの未開社会にいる子どもについての知識を、世界中で彼ほどもっている人はいない

のではないでしょうか。》

すでに述べたように、ガイジュセクの晩年には影がさした。一九九六年、米国で小児愛で有罪となり一年間収監され、その後は国外追放された。

バーネット研究室でのガイジュセクの研究プロジェクトは、肝炎を起こすウイルスを突きとめることだった。のちにそのウイルスは一種類でないことがわかった。彼は、肝炎患者の肝臓からの抽出物と肝炎患者の血清で抗原抗体反応が起こる可能性を追求した。ウイルス特異的な反応は見られなかったが、ある血清は健康人の肝臓抽出物と反応した。最も強い反応は、ワルデンストレーム・マクログロブリン血症患者（ある種のリンパ球のまれな悪性腫瘍）の血清であった。リンパ系の腫瘍細胞が抗体をつくることに刺激されて、バーネットは次のように考えた。「もしリンパ球が遺伝的に特定の抗体をつくるようになっていて、それに対応する抗原と接触して増殖すれば…。」決定的なポイントは、ある抗原に特異的な抗体をつくれるリンパ球クローンの表面に露出した抗体の構造に抗原が結合して、相互作用が起こることである。そのような相互作用がそのクローン細胞を増殖させ、特定の抗体のみが産生される。そして時とともに「抗体産生のクローン選択説」の正しさを支持する新しいデータが蓄積されていった。この理論を紹介した本[6]のなかで、彼は次のことまで述べている。

《この理論では、胎生期のある時期に前例のない遺伝子の過程が必要となる。ある意味では、ガンマグロブリン分子の構造の一部を規定する遺伝子の「ランダム化」を考えなくてはならない。細胞が分裂を繰返すあいだに、ゲノムの中にはガンマグロブリン分子のあらゆる変異の「明細書」ができるだろう…》

これはまさに予見的な言明になった。

クローン選択説

バーネットは自身の革命的な理論をオーストラリアというローカルな場所の雑誌に発表した。不思議に感じるが、どこで発表しようと優先権を主張できる一方で、理論が誤りであった場合に、目立たないところで発表することで国際的な研究者集団での彼の名声をそれほど汚さないだろうと考えたのだ。それに加えて彼には急ぐ理由があった。デイビッド・タルメージが同じような説を発表しようとしていたのだ。その後の十年間にクローン選択説を確固たるものとする実験データが蓄積された。一九五九年には、免疫した動物に細胞分裂を抑える薬剤を投与すると、抗体応答もブロックされることが初めて示された。これらの実験は、のち人間で臓器移植を行う場合に使う免疫抑制剤開発への道を拓いた（第4章）。さらに、一個の免疫細胞は一種類の抗体をつくることも論文発表された。最初の実験は一九五八年にノッサルが、カルテックのジョシュア・レーダーバーグ研究室で訪問研究員として行ったものである（9ページ）。その年にノーベル生理学・医学賞を受賞したレーダーバーグは、前年にバーネットの研究室を訪問しており、抗体産生メカニズムの新理論に魅了されていた。

　一九四八年、スウェーデン人の病理学者・免疫学者であるアストリド・ファグレウスが、特殊なリンパ球である形質細胞が抗体をつくることを想定した先駆的な理学博士論文を発表していた。この細胞はまれに骨髄腫（ミエローマ）という腫瘍をつくる。この腫瘍は一九三〇年代後半にすでに知られており、血中のガンマグロブリン量の増加を伴う。ある患者の骨髄腫は一種類の抗体をつくり、他の患者のものは別の抗体をつくるが、それらがどんな抗原に対するかわかる例は少ない。この骨髄腫タンパク質の研究は、抗体構造の研究とモノクローナル抗体をつくる技術にきわめて重要であった。モノクローナル抗体は一九六〇年以降のノーベル賞授賞対象となった（次章）。

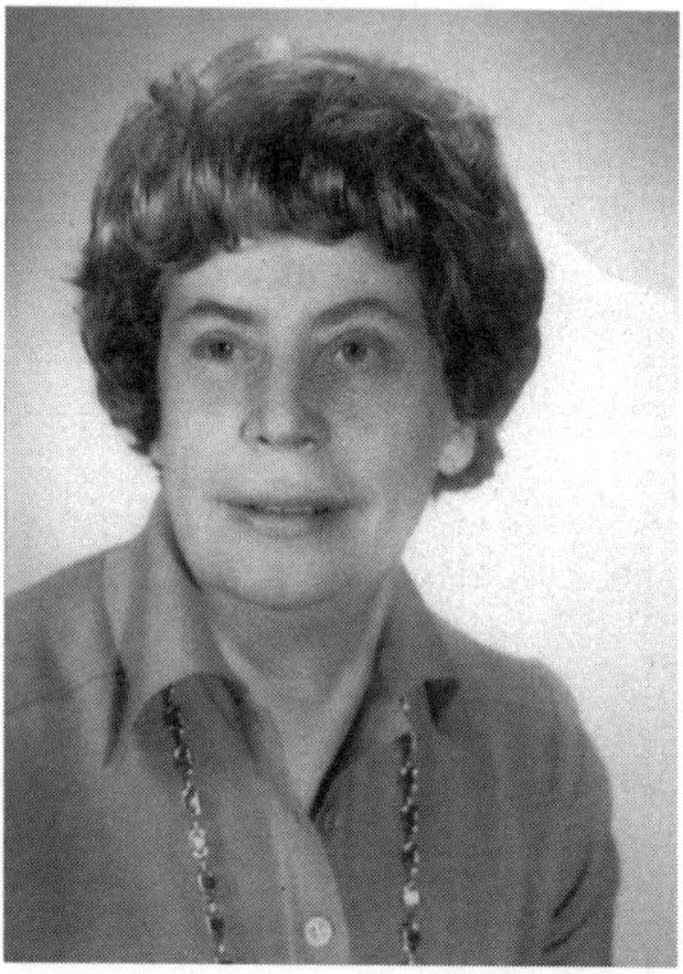

アストリド・ファグレウス（1913～1997年）〔ルネー・ノルベリ氏のご厚意による〕

一九六七年、免疫学における最高の会議がコールドスプリングハーバー研究所で開かれた。イエルネがこのシンポジウムを総括した。彼はバーネットの抗体産生の選択説に対し、尊敬の念を述べた。「私は釘を打ちました (hit the nail)、バーネットは核心を突きました (hit the nail on its head)。」シンポジウム最後に次のように述べた。

《マクファーレン・バーネット卿は、このシンポジウムで彼の「獲得免疫のクローン選択説」が擁護されるのを目の当たりにするだけでなく、彼のアイデアに刺激され免疫学者の数が増え、免疫学の命運が多くの有能な学者の手に預けられていることを知り喜んだに違いありません。これら若い世代の研究者たちは抗体問題の決定的な解決へ向けて邁進しているので、われわれ年寄りは後ろの座席で結末を見届けた方がよいでしょう。》

すでに述べたように、バーネットは科学の諸分野の終わりについて言及していたが、もちろん終わりではなかった。さらに多くの免疫学の発見がありノーベル賞につながった。それらのなかにはイエルネの先駆的な理論的貢献に対しての授賞もあった。ただし彼は一九八四年まで待たなければならなかった。

生物学者メダワー

一九六〇年のノーベル生理学・医学賞は、バーネットとメダワーへの共同授賞であった。今メダワーについて語る時が来た。先に述べておくと、彼は科学界での堂々たる花形学者であり、エネルギーに満ちていた。輝かしく想像力のある科学者、かつ権威ある学術機関の強力な指導者であるだけでなく、バーネットと同様、科学への洞察と展望を文字にして提示する才能があった。実際いろいろな問題に関して展望は広がり、人間の行為一般にも及んだ。この二人の性格は大きく異なっていたが、ノーベル賞受賞者の顔ぶれのなかでは知性と気質の組合わせがまれな例であった。メダワーは自叙伝『考える大根の回顧録』[7]を書き、彼の妻ジーンもメダワーとともにした長い人生についての本を書いている[8]。二人は大学で同じ動物学専攻に所属しており、一九三七年、メダワーが二二歳のときに結婚した。

多文化での生い立ち

メダワーは一九一五年に生まれ、バーネットより十五歳若かった。母は英国人、父はレバノン人だった。ラジオでのインタビューで、彼は文化的影響を父から受けたと強調した。レバノン人の先祖はフェニキア人に遡り、地中海（世界の中心を意味）の文化をつくった。商売人としての成功に加えて（または関係して）、彼らはアルファベット導入という。文明における最も重要な役割を果たした。概念を表す表意記号（古代エジプトや中国で使われたもの）から個々の音を表す表音文字への移行は、文化的インパクトとして、のちの印刷術やインターネットに匹敵する。はじめにつくられた個々の文字は物の絵に由来する。Aは牡ウシの頭をひっくり返したもの、Bは家、Cはラクダという具合である。表意記号の代わりに文字を使うことは革命的な発明であり、限りない数の単語をつくることができた。鍵となるのは、ランダムに文字や数字を並び替える組合わせ論（宝くじ番号や郵便番号など）である。組合わせで無限の異なる産物が創造されるのだ。少し脱線したが、生物進化の成功に組合わせ事象が基礎にあることを強調したいからである。生命誕生のときには、種々の原始的な複製系が組合わさったのであろう。遺伝暗号は四塩基から三つ選んでつくられる（第6章）。のちに述べるが、体内での抗体の多様性は胎芽発生初期でのリンパ球内でのDNA断片の組合わせから生まれる。

メダワーは、父がビジネスマンとして働いていたブラジルのペトロポリスで生まれた。家族は彼が生まれた三年後に英国へ移った。彼と兄は寄宿学校で教育を受け、最初の学年が始まったとき両親はブラジルへ戻った。彼は学校へ入ってすぐにさまざまな体験をし、本好きで、音楽、なかでもオペラ好きになった。最初の学校では苦労し、マールボロ・カレッジ（母方の祖父が教育を受けた場所でもある）での体験はさらに酷いものであった。彼自身の言葉によれば、「五十年以上経った今でも、私はこの学校での部族的ともいえる風習に憤慨と不快の念を覚える。[7]」いじめ、加虐性愛、小児性愛は日常茶飯事であった。この厳しい環境で、生物学教師アシュリー・G・ロウンデスが彼にとって慰めであった。粗野だが、生物学に情熱があり優秀な実験家であった。若いメダワーはこれをきっかけに科学者になる決心をした。

オックスフォードの魅力

マールボロ・カレッジで四年間過ごした後、彼はオックスフォード大学のマグダレン・カレッジへ移った。その個人指導制度の恩恵を大いに受け、彼の研究人生は劇的に変化した。指導教員ジョン・ヤングは理想的な教師であった。学者の系譜のなかでは、彼はガヴィン・ド・ビア〔動物学者、一八九九～一九七二年〕の教え子であり、ド・ビアはジュリアン・ハクスリー〔進化生物学者、一八八七～一九七五年〕の教え子であった。なお、ハクスリーの玄孫《やしゃご》フランシス（もう一人のジュリアン・ハクスリーの息子）はのちにメダワーが指導した。メダワーの専攻は動物学であったが、数学と哲学も好きで広く勉強した。彼は自分の能力に自信をもち、「ハイテーブル」（学寮での教授と主賓の席）での食事に招待されたときには、「自分はラテン風またはレバント風の風采のよい男で、知的に優れている評判の人物」として行動した。生物学教室の細胞学コースでジョン・ベーカー博士に組織標本のつくり方を教えてもらった。メダワーの動物学の教育はうまくいき、のちに妻となる学生に鼓舞されて大学院の奨学金を得ることができた。これは生活に役立った。

ピーター・B・メダワー〔文献 31〕

　メダワーは自分自身の研究を始めた。組織培養技術で発生学の問題に取組もうとしたが、動物学研究室では行えなかったので、ハワード・W・フローリーを紹介された。フローリーはのちのノーベル賞受賞者である（文献2第6章）。フローリーはメダワーに実験室の一角を貸した。研究の進行は遅く、結果はわずかなものだった。メダワーは二年間の結果をまとめ、フローリーに示した。フローリーはあまり評価せず、「科学というより哲学のようだ」とコメントした。他の研究では、臓器と体のサイズ発達の数学的評価を行った。このデータは論文になり理学博士論文の一つとして認められたが、彼は博士号を取得しないことにした。フローリーの実験室にいるあいだ、第二次世界大戦に関わる研究に従事した。皮膚の戦傷を処置するためにスルホンアミド剤と初期のペニシリンを皮膚に塗布する研究であった。

ある日曜日の午後、メダワーにとって決定的な事件が起こった。妻と幼い娘と一緒に家の庭で過ごしていたとき、エンジン二基搭載の大きな爆撃飛行機が木の上をかすめて飛んできて、隣家の庭に衝突し爆発した。操縦していた英国人航空兵は火傷を負い、近くのラドクリフ病院に運ばれた。体表六十パーセントの第三度火傷であった。メダワーは病院に呼ばれ、治療に関して相談を受けた。彼はすぐに他人からの皮膚移植のことを考えたが、その限界を知っていた。そのような移植は一卵性双生児間のみで可能であることは知られていたが、それ以外の例ではまだわかっていないことがあった。この出来事が、メダワーのが移植の研究に進む契機となった。彼自身の言葉は…

《この一連の出来事で、私は人体が他人を区別する精巧な力に気づき、科学者として進むことに決めた。それ以来私の時間、考え、創造のエネルギーの多くを、人体が自分自身と他の生きている細胞—バーネットによれば「自己と非自己」の物質—を区別するメカニズムの解明に注ぎ込んできた。》

しかしながらメダワーが新しい研究の方向を選んだとき、彼はバーネットの新たな哲学的推測については知らなかった。

彼の最初の研究で、形成外科手術をした皮膚を集め、培養しようと試みた。当時、研究室での細胞培養は面倒で、特に微生物の汚染を可能な限り防ぐ技術を使う必要があった。組織片に必要な栄養培養液を加えて生かしておく最初の技術は、組織片にトリプシンを加えて小さくすることであった。この技術はすでに一九三七年、米国の二人の病理学者ヘンリー・S・シムスとネッティ・P・スティルマンによって紹介されていた。トリプシンとはタンパク質の消化酵素で、腸内で食物を小さな断片にして、吸収されやすくしている。一九五〇年代になると、トリプシン処理はウイルス学領域の発展に重要なものとなった。ジュリウス・ヤングナーは一九五四年にポリオワクチンの研究で、トリプシンを使って組織培養ガラス瓶の底に一層の細胞（モノレイヤー）をつくった（文献２第５章）。このモノレイヤーの技術は一九五〇年代、ヒトに病気を起こす数々のウイルスの同定に貢献した（第１章、文献２第３章）。

メダワーは戦争中に組織片のトリプシン処理をして、皮膚の異なる層（下部にある丈夫な真皮と上部にあり常時更新されている表皮）がトリプシンで分離できることを見つけた。彼は表皮の細胞の懸濁液をつくり火傷兵士の傷の上に置いたが、この試みは失敗であった。その患者は、既存の技術―患者自身の正常部分から採った皮膚を使う「切手貼り付け」法―で助けられた。自分自身の皮膚は自家移植片という。メダワーは、親類または他の遺伝的に異なる人からの皮膚（同種移植片）を重度の火傷者に使う可能性にこだわった。彼はどんな生理学的障壁があるかを知りたかった。医学研究評議会（ＭＲＣ）の戦時外傷委員会へ提案し、その興味をひいた。メダワーは研究費を得て、グラスゴー王立病院の火傷部門との協力関係をつくった。

移植片拒絶は免疫反応

彼はスコットランドのトム・ギブソンと一緒に、志願者の自家移植と同種移植で移植片とその近傍の組織の変化を調べ始めた。いろいろな時期に移植片を取除いて組織標本をつくり、顕微鏡で変化を観察した。二、三日後に違いがみられた。おもな変化は、同種移植片ではリンパ球といわれる白血球の浸潤があった。この細胞は、正常の防御機能として体内に侵入する細菌やウイルスに対し応答する。この変化は、外来の同種移植片に対する免疫反応だろうか？　そうならば、二度目の同種移植片は最初の移植片より早く拒絶されると考えられる。最初の移植で免疫が成立しているからだ。この予想は正しく、彼らは喜んだ。同じ提供者からの二度目の移植片は激しい炎症反応ですばやく拒絶された。これらの結果は概念としても重要であり、一九四三年に論文になった。[9] ここで移植片の拒絶は免疫現象として研究すべきであることが明確になった。

メダワーはオックスフォードに戻って研究を続けた。彼はウサギを使い免疫現象としての同種移植片拒絶の概念を確認し、さらにそれを拡大した。彼は移植片の免疫付与因子（抗原）の性質は何か考え始めた。これはエネルギーを費やすものであり、昼は実験をして、夜は論文を読み、執筆した（バーネットと似ている）。

この集中した仕事のほかに、彼にはオックスフォードでの交流を徐々に広げていくエネルギーがあった。彼は「理論生物学クラブ」のメンバーであり、そこには三世代の大学教員が入っていた。すなわち彼の指導者ジョン・ヤングと、メダワーの二人の学生（フランシス・ハクスリーとアヴリオン・ミチソン）である。そのうちに彼はマグダレン・カレッジの常勤教員となった。彼は肥沃なオックスフォードの環境で成長したのだ。

第二次世界大戦が終わり、彼は学者としての将来に不安を抱いていた。一九四六年にバーネットに初めて会ったとき、ウォルター&エリザ・ホール研究所で働かないかと誘われた。しかしオーストラリアへは行かずに、彼はバーミンガム大学の主任教授になった。バーミンガムへ誘ってくれたのは昔の同僚ソリー・ザッカーマンで、教授職の審査をしたのはノーマン・ハースであった。ハースは「炭水化物とビタミンCの研究」で一九三七年のノーベル化学賞を共同受賞している。メダワーはバーミンガム大学のメーソン記念動物学教授として就任した。当時彼はわずか三二歳であり、しばしば「若」教授とよばれた。メダワーは、オックスフォードでの最初の大学院生ルパート・エヴェレット・ビリンガムを連れていった。彼は長年にわたって非常に重要な共同研究者であった。特に一九六〇年ノーベル賞に導く発見につながる実験の際、中心的役割を果たした。しかし、彼らが同種移植の研究に戻るにはしばらくかかった。この研究は別のチャンスが訪れたときに行われたのだ。

ストックホルム訪問

一九四八年、メダワーはストックホルムで開催された国際遺伝学会に参加し、そこでニュージーランド国籍のヒュー・ドナルドに会った。ドナルドはエディンバラ地区の農学研究評議会（ARC）所轄の動物繁殖研究機関長であった。二人は、一卵性双生ウシと二卵性双生ウシを区別する問題を議論する機会があった。双生ウシが遺伝的に同一かどうかを調べるには一頭のウシの皮膚を他のウシに移植をするだけでよいと、メダワーは自信たっぷりに主張した。彼は実験を請け負い二、三週後に行ったところ、残念なことに予言は外れた。すべての双生ウシは相手のウシの皮膚を受入れたのだ。ある双生ウシは雌と雄であり、一卵性でないのに移植皮膚は拒絶されなかったのだ。この謎への解答は、メダワーがバーネットとフェンナーの抗体産生の本（一九四九年の第二版）[3]を読んだときに得られた。この本には、オーウェンが示した共通胎盤をもつ双生ウシのことが書かれていた。二卵性双生ウシが血液を共有することは前述したが、このことが胚の分化の途中で免疫寛容の状態をひき起こしたに違いない。この寛容は特異的であった。双生ウシの兄弟や親からの移植片は拒絶されたのである。このデータは有名な遺伝学のジャーナルに掲載された[10]。

　メダワーは一九四九年に初めて米国を訪れ、講演を行った。ロックフェラー研究所ではペイトン・ラウス博士に会った。ラウスはウイルス性腫瘍の研究者であり、ノーベル生理学・医学賞（一九六六年）を受賞するまでの期間が最長の人である（文献2第3章）。英国へ戻ったメダワーは理学部長に選ばれたことを知り、がっかりした。彼はこの重責を望んでいなかったので、ロンドンのユニバーシティ・カレッジの教授職を選んだ。一九五一年にそこへ移りジョドレル記念動物学主任教授となった。英国で最も古くつくられた職位である。ビリンガムも一緒に移り、レズリー・ブレントという優秀な学生も加わった。この三人で免疫寛容の最終結論を出した。彼らが主要な目標として選んだプロジェクトは、免疫寛容を実験的につくることだった。この目的のために実験動物施設を拡充し、多数の純系マウスを集めた。移植の遺伝学的基礎を含む免疫学の進展に純系マウスが重要であることを次の項で説明する。

純系マウス

　純系（近交系）マウスの有用性は、二十世紀初期にすでに知られていた。兄妹交配を二十世代ほど続けると、

ジョージ・D・スネル(1903〜1996年)，1980年生理学・医学賞受賞者〔1980年ノーベル賞年鑑〕

遺伝的に同一のマウスの系統が得られる。同一の近交系のマウス間では一卵性双生児と同様に組織の移植が可能である。異なる近交系の系統を使うと、正常細胞や腫瘍細胞の移植の法則を調べることができる。この領域はクラレンス・リトル博士によって確立された（博士は米国メイン州バー・ハーバーにジャクソン実験場を設立した）。移植可能かどうかはメンデルの法則に従うことがわかり、異なる細胞表面抗原の遺伝子上の場所が関与することがわかった[11]。その抗原はのち主要組織適合遺伝子複合体（ＭＨＣ）とよばれた（この術語は次章でしばしば出てくる）。一九八〇年のノーベル生理学・医学賞の三分の一は、ジョージ・Ｄ・スネルの「免疫反応を調節する、遺伝的に規定された細胞表面の構造の発見」に対して与えられた。彼はジャクソン実験場で職員であったすべての期間を、移植組織の運命を決定するＭＨＣ遺伝子地図の作成に費やした。世界中の科学者が使った近交系マウスの多くはスネルが開発したものだ。近交系は特定の病気をもった系統の開発にもつながった。メダワーは、歳をとってから書いたエッセー「医学研究所での動物実験」[12]で、適切に飼育された実験動物はヒトの病気の発生過程の解明にきわめて重要であると述べている。

免疫寛容が解明される

遺伝的に均一な近交系マウスでは、ある個体の組織を別の個体に簡単に移せる。ある系統のマウスを別系統マウスと交配させると、第一世代（Ｆ１）ではどちらの系統の親の組織も定着する。第二世代（Ｆ２）では遺伝的な差異が大きくなって移植はできなくなる。たくさんの予備実験の後、メダワーたちはＣＢＡ系統の褐色マウスとＡ系統の白色マウスを実験に使った。寛容状態をつくるために、一つの系統の細胞を他の系統の母マウスの腹壁を通して、直接妊娠の諸時期に胎仔に注射で与えた。この比較的簡単な技術は成功し、注射されたマウスに免疫寛容が成立したことがすぐに明らかになった。寛容は、リンパ系細胞を注射したとき最も効果的につくることができた。褐色ＣＢＡマウスの皮膚は「寛容化」された白色Ａマウスに定着した。しかし寛容化しなかった対照マウスでは、炎症反応が起こり皮膚は十～十二日で拒絶された[13]。バーネットの予言―彼自身では実験に成功しなかったのだが―は正しいことがついに示されたのだ。

メダワーたちと並行して、チェコの科学者ミラン・ハシェクも寛容が誘導されるというデータを得た[14]。しかし彼の実験の動機はメダワーたちとはまったく異なっており、彼はメダワーらの論文を読むまでは自分の実験結果を正しく解釈していなかった。ハシェクの考えは異例なものだった。彼は忠実な共産主義者で、ルイセンコの遺伝学説を実験で支持したいと考えていた。この説は、環境の経験は遺伝子を変える、したがって適切な「共産主義的」環境は人間の質を改善する、というドグマであった。これを調べるために彼は、遺伝的に異なる二匹の鶏胚同士で血流が混合するモデルをつくった。オーウェンの二卵性双生ウシと同じような状態を人工的につくったのだ。彼はこれを並体結合とよんだ。彼の実験は免疫学の問題を研究するものでなかったが、二つの鶏胚の赤血球に対する抗体を調べたところ、二種の赤血球に対する抗体はつくられていなかったのである。免疫寛容が誘導されたのであるが、ハシェクはそのことを考えていなかった。

ハシェクは、当時の独裁的政治体制と連帯することで研究資金を得ることができた。彼はこのような政治的忖《そん》度《たく》をしたので、データの解釈が特定の思想に左右されるというバイアスがかかることになった。これは、近代の非宗教化、非政治化された科学の世界においては、ドグマが科学に影響を与えた特殊な―幸いなことにまれな―一例である。現在では、高名で影響力があるが予見能力に欠ける誤った学者が独断専行することの影響の方がもっと大きな問題である。ハシェクは代償を払わねばならなかった。一九七〇年、壮年期の彼は共産党から除名され、チェコ科学アカデミーが運営する研究所の所長職を剥奪された。
いったん主題から離れて次の問いについて考えてみたい。一つの実験結果が、ある仮説が正しいことを示すといえるのだろうか？ これについて哲学者カール・ポパーは深く考えた。メダワーはエッセー[12]のなかで、ポパーの科学哲学の思索のエッセンスを書いている。一つの実験結果は仮説に支持を与え、その仮説が正しいという見込みを強める。注意しなくてはならないことは、正しいかどうかは、現時点で得られる知識の枠組みで判断すべきことである。ニュートンは彼の時代において真実に可能な限り近づいていたが、のちアインシュタインはニュートン説の予見性を改善する訂正をした。ポパーが強調しているのは、仮説を支持しない結果についてである。彼は、仮説に反するようにみえる実験結果が重要かどうかをまず検討する。状況がどうであろうと証拠の強さを評価する必要がある。ある仮説を否定するような強い証拠のデータがあれば、その仮説は捨てるか、または修正すべきである。

以下は、メダワーらが実験結果から構築した基礎仮説のことである。のちに多くの実験結果がメダワーらの最初の仮説を補強した。三つの例をここに述べる。

一九六〇年代半ば、フィラデルフィアで研究していたベアトリス・ミンツは、受精卵が初期に分割してできる細胞の性質に興味があった。マウス受精卵が三回の分裂で八個の細胞になった時点で、各細胞を代理母マウスの子宮に入れると完全な個体が生まれることはすでに知られていた。このような胚細胞は多能性であるといわれた。ミンツはこの実験をさらに一歩進めた。近交系白色マウスと黒色マウスから胚細胞を取出し、この二種類の多能性細胞を混ぜて代理母マウスの子宮に入れた。生まれたマウスは、シマウマの毛並み模様であった。この場合は、二卵性双生ウシに見られる免疫寛容が胚幹細胞の融合で起こったといえよう。

二つ目は、特定の選択した遺伝子を壊したノックアウトマウスをつくった例である。この技術は重要な新発見とみなされ、二〇〇七年のノーベル生理学・医学賞はマリオ・R・カペッキ、マーチン・J・エバンス、オリバー・スミシーズ「マウス胚幹細胞を使う特異的遺伝子修飾の原理の発見」に対して授与された。この技術は、プリオン病のメカニズムを明らかにする決定的な実験に使われた（文献２第８章）。内在性プリオンタンパク質（ＰｒＰ）をつくる遺伝子をノックアウトされたマウスは、大量の外来プリオンタンパク質を接種しても感染が起こらないことがわかった。プリオンタンパク質が体内で合成されていなければプリオン病も発症しないのである。さらにこのマウスは、プリオンタンパク質に対する抗体をつくったのだ。これは今までなかったことだ。ＰｒＰタンパク質をもたないマウスは、正常マウスがもっているタンパク質に免疫寛容でなくなったのである。〔プリオン病の病原体は変性したＰｒＰである。正常ＰｒＰのあるところに外部から変性ＰｒＰが入ってくると、正常ＰｒＰを変性させる。さらにその変性ＰｒＰが次々に正常ＰｒＰを変性させて、プリオン病が起こるといわれている。〕

最後の例は、免疫寛容状態は出生前のみにつくられるわけではないことが一九六二年にわかった。成熟動物を使う実験で、致死量以下の放射線を照射した後に異種の細胞を注射した場合には免疫寛容が起こった。同種移植片への宿主の反応は宿主のリンパ球の活性化によるものであるが、その活性化が抑えられると移植片が排除されなくなる。

移植片対宿主反応

移植組織（腎臓など、特に骨髄）は提供動物（ドナー）のリンパ球を含み、それが宿主の組織に対して免疫応答する。状況が逆転し、移植片が宿主を攻撃する。ビリンガムはこれを移植片対宿主反応（ＧｖＨ反応）またはラント病〔体が小さくなる病気という意味〕と名付けた。この現象はいくつかの研究室で並行して発見された。メダワーらとは別に、コペンハーゲンのモルテン・シモンセンはニワトリでこの現象を見つけた。バーネットもニワトリ漿尿膜を使って同様の実験を何年か行っていた。この現象の発見は、ヒトの骨髄移植法の開発に明らかな影響を与えた。第４章で述べるように、骨髄移植では骨髄提供者（ドナー）と受容者（レシピエント）の白血球型をマッチさせることが特に重要である。

ノーベル委員会が免疫寛容の発見を評価する

一九五八年、メダワーは初めてベルギーのリエージュ大学F・アルバート教授によって、移植生物学、特に人工的につくる免疫寛容に関する研究でノーベル生理学・医学賞に推薦された。ノーベル委員会は、このフランス語による分厚い推薦書は重要と考え、マルムグレンにその十分な評価を命じた。

細菌学者が免疫学研究を評価

細菌学が専門のマルムグレンは、当時の組織移植領域の文献を精査し、ほとんど完璧な文献リスト二ページを含む十七ページの評価報告書を作成した。移植の歴史がよく書かれており、組織を移植するときの免疫学的現象への最近の洞察も含まれていた。彼はまず術語を紹介した。同じ人の異なる部位での移植は「自家移植」とよばれる。遺伝的に同一である一卵性双生児では「同系移植」、一卵性双生児以外は「同種移植」、異なる種間での移植は「異種移植」とよばれる。

免疫系が非自己の組織を認識していることがわかる前には、自分自身や一卵性双生児以外からの組織が定着しないメカニズムは非常に曖昧であった。二十世紀まで外科医のあいだでは、すべては手術の腕前の問題と思われていた。マルムグレンがこの時期の移植の歴史を述べるのに、一九一二年のノーベル生理学・医学賞受賞者アレクシス・カレル（文献2第6章）にふれなかったことは興味深い。すでに同種移植の拒絶反応には免疫学的基盤があり、それは移植片表面の局所現象、あるいは宿主または移植片がつくる液性因子による全身的なものに関係していると憶測されていた。血液型については一九二〇年代と一九三〇年代に多くのことがわかったが、皮膚移植で血液型を同じにしても移植片の定着率は上がらなかった。移植片の有核細胞表面の抗原は、無核の赤血球表面の抗原とは異なるに違いない。移植の免疫学的メカニズムに関する憶測にはしっかりした基礎がないままに、一九四三年ギブソンとメダワーのヒト皮膚移植の研究結果が発表された。このデータは、ウサギ、のちに近交系マウスを使う実験で確証された。液性因子〔抗体〕は移植拒絶を説明するのに十分ではなく特異的な細胞性反応が重要で、それはかなり複雑なものであることがわかったのだ。初期の実験では、個々の動物の移植型（白血球型）を試験管内反応で区別することはできなかった。メダワーらは、血管が移植片の中へ成長する血管造成という重要な観察をし、宿主の免疫系細胞が移植片に入ることが拒絶に重要であると推論した。組織片が免疫系細胞の流れない部位（脳や前眼房）に移植された場合には、移植片は長く定着することが観察された。

移植反応を含む種々の免疫学的反応に異なる種類のリンパ球が重要であることは、一九五〇年代にも続けて認識された。マルムグレンは細胞性免疫の時代の到来を宣言した。彼は、移植片拒絶反応およびツベルクリン反応のような遅延型過敏症反応には似たような細胞性免疫が関わっている可能性を強調した。メダワーらは、動物に移植を繰返し行って強化された拒絶反応を、移植片から集めたリンパ球で同じ近交系の他のマウスに移せることを示した。この結果は、抗体は通過するが細胞は通らないようにした仕切りの中に移植片を入れるという他の研究者の実験でも確認された。このような条件で、移植片は前述の前眼房と同じように生存したのだ。細胞による免疫移転の現象は養子免疫とよばれ、スネルの一九五七年の総説[11]で引用された。

メダワーらは、さらなる実験で細胞性免疫での要となる抗原は何か調べようとした。彼らの一九五七年における暫定的な結論では、抗原はＤＮＡであった。ＤＮＡは当時、脚光を浴びつつある分子であった（第6章）。しかし彼らはすぐにその提案を捨てざるをえなかった。マルムグレンの評価書では、双生ウシの実験と同種移植抗原の化学的性質にも言及してあった。彼は、免疫寛容を理解する新しい概念を構築することの重要性を強調した。評価書の結論部分では、バーネットとフェンナーの仮説（胚は免疫学的に無垢であり、発生の段階でつくられる異なる抗原に曝されることにより、その抗原に生涯にわたり寛容になる）から始まった。マルムグレンはまた、バーネットが彼の仮説を検証するためにインフルエンザウイルスを使った実験を引用した。寛容を近交系マウスでつくったメダワーらの発見こそが新概念に重要であった。それは、能動獲得寛容（能動獲得免疫と対比）と名付けられた[13,15]。この現象は、前述の鶏胚を使った並体結合を研究したチェコのミラン・ハシェクによっても確認されていた。しかしオーウェンやハシェクは、ノーベル賞候補として推薦されておらず、その可能性も議論されなかった。

ノーベル賞に値する発見

マルムグレンは次のような最終判断を下した。メダワーの同種移植反応の研究だけではノーベル賞には値しないが、能動獲得寛容の発見は新しい生物学における根本的に重要な法則であり、これは賞に値すると考える。

次にマルムグレンは、メダワーと共同研究者のビリンガムとブレントの相対的重要性を判断する問題に移った。共同執筆の論文では著者の順はビリンガム、ブレント、メダワーであった。その理由は、メダワーがアルファベット順を好んだためである。メダワーは異なる著者の相対的な質的、量的な貢献度に序列をつける問題を避けたのである。これは尊敬に値するやり方であるが、問題を起こす場合もある。アルファベット順をある言語、文化から他へ移すときに混乱が生じる。またノーベル委員会の基本的な責任の一つは「誰が発見の優先者か」を決定することであるが、優先順位がわかりにくいことも問題である。

少し脱線して、些細なつづりの問題を議論してみる。英語のアルファベットは二六文字あり、スウェーデン語は最近まで二八文字であった（Wはなかった）。英語にはない三文字はÅ（AAともつづる）、Ä（AE）、Ö（OE）である。さらに近年はWが加わり二九文字になった。もともとVとWは同じ文字とみなされていたが、weekendやworkoutなどの英単語が輸入されてWが区別された。スウェーデン人著者Åsjöはスウェーデン語論文では文献引用列の最後にあるが、英語論文では最初に出てくる。実際、これらの余分な文字の扱いはスカンジナビア語間で統一されていない。デンマーク語ではÅは二九番目の最後の文字であるため、Åbyという名はデンマーク語の論文では最後に並ぶ。一方、Aabyともつづるため、英語論文では最初に並ぶ。人名索引の一般規則に合意すれば、この問題は解決される。しかしなお個人の貢献度に序列をつける問題は残る。それゆえに、共著者の名前の順序をどのように並べるかの取決め方が生まれて現在使われている。

少なくとも生物医科学の領域では、複数著者の論文で著者の貢献度を示す特殊な規則が生まれている。この規則に関する議論の一例としてノーベル賞受賞者ピーター・ドハティの本がある[16]。通常の慣習は、研究グループのなかで実験と論文執筆の最大の責任をもつ若い研究者を著者列の一番目に置く。最後にグループの指導者（しばしば主任研究者といわれる）を置く。通常後者は研究のための資金、施設を使えるようにする役割を担う。最初と最後の位置に誰を置くか、簡単には決められないことも多い。最近は最初の二人ないし三人に＊印をつけて、貢献度が等しいことを表す場合もある。現代の巨大国際共同研究では共著者が百人を超える場合もある。特に複雑なのは、すべての共著者について実験、データの討論、論文執筆の相対的貢献度を脚注で説明する場合である。

ノーベル委員会は、大発見がなされた研究室で実際に行われたことを慎重に調べるという非常に繊細な仕事をやらなくてはならない。このためにはかなりの気遣いが必要である。調べる人がノーベル賞審査に関わっていることに、接触された人は気づいているという事実を知っておかねばならない。「真実」を見つけることが難しい状況もある。また、一つの発見への貢献者を三人以内に絞ることが不可能な場合がある。

ビリンガム、ブレント、メダワーの場合、マルムグレンはメダワーを研究グループのリーダーとすることに躊躇しなかった。これは推薦状からも明らかである。しかしマルムグレンは別の問題を考えており、次のように書いている。

《私の意見では、メダワーの免疫寛容の研究は免疫学領域でエールリッヒやベーリングの時代以来の最重要な発見で、授賞にふさわしい。しかしながらメダワーの仕事は、それ以前につくられたバーネットとフェンナーの仮説から始まっている。この仮説の名誉は疑いなくバーネットのものである。それゆえ授賞に値するかの点では、バーネットについての議論が不可欠である。》

この結論は最後にも記された。

《メダワーの獲得免疫寛容の論文は授賞に値する。しかしバーネットの名前を無視することはできない。この推薦書にはバーネットが推薦されていないので、この発見に関しては一九五八年ノーベル賞授賞に推挙しない。》

ノーベル委員会はこの結論に賛成し、教授会への報告として「メダワーの免疫寛容の発見は授賞に値する」とした。バーネットへは、一九五八年に彼のウイルスの研究に対して二つの推薦があった。委員会は、細胞をあるウイルスに対し非感受性にする方法についてのバーネットの発見は授賞に値するとした（前述）。

一九五九年には寛容現象に関する推薦はなく、委員会は議論しなかった。バーネットについてはウイルスの研究で授賞価値があるという意見でとどまっていた。

一九六〇年の推薦

一九六〇年はバーネットへの推薦が三つ、メダワーへの推薦が二つあり、このうち一つは両人を推薦、というノーベル賞にとって重大な年であった。バーネットの推薦は、R・ロヴェルから動物ウイルス遺伝学に関してであった。オハイオ州コロンバス大ヨルゲン・M・バークランドからは初めてウイルス学でなく免疫学に関して推薦された。バークランドはバーネットの最新の著作『免疫理論—獲得免疫に関するクローン選択説』〔一九五九年版、山本 正訳、岩波書店[17]〕にふれ、特に胎芽期に寛容が起こるという推論をさらに進めたことを評価し、この推論はビリンガムとメダワーの発見で実証されたと述べた。ただしメダワーらを推薦してはいなかった。「バーネットの的を射た分析と統合は、他の研究者を刺激してよい成果を生んだので、バーネットが抜群である」と記した。ノルウェーのオスロ大スヴェレ・D・ヘンリクセンは、ビリンガム、ブレント、メダワー三人について三ページに補遺を加えた推薦書を作成した。この提案にはバーネットは含まれていなかった。前述のレーダーバーグからは思慮深い推薦があった。バーネットとメダワーの二人を推薦したが、両人の推薦理由は基本的に異なっていた。バーネットの著作『生物としてのウイルス[18]』での概念を反映するウイルス学の研究と、近代的視点からの免疫学への取組みに対してであった。バーネットの多数の成果から一つの発見に絞るのは困難であるが、インフルエンザウイルスでの遺伝学的組換えや表現型の混合の研究を取上げて、これらの発見に対し「ノーベル委員会の好意あるご賛同に値するものであります」とコメントした。メダワーに関しては、免疫寛容を実験的につくったことでの推薦であった。レーダーバーグは次のように述べた。

《メダワー氏の研究は、免疫生物学のいかなる統合的理論（たとえばバーネットのクローン選択説）をも証明する基盤的な観察であります。実践的な観点からも、誘導された免疫寛容の現象は外科手術で同種組織を移植しようとする努力に楽観的になれる基盤を与えてくれます。癌や放射線傷害を処置する場合の補充療法にも役立ちます。

二つの点を指摘したいと思います。一つ目は、メダワー氏には数人の共同研究者がおり、その人たちの相対的貢献度を明確にする必要があります。二つ目は、彼の研究のすべてが建設的な結果となったのではないことです。たとえば、モルモット皮膚の無色素細胞を色素細胞に由来する顆粒と称するものによって「感染性形質転換」したというものがあげられます。また、同種移植抗原を早まってDNAと同定したことです。この抗原は現在、細胞表面のムコイドではないかといわれています。ノーベル委員会はこれらの指摘について確実に注意深く検討するでしょう。私としては、メダワー氏の主要な貢献は、人々が犯しやすい間違いで起こる損失をはるかに凌駕していると考えます。また、共同研究者に十分な栄誉を与えるとしても、メダワー氏の役割は突出していると考えます。

結論として、ここにあげた一人または両人を誇りをもって推薦させていただきます。》

どの推薦者も、獲得免疫寛容の発見でのバーネットとメダワーへの共同授賞は提案していなかった。しかしノーベル委員会はそうすることを結論とし、教授会もそれを支持した。このような結論になった理由を理解するためには、その年の調査内容と委員会の構成メンバーを考える必要がある。一九五〇年代後半カロリンスカ研究所には新しい風が吹いていた（文献2第7章）。教授会メンバーには若く勢いのある人が増えており、分子生物学や微生物／ウイルス遺伝学の新領域が急激に広がり、伝統的な医化学や生理学の縄張りを侵食していた。

スヴェン・ガードの忙しい夏

一九六〇年の晩夏、ガードはとても忙しかった。通常ノーベル賞候補の詳しい調査は一年に一件であるが、この年は四件もあったのだ。一つはアルバート・H・クーンズに関してであった。彼は一九四〇年代初期に、細胞中に特異抗原を検出する蛍光抗体法を開発した。それは、細胞中に存在する外来抗原（感染したウイルスや細菌）や個々の細胞特異成分を検出するのに使われた。この技術は抗体の特異性を利用する。免疫血清から取出した特異抗体タンパク質に化学反応で蛍光物質を標識する。次に、この試薬が浸透できるようにした薄い組織切片や細胞と反応させる。特異標的（ウイルスや細胞成分）に結合した標識抗体の局所的存在を蛍光顕微鏡で確認する。この技術はすぐに微生物病の診断や細胞内の正常または異常タンパク質の研究へと広まった。ガードは十一ページの報告書をつくり、その技術と多方面での応用の価値をたたえた。しかしそれを発見とみなさず、賞に値すると推挙はしなかった。委員会も、クーンズの貢献は現時点では賞として認められないと結論づけた。

ガードの二番目の評価は、ハインツ・L・フレンケル＝コンラート、アルフレッド・ギーラー、ゲルハルト・シュラムの発見に関してで、タバコモザイクウイルスから分離したRNA（リボ核酸）に感染性があり、それが完全ウイルス粒子をつくるというものだった。これはすでに一九五六年の化学賞、一九五九年の生理学・医学賞の候補として審査されていた。この発見は、核酸が遺伝情報の運搬者であるというきわめて重要なものである（文献2第7章）。ガードは十八ページにわたる評価を行い、三人の候補者は授賞に値すると結論した。委員会の結論は、ガードと同じであった。この研究領域に関しては第6章で再び議論する。

残る二つの評価は、バーネットとビリンガム－ブレント－メダワーに関してである。ガードがバーネットを評価するのは五回目である。彼はなおもバーネットの主要な業績について詳しく分析し、加えて今回初めて免疫学の基盤になるバーネットの理論を評価した。実際はこちらが評価の主体であった。委員会によって十年以上にわたって賞に値すると認められてきたバーネットの印象的かつ多面的なウイルス学への貢献を振返って、ガードはある種の頑固さで、インフルエンザウイルス受容体の概念とこのウイルスの遺伝学的研究を特に強調した。しかし、この領域での有力候補であるハーストが一九六〇年には推薦されていなかったので、ガードはバーネットをウイルス学での授賞には推さなかった。

ガードの免疫学の基本原理に関する理論的考察の広範な議論は、二年前のマルムグレンによる報告書の結論から始まっている。メダワーへの授賞は、バーネットの理論的貢献を同時に考慮することなしに議論できない。バーネットのすべての仮説は「それは生物学的意味をもつ」という単純な言葉からきている。バーネットは、この言葉を生物としてのウイルス—生物進化のなかの一役者[18]—に関する議論だけでなく、抗体産生の原理[3]およびメカニズム[17]の推測にも使った。ガードはポーリングが言及したエールリッヒの鋳型説に言及し、ポーリングの提唱したメカニズムでは、抗原記憶が保存されるためには抗原は将来も持続して細胞に残る必要があると議論した。しかしながら注射された抗原を蛍光抗体法で検出しようとしても、あるいは放射性物質で標識した抗原を使っても、抗原は破壊されて消えていた。唯一の例外はある種の多糖体であったが、これは別の種類の抗体応答を起こすものである。

抗原が持続しない状態であらゆる種類の特異的抗体がつくられることを論理的に説明するには、生体は無限の種類の抗体をつくり、そのほんの一部が将来のために価値があるものとして残るメカニズムがあると仮定しなくてはならない（前述）。バーネットはさらに、抗体産生におけるあらゆる種類の特異性の保管場所は細胞の遺伝的メカニズムに依存しており、抗体応答には細胞分裂が必須条件であると推測した。当時すでに動物を免疫するときに、X線照射や細胞傷害薬の投与で細胞分裂をブロックすると、抗体応答が遅れたり抑制されることがわかっていた。バーネットは、外部から入ってきた抗原ともともと抗体産生細胞表面に存在する抗体との最初の接触はぴったりと結合する必要はなく、選択された細胞がクローンとなる細胞分裂の過程で抗原と抗体の結合力は増加するとまで推測した。このような推測が前述の抗体産生のクローン選択説となり、これがイエルネの特異抗体産生仮説を修正し広げたのだった。バーネットの説から導かれることとして、生体自身の組織（自己）に対して抗体をつくる細胞は除去される、というメカニズムがなくてはならない。このことが獲得免疫寛容の存在を予言し、それがメダワーらの実験によって支持されたのである。ガードはバーネットの仮説を多面から議論し、マクロファージとリンパ球の成熟の異なる段階に関する彼の考えや、抗体産生と遅延型ツベルクリン反応との違いに関する彼の認識を述べた。

免疫寛容への支持が強まる

ガードによる評価書の要約は、バーネットの生物学の哲学者としてのユニークさを強く称賛している。彼は次のように記した。

《バーネットの特徴は、まず中心的問題を定義しようと試み、徐々に末梢へ移ることだ。つまり彼は多方向へ広がって広範囲の地をカバーする。主題へ広い視点から向かうことで、主題はよく読み込まれ実際に役立つ知識が得られる。バーネットは生物学のすべての問題を〔化学や物理学でなく〕まず生物学的に捉える。それぞれには強い生物学的偏向の重みが加わっているのだ。彼はこのような態度をとるので、細目の寄せ集めに隠された広い関係性をけっして見失わないのである。》

少し後では次のように述べている。

《私は、バーネットは印象的かつ知的な偉業を成し遂げたと結論する。メダワーらの獲得免疫寛容の発見は、バーネット理論の正しさを吟味する試みの直接的結果であった。マルムグレン教授は一九五八年の評価報告書でこの発見をエールリッヒおよびベーリング時代以来の免疫学の大躍進と特徴づけているが、私もまったくそれに同意する。それは文句なしに賞に値し、そしてバーネットの貢献が決定的に重要であった。》

ガードによる評価書は、次の文章で締めくくられていた。

《ことの進展のなかで、バーネット理論の中心概念を変更する必要はなく、その細部は徐々に彫り進まれた。例として、抗体産生には遺伝学的基盤があるという彼の確信をあげることができる。一九四九年にこの考えを当時として受入れられる形で表明した。一九五六年に彼はその理論を更新したが、完全には満足していなかった。一九五九年の理論で最初の概念によりうまく適合する考えを見つけた。

彼の最新著作に書かれた多くの興味あるアイデアのなかで、どれが今後の新発見を誘導するかを判断するのはまだ早い。しかしながら今までに得られた結果から、躊躇なくバーネットは賞に値すると私は考える。》

ガードの四つ目の評価書は、ビリンガム、ブレント、メダワーに関するものだった。彼は、一九五八年のマルムグレンの詳細な報告書に言及し、追加の意見を述べた。「免疫学的非応答性」という語は異なる意味をもつと議論した。ある種の抗原を用いると、成熟動物でも寛容または「免疫応答の麻痺」を起こすことができる。彼はさらに免疫系の成熟についても議論し、獲得免疫寛容を異なる系統のマウスで誘導するとき、成長の段階で結果が変動することを指摘した。また、移植組織（胎仔でなく成熟動物のもの）にある免疫細胞が移植片対宿主反応を起こすという、シモンセンとビリンガム-メダワーによるそれぞれの観察に関しても議論した。評価書の最後では、バーネットの部下グスタフ・ノッサルの最近の成果を引用した。ノッサルはカルテックでレーダーバーグとともに仕事をして、分離した一つのリンパ球は一種類の抗体を産生するということを初めて確認した（前述）。六ページに及ぶ報告書の最後は、一九五八年のマルムグレン報告書の結論を支持して次のようにまとめられた。

《免疫学、移植、腫瘍の研究における実験的研究にメダワーらの発見が重要であることは明白であり、それは現在次々に生まれている重要な論文を見てわかることだ。移植外科、放射線傷害の治療、白血病などで現時点ではまだ明白な結論が出ていないにしても、将来は実際の役に立つようになるだろう。それゆえ私は躊躇なくこの発見を賞に値すると考えたい。

ブレント、ビリンガム、メダワーの相対的貢献度を評価するとき、次のことを強調しておきたい。ブレントは一九五三年メダワーが指導する大学院生であった。ビリンガムは医師免許をもっており、実験上手であった。しかしメダワーは年長でグループの指導者であるだけでなく、構想のブレインでもあった。この三人のなかではメダワーのみがノーベル賞に値すると私は考える。

マルムグレン教授に同意するが、私見ではバーネットを除くわけにはいかない。彼は自身でそれを実験的に証明することはなかったが、すでに一九四九年に免疫寛容の存在を強く予言していた。それゆえ私はバーネットとメダワーへの共同授賞が最善だと考える。》

合意したが総意ではない

マルムグレンとガードの結論が一致したのは驚くことではない。彼らは仕事上でも個人的にも密接な関わりがあった。二人それぞれの家族はソルナ教会通りにある二世帯続きの家に住んでいたのだ。ガードは一九四八年にカロリンスカ研究所細菌学部門の主任教授になった。しかし、一九四九年にウイルス研究の主任になるというスウェーデン議会からの要請を受入れて細菌学教室を辞めて、代わりにマルムグレンが細菌学の教授になった。彼ら二人は、ノーベル委員会でバーネットとメダワーを推薦したが、全員一致とはならなかった。十二人の委員のなかでガードとマルムグレンのほかに五人が賛成したが、委員長ウルフ・フォン・オイラー（一九七〇年受賞）と他の四人の委員は、別の候補を推薦した。ジョン・C・エックルズ「シナプス伝導と興奮・抑制のメカニズムの発見」とホレース・W・マグーン「脳幹網様体賦活《ふかつ》系に関する発見」への共同授賞を主張したのだ。この議論の模様が外部に漏れたようだった。うわさにすぎないが、受賞すると思い込んだエックルズ（オーストラリア人）は、お祝いに冷えたシャンパンを持ち出してから、受賞者は別のオーストラリア人であるバーネットだと知った。がっかりした彼はすぐに自分の研究チームを仕事に戻らせた。三年後にやっとアラン・L・ホジキン、アンドリュー・F・ハクスリーとともに「神経細胞膜の末梢および中心部位での興奮・抑制のイオン機構の発見」で共同受賞した。しかしマグーンは後にも受賞しなかった。

バーネット–メダワー案への控えめな支持が、投票権をもたない書記ヨラン・リリストランドからあったようだ。一九六〇年は彼にとって書記最後の年で、なんと四二年目であった！　彼は書記としてバーネットの科学者としての卓越した能力を知る機会が何度もあった。それは、バーネットをスウェーデン王立科学アカデミーの外国人会員として推薦した一九五七年のアカデミー医科学部会でのプレゼンテーションからもわかる。その文章にはバーネットの研究への深い洞察があり、第一署名人はリリストランドであった。

一九六〇年のノーベル賞授賞式

　バーネット、メダワーとその家族は幸せにそうにストックホルムを訪れた。この二人とメダワーの妻ジーンは当時の思い出を生き生きと記している。[4,7,8] 年一回のおとぎ話のような祭典が「目のくらむような、生き生きとして想像力に富んだ優雅さ」で行われた。儀式では男性は燕尾服とシルクハットで、女性は美しいドレスで身を包み華を添えた。当時、女性科学者はまれであったが、前述の「形質細胞の母」ファグレウスも会場にいた。帽子をかぶり、バーネットによると「とても似合っていた」という。バーネットとガードは顔見知りなので、授賞式が行われるコンサートホールへ並んで入場し、メダワーはフォン・オイラーに導かれた。ガードが二人の受賞者を簡単に紹介し、それから二人はそれぞれ優雅な雰囲気をたたえた国王グスタフ六世アドルフから賞状と金メダルを受取った。賞状は美しく縁取りされ、見開きの右面には能筆で授賞者の名前と授賞題目が記されていて、下半分に教授会全員の署名がある。一九六〇年には左面には絵画が描かれていた。一九六四年にカロリンスカ研究所はデザインを変更して絵の代わりにメダルの写真にし、署名は三人の主要人物によるものだけになった。他の分野のノーベル賞では昔のデザインを残している。メダルの表面には遺言者ノーベルの像があり、彼の生没年がラテン数字で書かれている。裏面には医学知識獲得の技術を象徴するイメージが描かれ、ラテン語で「科学と技術で生活をよくしよう（Inventas vitam juvat excoluisse per artes）」と記されている。メダルは約二百グラム、二三金でできていた。一九八〇年からは十八金に変更されている。金の値段〔約九十万円〕を考えると、このメダルはオフィスの机に置くものではないといえよう。展示用のものは内部が銅でできている。

　バーネットが亡くなった後、彼の賞状とメダルはウォルター&エリザ・ホール研究所が管理している。ノーベル受賞者の死後、個人的遺品の行方はさまざまなようである。バーネットの遺品は大切に保管されている。ゲオルグ・ド・ヘベシー（一九四三年ノーベル物理学賞受賞）の場合は、家族がメダルをハンガリー科学アカデ

会話するメダワーとバーネット，1962 年〔文献 31〕

会話するバーネットとガード，1962 年〔文献 31〕

国王グスタフ六世アドルフから賞状を受取ったメダワー〔文献31〕

ミーに寄付した。私はバルーク・ブランバーグ（文献2第2章）に二〇一一年秋にフィラデルフィアでの米国哲学学会の会合で会った。彼は当時その学会長であった。近くの公園を歩きながら、彼はノーベル賞メダルをどうすべきかアドバイスを求めた。四人の子の一人に譲るか、学会へ寄付するか？ 私は後者を勧めた。その二、三カ月後に突然彼が亡くなり、アドバイス通りになった。

バーネットとメダワーが栄誉の勲章を受取ったとき、幕間の音楽が始まった。英国人ヴォーン・ウィリアムズの管弦楽曲『雀蜂《すずめばち》』であった。バーネットは、この曲を彼の若いときの昆虫学の興味とメダワーの母国への賛辞と解釈した。長年の伝統に従って、次は堂々たる赤煉《れん》瓦《が》の市庁舎二階の「金色の間」での晩餐会であった。〔一九七五年からは一階の「青色の間」で行われるようになった。〕バーネットはその風景を次のように記述している。「ホール全体の壁は金色に輝いており、奥の壁には古代スカンジナビア女神の大きな絵が色付きモザイクで描かれている。蝋燭《ろうそく》の光、銀食器とグラス、白い食卓リネン、招待客の正装—壮麗な眺めの祝宴であった。」

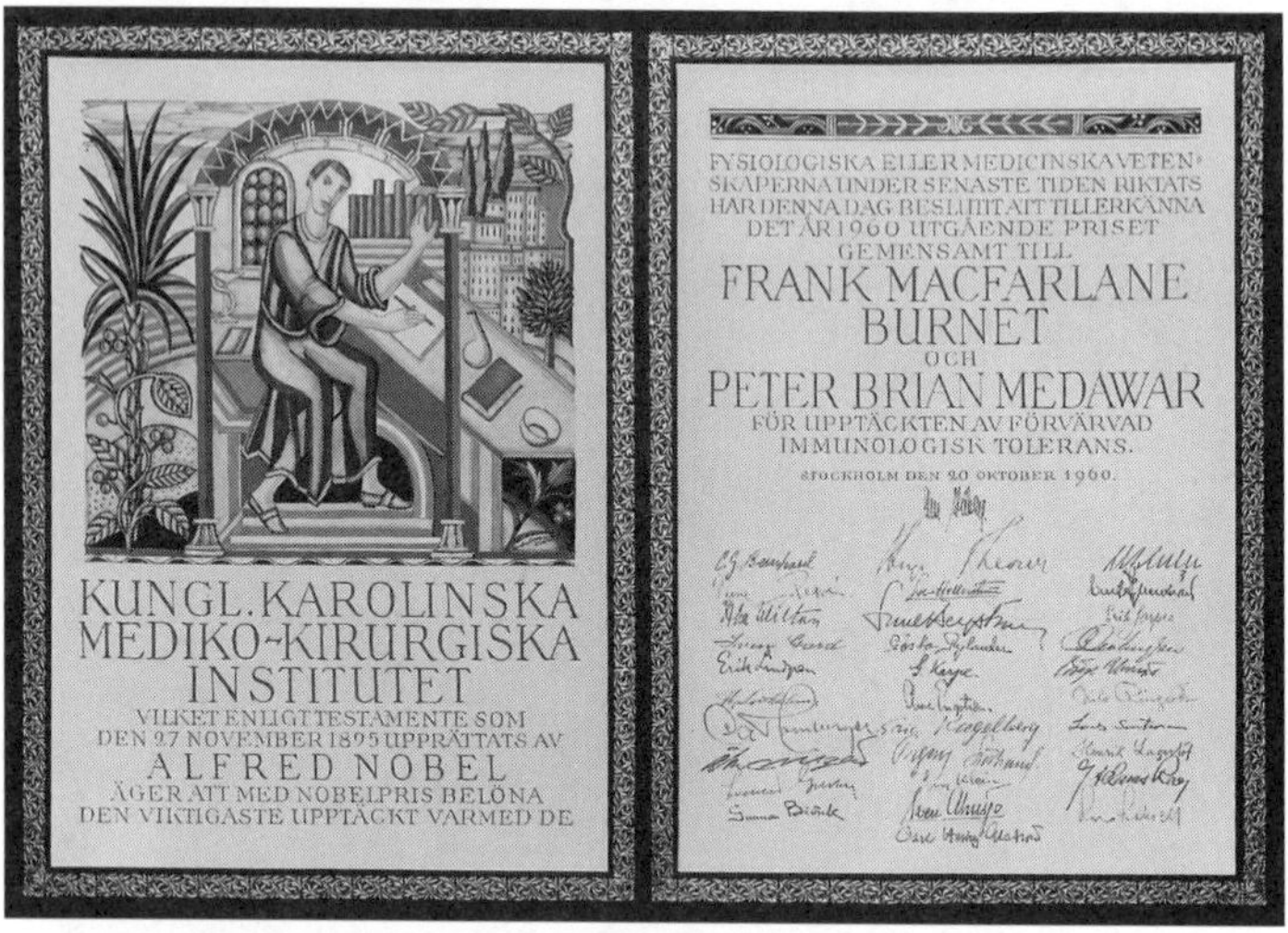

バーネットに授与された賞状．絵画と教授会全員の署名がある．賞状のデザインは 1964 年から変更になった．〔ウォルター&エリザ・ホール研究所，スザンヌ・コリー氏のご厚意による〕

バーネットに授与されたメダル〔ウォルター&エリザ・ホール研究所，スザンヌ・コリー氏のご厚意による〕

ストックホルム市庁舎「黄金の間」の壁画「メラール湖の女王」

補足すると、ホールの壁は一八六〇万片ものモザイクで覆われている。これは第一次世界大戦後にドイツから叩き値で買ったものだ。バーネットが言及した絵はスカンジナビア女神ではなく、ストックホルムの象徴である「メラール湖の女王」である。手に王笏《しゃく》と王冠を持ち膝には市庁舎の模型を載せている。突出した目がある顔、メドゥーサのような髪、大きすぎる腕は長年にわたって批判されてきたが、現在、その絵は市庁舎のユニークな雰囲気に欠かせないものになっている。そのビザンチン風のモザイク画はアイナー・フォーセットのデザインである。弱冠三十歳、創造性のピーク時の絵だ。

若くして幸運に恵まれ大発見をした科学者と同様に、彼も晩年には自分自身への期待の軛《くびき》につながれているという問題を抱えていた。フォーセットは長寿で（一八九二〜一九八八年）、私は彼に会ったことがある。あるときわれわれは、倦怠、すなわち芸術家や科学者の創造性がなくなり無気力になることについて議論した。

祭典の後、バーネットとメダワーは講演を行った。題名はそれぞれ「自己の免疫学的認識」[19]と「免疫学的寛容」[20]

であった。バーネットは、当然のことながら最新のクローン選択理論について述べた。彼はこの理論は科学への彼の最重要の貢献であると考え、それに対しノーベル賞を受賞したかったのだ。しかし基盤的な免疫学のメカニズムが理解されるようになり、ノーベル賞として認められるまでに時間がかかった。七三歳のニールス・K・イエルネが「免疫系の発達と制御の特異性に関して」共同受賞したのは一九八四年であった。このときバーネットは彼にお祝いの手紙を送った。手紙の一部を引用する。

ニールス・K・イエルネ(1911〜1994年)，1984年生理学・医学賞受賞者〔1984年ノーベル賞年鑑〕

《私は、貴殿とともに抗体産生理論を軌道に乗せたということでの共同受賞の方が、メダワー氏との受賞よりもよかったとしばしば考えていました。とにかく今、われわれ二人は受賞者リストに載ったのです。》

授賞式の二日前、私は光栄にもガード家での夕食会でバーネット夫妻に会った。ウイルスの研究を始めたばかりの二三歳の医学生が、その分野の巨人に会ったのは貴重な経験であった。彼は格のある人物であったが、私のような若造に率直に話をしてくれたことを覚えている。われわれは実験室の仕事では手の器用さが重要であることを議論し、例として発育鶏卵法を開発したときのことを話してくれた。彼は多くの実験を熟練した女性技術者と一緒に行い、大規模研究室では仕事をしなかった。一九五〇年代の終わりに使われ始めた最新の生化学技術には興味がなかった（前章で記述）。

メダワーは英国に戻り、共同研究者ビリンガムとブレントの貢献に感謝の意を込めて賞金の一部を分与した。また彼はかなりの部分を母親に譲り、残りで「よい冷蔵庫とよいボカラ絨毯[8]」を買った。

科学の異例な二巨人―受賞後の活動

ノーベル賞受賞時バーネットは六一歳、メダワーは四五歳であった。T・S・エリオット（一九四八年ノーベル文学賞受賞）の言葉によれば、そしてサミュエル・ベケット（一九六九年文学賞受賞）もそれに応じたように、ノーベル賞受賞は自分の葬儀への切符をもらったことにもなる。しかしバーネットとメダワーの場合には、そうではなかった。二人はさらに二五年間生き、最後まで活発に活動した。メダワーは身体的な問題があったにもかかわらず活発に行動した。二人は自らのアイデアや経験を本として残しているので、われわれは彼らについて多くを知ることができる。彼らの文筆の才能は称賛され、刊行本のリストは印象的である。二人の性格は大きく異なる。ゼクストンの見解によれば[21]「バーネットは無口で純朴なオーストラリア人で、メダワーは口達者で洗練された英国人」である。人類の将来と文明の行方に関する見方は異なり、バーネットの展望はより悲観的であった。

バーネット―幻滅郷の空想家

彼が活躍した時代、実験科学の成果には熱心であったが、将来の科学の進展の可能性、特に分子生物学分野については悲観的であった。前章で述べたように、多くの重要なヒト病原体が同定された一九五〇年代後半に、ウイルス学の終わりを宣言した。この考えから、ウォルター&エリザ・ホール研究所の研究を一九五七年にウイルス学から免疫学へ方向転換した。その十年後、彼は免疫学の終わりを宣言したが、そのとき彼はもはやその研究所の所長ではなかった。免疫学の終わりという悲観的な予言はウイルス学の終わりという判断と同様に間違っていた。彼は一九六五年に所長職から引退したが、他の研究所で自己免疫疾患の研究を続けた。しかし彼の主たる仕事は執筆であった。さまざまなトピックについて議論、吟味し、限りない数の論文をエネルギッシュに執筆した。

彼はノーベル賞のような賞の将来を熟考しながら[4]、ノーベル賞をもらったのかもしれない。もしノーベルが遺言を二十世紀半ばに書いたならば、ノーベルは賞をどのように振分けたかを推測して「自分はアルフレッド・

ノーベルによく似ている」と述べた。彼は、ノーベルは次の一〜四のことを達成した人々に賞を与えるだろうと結論した。

一、人類の争いとその制御の基礎についての理解を最も深めた人

二、人口レベルを理解し、その制御に最大の貢献をした人

三、地球資源の保存（森林再生、低品質な岩石からの鉱物資源の回収、土壌劣化の改良、原始生活をする人たちへの農業教育）に最も意義ある仕事をした人

四、ヒト遺伝学を理解し、遺伝子を健康に維持する方法を考えるのに最高の仕事をした人

右は、彼の著作で「人間の条件」として重要視したものの例である。『人間の条件』とは、一九三三年にアンドレ・マルローの小説の題名として、またルネ・マグリットの絵画の題名として使われたものである。バーネットはのちの社会でエコロジーが問題になる前に、真剣なエコロジストになっていたようである。人類の未来に関する彼の懸念は、次に示す一九五〇年代の彼の著作(22)の最後のパラグラフから読み取れる。

《人間は、三大悪といわれる飢饉《ききん》、疫病、戦争から常に逃れることを願ってきた。疫病は、ここ百年で六人の天才のアイデアに導かれた数千人の仕事によってほぼなくなった。六人とはコッホ、パスツール、エールリッヒ、テオバルド・スミス〔昆虫媒介感染症を発見〕、デュボス〔抗生物質を探索〕、グッドパスチャーである。この二五年間の疫病消滅という社会革命を目撃し納得した医学細菌学者ならば、いつか戦争も同様になくなると夢見るだろう。人間の行動もインフルエンザや黄熱のように科学研究の主題であり、遅かれ早かれある人が他の人を支配する過程を適切に理解することができるようになるだろう。それを理解することこそが、将来起こるかもしれない権力の悪性な集中を抑える希望となろう。有効な知識のためには科学的方法以外にはなく、知識こそが知識を利用する悪に対抗できる、と私は信じる。》

これは厳しい反響を招く表明である。

この世俗の長老派教会員の悲観的な口調は、次々に出版された本に現れた。たとえば「人間性についての暗く心に訴えない見解」のような表現が使われた。彼には全部で約五百報の科学論文、三十冊以上の著作や単行本があった。最後の二冊の本は、『生命の耐久性—遺伝学の人類への関わり』(23)、『信条と論評』(24)であった。限りなく暗い見解はかなりの反論を呼んだ。彼は合理主義者、英才、エリートとよばれた。氏《うじ》か育ちかのバランスにおいて、遺伝学の役割を過剰に強調し、優生学のアイデアをもてあそんだことで、特に強い反発をひき起こした。

バーネットはたくさんの栄誉や賞金をもらい、最も多く勲章を授けられたオーストラリア人科学者であった。すでに一九四二年に英国王立協会会員（フェロー）であり、一九五九年には最も権威のあるコプリ・メダル〔コプリ卿の遺産でできた英国で最古の科学賞〕をもらった。一九五一年にはナイト（勲爵士）の称号、一九五八年にはメリット勲章（これはわずか二四名に限られる）を授けられた。彼は長寿だったのでこの閉鎖的集団での長老となり、一九八二年、最後のロンドンとバッキンガム宮殿の訪問を楽しんだ。彼の最愛の妻リンダはすでに一九七三年にリンパ腫で亡くなっており、バーネットは生活を変えなくてはならなかった。その後何年か、毎日曜の夕には妻へ手紙を書いた。それにもかかわらず、何年かのちに寡婦へイゼル・ジェンキンと結婚した。彼女はバーネットの生涯の最終段階に豊かさを与えた。八十歳になったとき、生地のメルボルンでお祝いが行われた。ウォルター&エリザ・ホール研究所は、コリン・サイム記念講演会を開いた〔サイムは法律家で一九六一～七八年、研究所理事長を務めた〕。最初の演者はノーベル賞受賞者ガイジュセクで、バーネットがクローン選択説を考えるのにデータを提供した学者である（前述）。

バーネットは長い活動生活のあいだに、たくさんの名誉博士号をもらった。メダワーと比べてどちらが多いのだろうか？　メダワーは回顧録(7)のなかで、彼自身は理学博士号を取得していないにもかかわらず、自分が関係したと思っていない名誉博士号までももらったことを冗談めかして述べている。英語アルファベットのほぼすべての頭文字の国からもらっていたが、YとZはなかった。

彼は「鋭い観察者ならば、エール大学（Yale）やジンバブエ（Zimbabwe）がぐずぐずしているのは奇妙に思うだろう」と述べている。

バーネットは八六歳の誕生日の三日前に、ポートフェアリー近くにある息子の農場で大腸癌で亡くなった。

一九九九年にメルボルンでバーネット生誕百年を記念するシンポジウムが開かれた。目録の最初のページには、彼の墓石に刻まれた一文が引用されていた。プラトンの言葉である。「その男はアイデアを火花のように放ち、それが炎を起こし、他の人の心の中へと燃え広がった。」ゼクストンによれば、もとの文章は「火花はあたかも心から心へと広がり、点火された理解の灯りはさらに燃えあがる」である。これを受けて、研究所の紋章「光あれ」を「火花あれ」としてもよいかもしれない。

シンポジウムにはウイルス学と免疫学でのノーベル賞受賞者七人が参加していた。オーストラリア人科学者は九人いたが、その多くはバーネットの火花の影響を受けた人たちであった。さらに私を含む他の科学者が招待されていた。私の講演題名は「新しい生物学とグローバル社会」で、その講演内容に私はバーネットが残した将来の科学進展へのインスピレーションを折り込んだ。私は、スウェーデン王立科学アカデミー外国人会員としてのバーネットを追悼する演説を行っており、私自身がバーネットの生涯にわたる貢献についてよく知っていたからである。

会合の後、私は妻とともにキャンベラを訪問した。バーネットの最も親しい友人であったフェンナーが招待してくれたのだ。彼は魅力的な性格で、八十代にもかかわらず顔が紅潮する。土曜日の午前中、彼はわれわれの面倒を同僚に任せた。毎週その時間帯にテニスをやっているのだ。身体活動と友人との接触を維持していることに私は驚きを隠せなかった。彼は同意したが、問題は友人が一人また一人と亡くなっていることだという。フェンナーは豊かな生涯を送り、二〇一〇年、九四歳で亡くなった。彼はバーネット以外で最も称賛されたオーストラリア人科学者の一人であり、この二人は生物学の諸問題をどう考えるかで互いを刺激し合ったのだ。

メダワー――おごりの後の豊かさ

メダワーはノーベル賞受賞の二年後、国立医学研究所の所長に任命された。この研究所は、バーネットが働いていた一九三〇年代にはロンドンの中心にあったが、市の北部にあるミドルセックスへ移転していた。メダワーは研究所に対し大望を抱いており、数年のあいだに免疫学研究の拠点にした。同時に彼は自分の研究も継続した。講演に引っ張りだこでもあった。また、世界の国々へ旅行しても二、三日の短期間のとんぼ返りで、大西洋を渡る飛行機で帰国しても朝の八時三十分にはオフィスの机の前に座っていた。知的領域でも身体領域でもエネルギーにあふれていた。同僚と激しいスカッシュの試合をしたり、階段を三段ごとに駆け上った後でさえも耳慣れた曲を口笛で吹いていた。所長になって喫煙はやめるべきだと感じても、米国製の葉巻を吸っていた。自分は無敵であると考え高血圧も無視した。妻は彼の態度を記述するのに「傲慢《ごうまん》」という語さえも使った。(8) 彼は自分の蠟燭《ろうそく》を両端から燃やしたのだ。そして、その代償が待っていた。

メダワーの身体活動の障害は一九六九年に始まった。ある土曜日にエクセター大聖堂で英国科学推進協会の会長として講演「可能なことすべてを実行するには」を行い、もう一つの講演をするはずの同僚が都合で来られなくなり、その代理も務めた。さらにその日、別の民間人の会合へ移動してから、寒いなかダート川で水泳もした。あまりにも体に負担がかかり、翌朝は体調が優れなかった。大聖堂での礼拝で聖書を読んでいるとき、言葉が遅く不明瞭になり始めた。右脳に大きな出血があったのだ。彼には生への渇望とユーモアの感覚があったので、その後の数カ月間の命がけの出来事にも耐えた。意識が回復したとき、聖書で読んだ文句を口にした。「人間は、超自然に手を出すとき自らが冒すリスクを悟っていない。」しかし病状は悪化し外科的に脳内の凝固血を取除かねばならなかった。その麻酔から覚めたとき、妻を見ての第一声は「全視野はあなたでいっぱいだよ。」彼がさらなる豊かな余生を得たのはこのスタミナであった。彼が杖で歩けるようになるまで、さらに数カ月を要した。左脚には少々の麻痺が残った。

幸運なことに知性に障害はなかった。〈出血は右脳で起こったので、左脳の言語中枢は助かったと考えられる。」妻ジーンは、彼の余生の身体的障害に対処するという役目を負った。一九八〇年までにさらなる問題が起こった。脳幹の血管に血栓が生じたのだ。二年後には網膜の血管に血栓が生じ、左目が失明した。これらの健康問題を抱えても気持ちは前向きでユーモアを失わなかった。しかも活動的であったのは印象的である。一九六九年以降は所長職を去らねばならなかったが、研究所の別棟にある臨床研究センターで研究を続けた。優れた免疫学者であるジェームズ・L・ゴワンズ（次章）が所長になったので研究所は安泰であった。

メダワーのおもな活動は、彼の性向である執筆に向かった。一九五〇年代後半にエッセー集『個人のユニークさ』[25]を出版しており、彼の著作家としての才能は明らかであった。一九六七年にはエッセー集『プラトンの共和国』[26]、『科学の限界』[27]〔加藤 珪訳、地人書館〕、一般向けの『若き科学者へ』[28]〔鎮目恭夫訳、みすず書房〕、前述の自叙伝と続いた[7]。妻と一緒に『アリストテレスから動物園まで―生物学の哲学辞典』[29]〔長野 敬ほか訳、みすず書房〕という格言を盛込んだ短篇集を書いた。彼の有名なエッセーの多くと未発表のエッセーおよび講演を集めた本『脅威と栄光―科学と科学者を考える』[12]が死後に発刊された。その序文を医学研究者ルイス・トマスが書いている。彼は生物哲学の分野での尊敬されたエッセイストでもある（たとえば『科学者の夜想』[30]〔沢田 整訳、地人書館〕を参照）。序文の一部を引用する。

《次のことを読み取って欲しい。目を見張らせるこの人物の電磁気エネルギー、豊饒《ほうじょう》さ、すべての様式や定義の基準に対する激しい無礼さ、そして一番重要なことは、驚嘆すべき、かつ包容力のある精神をもつなかでの、人生における自分自身の満足感、妻ジーンへの大いなる尊敬、生涯にわたってもったすべての楽しい思い。》

この本の編集者デイビッド・パイクは、紹介文でメダワーの文章の書き方の秘訣を強調している。それは「簡潔さ、説得力、明瞭性が基本であり、そのうち最重要なのは明瞭性である。」

メダワーは言葉とその語源に強い興味を示していた。次に、彼の自叙伝からのいくつかの例をあげる[7]。

panjandrum 御大《おんたい》──小さな場所のもったいぶった名士
gobbledegook 珍紛漢紛《ちんぷんかんぷん》──ラテン語表現を使ったり、意味のない決まり文句に頼る、込み入った、空論の、反復の多い、もったいぶったわけのわからない言葉
gormenghastly──あまりに多い議論の、熱狂的ファンの小集団のみに重要な
ratiocination 推論──前提から結論を導くこと
solecism 無礼──不都合または不適合な行為

彼の文章もまた印象的である。たとえば「青い眼鏡でトマトの研究をすべきでない」などがある。メダワーはまた、一心不乱に研究する仲間の研究者に対し強迫観念学者（obsessionalist）という単語をつくった。彼によれば、このような研究者は夢中か無関心かのどちらかでその中間がない。

メダワーは生涯に多数の名誉を受取った。数々の名誉博士号のことはすでに述べてある。一九六五年にはナイトの称号、一九八一年には権威あるメリット勲章を授けられた。それゆえメダワーとバーネットは四年間にわたり、王室から選ばれた二四人のうち二人を占めたのだった。メダワーの墓石にはトマス・ホッブズ『リヴァイアサン』より「満足しないで進行のみ」と刻まれている。彼の人生はこの信条の実例である。この引用文はエクセター大聖堂で行った講演の最後の文章だ。その翌日、最後の脳卒中が彼の人生を閉じた。

正装して天秤棒を担ぐ

スウェーデン国王は，ノーベル賞授賞式翌日の 12 月 11 日，王宮に受賞者を招待して晩餐会を開く．この宮殿は北欧で最大の規模で，窓のある部屋が 660 室もある．地下のワインセラーに貯蔵されている高級ワインは，エレベーターがないため天秤棒で担いで運ぶ．

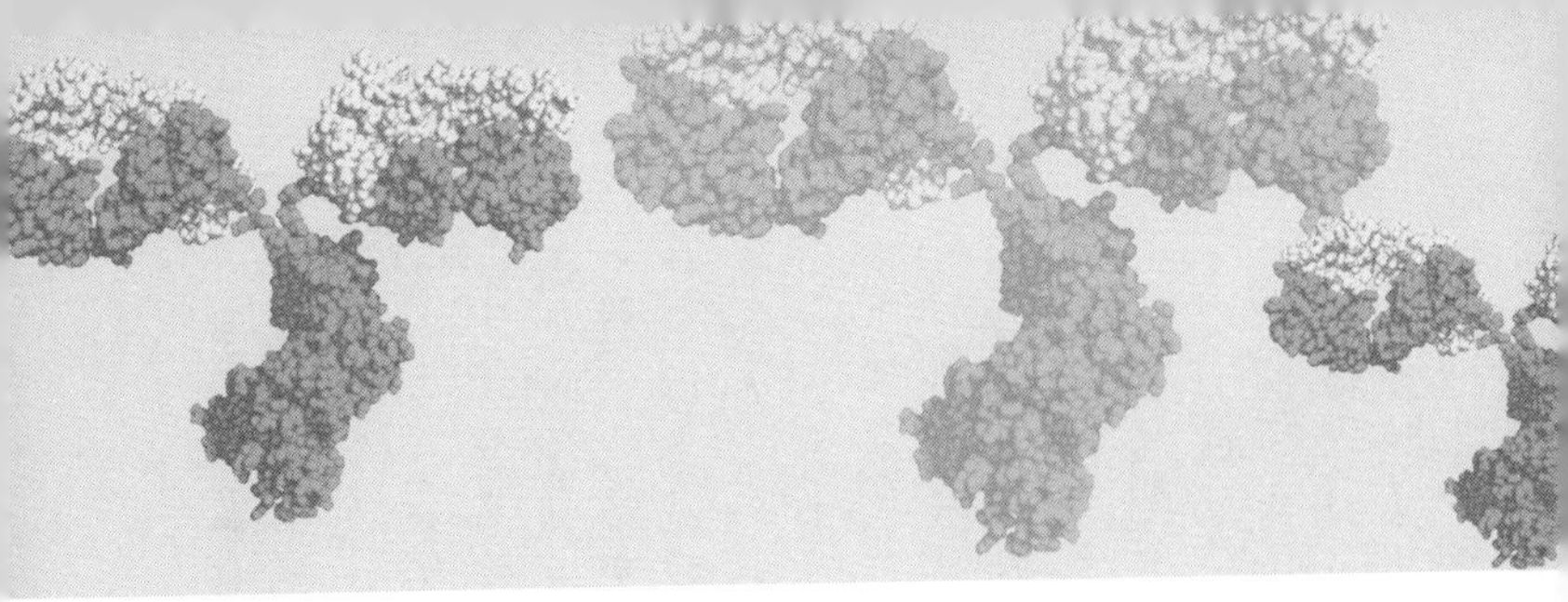

第3章
免疫学へさらなるノーベル賞

NET·WORKS OF SIG·NALS
A RICH TWIT·TER BE·TWEEN CELLS
AND HAR·MO·NY STILL

信号回路網
細胞同士の囀り
なお調和も

免疫学の分野は、バーネットとメダワーがノーベル賞を受賞してから五十年以上のあいだに大きく進展した。二〇一一年までに七回のノーベル賞が授与された（表3・1）。免疫学の素晴らしい進展について語るとき、ノーベル賞は重要な材料となりうる。ただしノーベル文書館にある貴重な記録は使えない。授賞後五十年間は非公開という規則があるからだ。しかし、私は一九七〇年代と八〇年代の約二十年間ノーベル委員会の仕事に関与していたので、長年にわたって得た情報から審査過程についてコメントすることはできる（候補者に関するコメントはできない）。さらに私はウイルスの研究をしており、その研究では免疫学的方法を使うだけでなく感染免疫防御機構への洞察も必要であり、免疫学も私の関与してきた領域である。

免疫学の進展は過去そして現在も著しく、個々のノーベル賞は多くの大発見の一例の代表にすぎない。とにかく広い医学生物学領域のなかで毎年一つの賞しか授与されないので、異なる分野間で激しい競争がある。免疫学での基盤的発見としてノーベル賞に値するが授賞にならなかった研究がある。本章ではそれも紹介しよう。

表3・1　免疫学領域で授与されたノーベル生理学・医学賞（1961～2011年）

年	授賞者	授賞題目
1972	ジェラルド・M・エーデルマン ロドニー・R・ポーター	抗体の化学構造の発見
1977	ロザリン・ヤロウ（1/3分割）	ペプチドホルモンの放射免疫測定法の開発
1980	バルフ・ベナセラフ ジャン・ドーセ ジョージ・スネル	免疫反応を調節する，遺伝的に決定される細胞表面構造の発見
1984	ニールス・K・イエルネ ジョルジュ・J・F・ケーラー セーサル・ミルスタイン	免疫系の発達・制御における特異性の理論，およびモノクローナル抗体産生の原理の発見
1987	利根川 進	抗体多様性を起こす遺伝的原理の発見
1996	ピーター・C・ドハティ ロルフ・M・ツィンカーナーゲル	細胞性免疫防御における特異性に関する発見
2011	ブルース・A・ボイトラー ジュール・A・ホフマン ラルフ・M・スタインマン	自然免疫の活性化に関する発見 樹状細胞および適応免疫におけるその役割の発見

免疫応答に携わる諸リンパ球の起源

前章で議論したように、免疫応答には二つの異なるカテゴリーがあることが、一九四〇年代になってわかり始めていた。一つは抗体が関与する体液性免疫で、もう一つはより直接的に細胞が関与する細胞性免疫である。もちろん抗体は特殊な細胞でつくられるが、これはアストリド・ファグレウスの先駆的な仕事によって、形質細胞の特別な役割であることが一九四八年に明らかにされている。この細胞では車軸状の核が細胞中心より偏って存在しており、網内血管系（脾、リンパ節、肝、骨髄、胸腺）の未熟な親細胞に由来すると推測されていたが、正確な起源は当時まだわかっていなかった。一九五〇年〜六〇年代にかけて、白血球（リンパ球）は赤血球と同様に体内を広く循環していることがわかった。この理解に主たる貢献をしたのはジェームズ・L・ゴワンズであった。彼はオックスフォード大学で科学の教育を受け、そこでのち実験病理学の教授になった。彼はDNAを放射性同位体で標識した細胞を使い、実験小動物の体内での

メダワーとジェームズ・L・ゴワンズ〔文献25〕

動きを調べた。胸管に挿管するという難度の新技術を開発し、それを使って大量のリンパ球（一日約十億個）がリンパ管を通じて血液に入り、出ていくという循環をしていることがわかった。白血球を運ぶために血管とは別の構造があることは、十七世紀にスウェーデンの解剖学者オロフ・ルドベック（父）によって発見されていた。彼はそれを vasa《ヴァサ》 serosa《セローサ》〔漿液管〕とよんだ。ゴワンズは、血液からリンパへの移行はリンパ節、脾臓のリンパ沪胞、小腸のパイエル板で起こっていることを見つけた。胸腺の関与は観察されなかった。

いかにリンパ球が分化するか、その多様性はどれほどかわかるには何年もかかった。特に胸腺がリンパ球の発達に中心的な臓器であることを理解するまでの道程は長かった。胸腺は少量のリンパ球を含むが、全身の免疫応答時にそこでの細胞の活性化は起こらないことは以前からわかっていた。それゆえ胸腺は、リンパ球を含む虫垂と同様に進化の過程で不要になった痕跡器官であると信じられていた。私の使い古した一九六五年版の教科書には、胸腺は「腺状のリンパ器官で機能未知（傍点著者）」となっていた。胸腺の免疫防御における中心的役割の理解が遅れた主たる理由は、成熟動物から胸腺を摘出しても大きな障害が起こらなかったためである。その役割がわかったのは新生マウスから胸腺を摘出したときであった。これらの実験はジャック・F・A・P・ミラーらによって一九六〇年代初期に行われた。ミラーはフランスに生まれ、一九四一年、家族とともにシドニーに移住した。このとき、もとの姓であったムニエ（Meunier）をミラー（Miller）に変更した。彼が聖アロイシウス・カレッジの学生であったとき、将来の同僚となるノッサルに出会った。ミラーは奨学金を得て英国のチェスター・ビーティ癌研究所で研究し、その業績でロンドン大学から理学博士号を取得した。一九六三年以降ロンドンの国立医学研究所で胸腺の研究を続け、最終的にはオーストラリアに戻りウォルター&エリザ・ホール研究所のノッサルの研究室に所属した。

ミラーの英国での最初の研究目的は、グロス白血病ウイルスの新生マウスにおける影響を調べることだった。出生時にウイルス感染させたマウスから離乳後に胸腺を摘出すると、ウイルス腫瘍が生じないことはすでにわかっていた。そこで、胸腺を出生時に摘出すればどうな

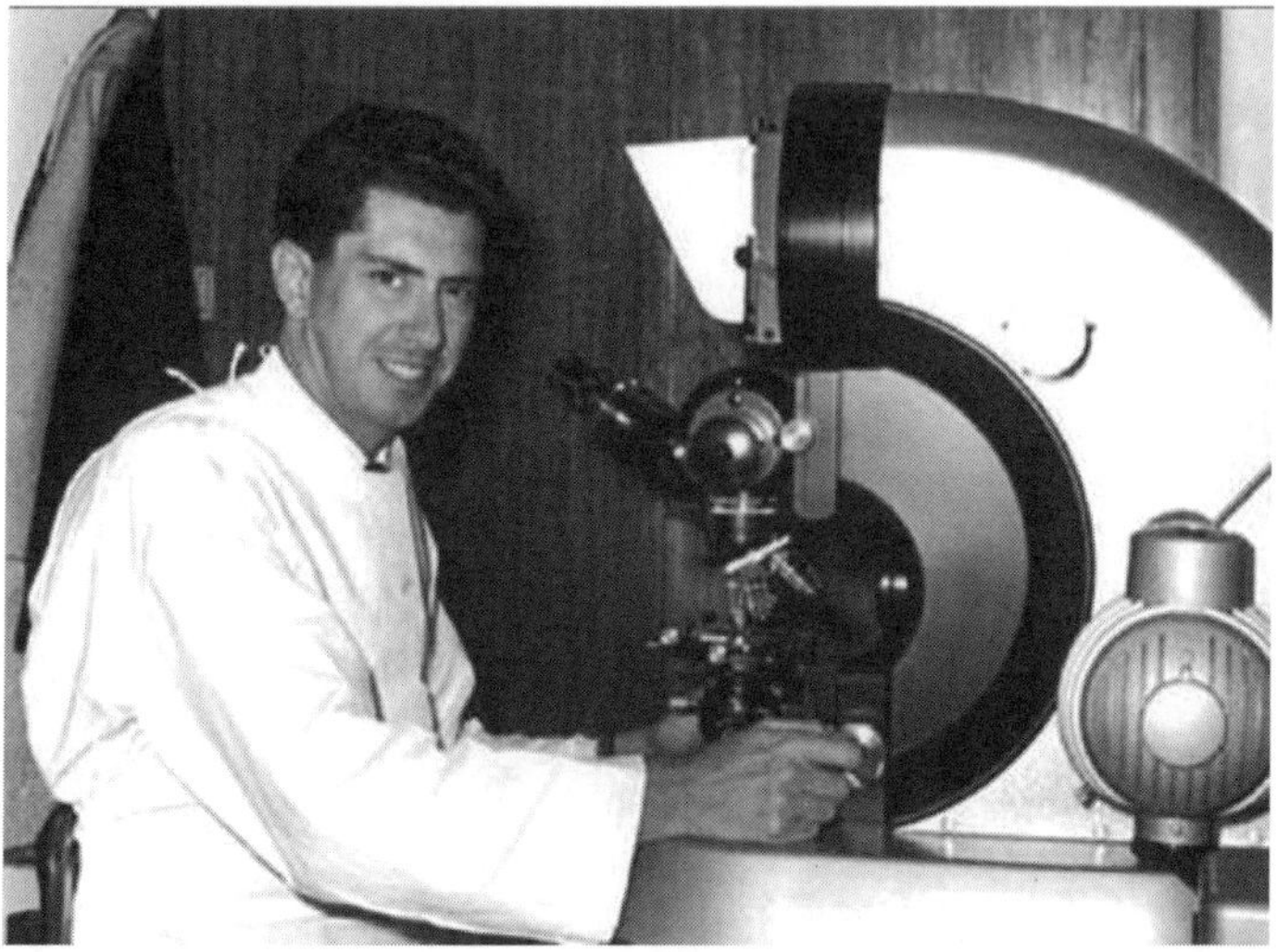

ジャック・F・A・P・ミラー〔文献25〕

るか調べる実験を行った。新生マウスの胸腺摘出の技術は成熟マウスに比べはるかに困難であったが、試行錯誤の末可能にした。胸腺のないマウスは離乳までは通常通りであったが、その後は消耗して死んだ。マウスの血液およびリンパ組織中のリンパ球は極端に減っていた。離乳前にそのマウスに別系のマウスの皮膚を移植すると拒絶反応は起こらなかった。マウスを離乳後も生かすための唯一の方法は新しい胸腺を移植することだった。以上を総合して考えると、胸腺は免疫機能の発現に中心的役割を担っていることである。これらの結果は一九六一年に発表された[1]。のちに、胸腺は成熟マウスでも役割を果たしていることがわかった。成熟マウスから胸腺を摘出するときにX線照射も同時に行って造血系細胞を破壊し、それから〔胸腺細胞を含まない〕骨髄細胞を移植しても、免疫機能の回復はひどく遅れたのだ。

　胸腺の中心的役割は、ロバート・A・グッドらによっても異なる系で確認された。彼は内科医としての初期の研修と、のちの研究者としての免疫研究をミネソタ大学医学部で行った。彼は一九五〇年代初期に、胸腺腫の患者は血中のリンパ球数と抗体がきわめて少ないことを見

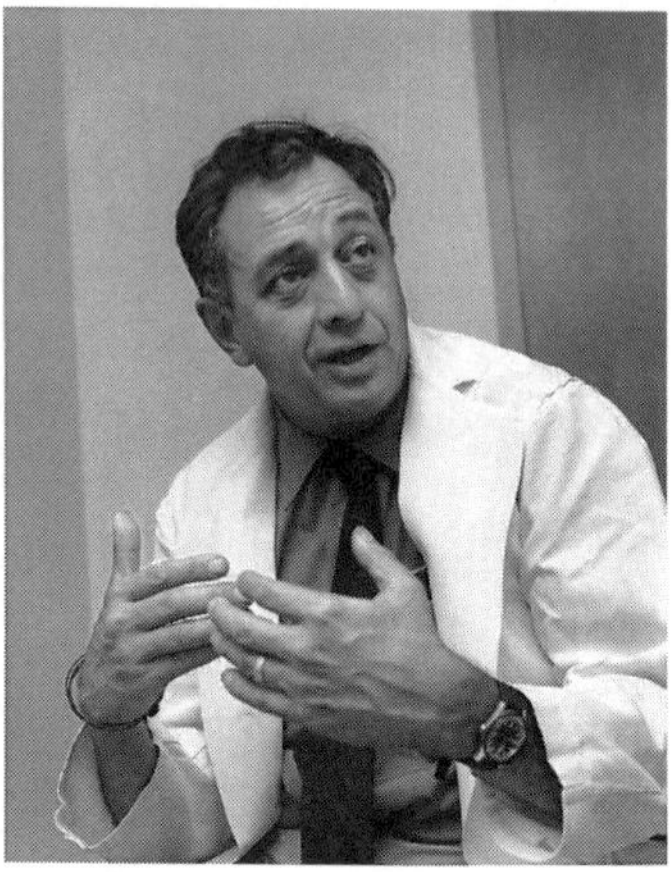

ロバート・A・グッド(1922〜2003年)

つけた。この最初の観察以来、胸腺腫や低ガンマグロブリン血症の患者はグッド症候群とよばれた。彼は胸腺の役割をウサギで証明しようとしたが、実験に失敗した。数年後にやっと胸腺の役割がマウスで確認できた。グッドは、ミラーと同時期に発見したが独立に行ったと主張した。しかし彼の結果が科学ジャーナルに発表されたのは一九六二年のことだった。[2] 胸腺の役割を証明した第三のグループもあった。ボストンのハーバード大学医学部のブラニスラフ・ヤンコビッチ、バリー・アーナソン、バイロン・ワクスマンである。彼らのデータは若干の遅れで一九六二年に発表された。[3] 三つのグループが並行して同じ重要な発見をするのは科学ではよくあることだ。時が熟して新しい基本的な概念がつくられるようだ。このような状況での重大な問題は、誰が先取権をもつかである。ノーベル委員会にとって、免疫系での胸腺の役割発見の優先順位をつけるのは難しい仕事であったに違いない。

一九五六年、オハイオ州立大学の博士課程の学生であったブルース・グリックは偶然の発見をした。孵化したばかりのニワトリのファブリキウス囊《のう》（総排出口近くにあるリンパ組織で、十七世紀のイタリアの解剖学者ヒエロニムス・ファブリキウスにちなんだ名）を除去すると、抗体産生が起こらなかった。これらのデータはグッドらによって確認された。のちにファブリキウス囊に相同なヒトの器官は骨髄であることがわかった。一九六八年までに、リンパ球は二種類あること（一つは骨髄／ファブリキウス囊から、他は胸腺からのもの）がわかった。時とともにそれらは短くB細胞、T細胞とよばれるようになった（提唱者は、オックスフォード大学バリオール・カレッジのイヴァン・ロイト）。Ｂ細胞は体液性免疫に関与し、Ｔ細胞は細胞性免疫に関与する。

リンパ球の分化と異なる機能をもつ細胞への成熟についての物語は非常に複雑である。一九六〇年以降の免疫学関係のノーベル賞を議論するために、現時点での知識を凝縮して述べたい。まずは炎症の過程について簡単に話そう。

局所感染が起こり炎症が生じると、局所での免疫応答である四つの現象が起こる。語呂のよいラテン語でカロール color（発熱）、ドロール dolor（疼痛《とうつう》）、ルボール rubor（発赤）、トゥモール tumor（腫脹）である。腫脹は局所での液体の貯留で、細胞がそこに浸出して疼痛が起こる。発赤は血液中の赤血球が出てきたものである。発熱は病原体を排除するために代謝が促進して起こり、多くの異なるリンパ球とたくさんの信号物質が関与する。炎症の目的は、組織をもとの状態に戻すことである。

われわれの体に侵入した細菌やウイルス（外来抗原）が粘膜の細胞に感染して近くの組織に広がるとき、さまざまな防御機構が活性化される。このことは前章で簡単にふれている。第一防御線はいわゆる非適応、自然免疫である。次は抗体と細胞が関与する適応、獲得免疫で、外来抗原に対し特異的に攻撃を開始する。一九六〇年代の終わりにミラーはジョージ・Ｆ・ミッチェルとともに、抗体応答にはＢ細胞を助けるある種のＴ細胞が存在することを明らかにした。これはヘルパーＴ細胞とよばれた。

ある種のリンパ球は、その表面に免疫グロブリン分子をもっていることがわかった。この分野での初期の先駆的な研究は、スウェーデン人免疫学者ヨラン・メラーによってなされた[4]。この発見はカロリンスカ研究所腫瘍生物学部門ゲオルク・クライン教授に提出されて、理学博士論文の一部となった。彼は医学校での私の同級生で、学年で最も優秀な男だった。広範囲の一般教育を受けており、私に正統文学を読むよう薦めた。兵役義務をともにした際にはトーマス・マンの『ブッデンブローク家の人々』を薦めてくれた。親友となり、一九五九年の私の結婚式では友人代表を務めた。彼の科学での業績は素晴らしく、研究は約十年間で著しく進展したが、のちにその勢いは止まってしまった。医学校の二年生が終わった後の休暇中に、一卵性双生児の相棒のグンナーがドイツで交通事故で亡くなった。この出来事は彼にとって深く精神的、さらには身体的なトラウマであったに違いない。このことが彼の挫折した経歴をどの程度説明するのか、私はいつも考える。一卵性相棒の死は自分の影を失うようなことだろうか。リヒャルト・シュトラウスとフーゴ・フォン・ホーフマンスタールの共作オペラ『影のない女』のように、芸術によくある隠喩である。

一九七五年、ヘルパーT細胞とは異なるT細胞があることがわかった。この新たに発見された細胞は他のある細胞を殺す能力をもつため、キラーT細胞とよばれた。この二つのT細胞は異なる細胞表面をもっている。T細胞は、胸腺でいろいろな種類へと分化し成熟することがわかった。一九七〇年代に蓄積した多くのデータをまとめると、B細胞は液中の抗原を認識するがT細胞は違うということだ。後者は、細胞表面に表示された抗原を認識する。その細胞とはマクロファージ、樹状細胞とよばれる抗原提示細胞やウイルス感染細胞である。ヘルパーT細胞は表面にCD4というマーカーをもち、キラーT細胞はCD8をもつ。さらに複雑なことに、これらの表面構造はもう一つの表面構造体であるT細胞受容体と一緒に働く。この受容体が反応する抗原構造の性質は長いあいだ謎であったが、前章で紹介したMHC（主要組織適合遺伝子複合体）であると判明した。しかしまた二つのT細胞には違いがあった。ヘルパーT細胞が反応するMHC分子はクラスIIで、キラーT細胞が反応するのはクラスIであった。この複雑な関係については、のち一九九六年のノーベル賞のところでまた戻ることにする。

B細胞、T細胞の発見はノーベル賞にならなかった

メダワーは自叙伝で、[5]一九五〇年代後半の免疫学の黄金時代について議論している。その時代、免疫寛容や移植片対宿主（graft vs host GvH）病が明らかかされた。彼は、この時代は「合成的発見に満ちていた」と述べている。前章で少しふれたように、合成的発見について次のように説明している。

《分解的発見（analytic discovery）とは、すでに存在することが知られている領域の地図を描くことである。たとえば、結晶構造をもっと理論的に考えられている分子の結晶構造を明らかにすることである。これとは反対に合成的発見（synthetic discovery）とは、その時点では存在が知られていない領域へ入ることである。その例は免疫寛容、GvH病や、リンパ球は赤血球と同様に循環している細胞であるというジェームズ・ゴワンズの発見である。もう一つの例はジャック・ミラーとロバート・A・グッドの発見で、さまざまな免疫反応に関与するリンパ球の成熟と発達には、胸腺が決定的に重要という発見である。》

メダワーはしばしば、T細胞の教育〔成熟、発達〕に果たす胸腺の役割の発見はノーベル賞に値すると主張した。彼の著作集[6]にある「科学の〈超エリート〉」という題名のエッセーで「胸腺の機能の解明が賞に値しないという考えはまったくおかしい」と述べている。そこで、なぜノーベル賞にならなかったのかと誰もが考えるだろう。ノーベル賞の推薦がメダワーや他からもあったのは確かだ。しかしその時期が一九七〇年代と八〇年代で、私はノーベル委員会メンバーであったためにコメントできない。この問題は将来の科学史家に任せるしかない。このエッセーは、成功した米国人科学者に関するハリエット・ザッカーマンの本[7]の書評である。この本には、ノーベル受賞者はもちろん非受賞者も含まれている。非受賞者は「科学の四一番目の椅子《いす》」を占めていると書かれている。四一番という表現は、ザッカーマンの亡き夫で社会科学の権威ロバート・マートンが使ったものだ。ちなみにアカデミー・フランセーズ〔十七世紀、ルイ十三世治下に設立〕の終身会員は四十人限定で、彼らは「不滅の存在」といわれた。したがって四一番目の椅子は存在しないのだ。一九六〇年代の免疫学の基盤的発見がノーベル生理学・医学賞にならなかったこと〔発見者の不滅の名が残らなかったこと〕は悲しむべきことに思われる。

医学生物学領域での発見とその研究者について科学史および社会学の視点から分析する際、ノーベル生理学・医学賞受賞者以外の学者も対象になる[8]。ノーベル賞にはならなかったが授賞候補になった学者〔ノーベル文書館で調べられる〕や他の賞の受賞者である。他の賞には、たとえばアルバート・ラスカー基礎医学研究賞〔米ラスカー財団〕、ルイサ・グロス・ホーウィッツ生物学・生化学賞〔米コロンビア大学〕、ホルガー&グレタ・クラフォード生物科学賞〔スウェーデン王立科学アカデミーが、ノーベル生理学・医学賞以外の領域、主として生態学から授賞者を選ぶ〕などがある。

免疫学の合成的発見をした科学者は、もちろんノーベル賞以外も受賞している。一九七〇年にグッドは、「免疫のメカニズムを理解するのにきわめて重要な貢献」でラスカー賞を単独で受賞した。その四年後にゴワンズとミラーはパウル・エールリッヒ&ルートヴィヒ・ダルムシュタッター賞を受賞した。翌年にはミラーの共同研究者であるミチソンが他の二人の免疫学者と一緒に同じ賞を受賞した。「他の賞を受賞したことは、科学界での最高峰であるノーベル賞につながるのか?」という疑問を抱く人もいるだろう。ノーベル賞は最高の賞として認められているので、最近になって創設された賞ではその受賞者がのちにノーベル賞を期待されるのは当然である。しかしながら、他での受賞がノーベル賞への一押しになっているのではない。カロリンスカ研究所ノーベル委員会での私の経験では、審査過程で他賞の受賞歴に言及はなかった。そこでの議論は候補者個人、発見の独創性、意義の大きさ、さらに発見の優先権が明白になっていることに焦点が当てられた。すでに述べたように、ノーベル賞とその他の賞の関係は一方向になっている。[9] ノーベル賞受賞者はのちに他の賞をもらわないのが一般的である。

メダワー著作集のもう一つのエッセー[6]の題名は、「斑点マウスという奇妙な事例」である。これは彼自身がその暴露に関わった科学詐欺の極端な事例についてである。不品行を起こした科学者ウィリアム・T・サマリンの名前からサマリン事件ともよばれる。彼はニューヨークのスローンケタリング癌研究所のグッド研究室に所属していた。黒色の純系マウスの皮膚片をある時間ガラス瓶で培養すれば、白色の純系マウスの皮膚に定着すると発表した。しかし、サマリンは白マウスの皮膚に黒い斑点を塗っていたことが判明したのだ! のち「マウスのペンキ屋」は、科学で詐欺を働いた者の通称となった。サマリンの不正行為が暴露されたことはもちろん彼の経歴に悲惨な効果を及ぼしたが、同時に研究室責任者であったグッドに対して影響が及んだ。グッドの終身雇用権は一九七四年に取消された。彼の名声は汚され、ノーベル賞候補者として彼や他の科学者にいかなる影響を及ぼしたかとの問いが残されている。

　科学の詐欺はまれである。その理由は単純である。科学の結果は同業の科学者によって再現されることが絶対的に要請される。それゆえ科学者の社会には、研究仲間という適任の陪審員がたくさんいることになる。不正をしようとする者は厳しく裁かれる。サマリンのような行動をする者は永久に罰を下される。その指導者もまた烙《らく》印を押される。なぜならば、科学者を育成するときには正直さをしっかりと教育することが絶対だからだ。ハワード・ガードナーらが定義したよい仕事とは[10]、eで始まる三つの単語（excellence 卓越、ethics 倫理、engagement 約束）であることを強調しなければならない。これは特に科学研究に対していえることだ。

抗体の基本構造

一九六〇年代初期、化学技術の進歩によって抗体の構造がより詳しくわかるようになった。ウプサラ大学教授アルネ・ティセリウスによって開発された電気泳動法を使って、抗体を含む血清タンパク質のガンマグロブリン分画が分離された（ティセリウスに関しては第5章で詳しく述べる）。最も一般的な抗体で分子量が一番小さなもの（7S IgG、免疫グロブリンG）の化学的性質は、ニューヨークのロックフェラー大学のジェラルド・M・エーデルマンとオックスフォード大学のロドニー・R・ポーターによって明らかにされた。単位Sは沈降係数を表し、ウプサラ大学教授のスベドベリ（Svedberg）の頭文字に由来する。彼は超遠心技術の父であり、一九二六年ノーベル化学賞を受賞している（テオドール・H・E・スベドベリについても第5章で述べる）。

　エーデルマンはニューヨークの公立学校で初等教育を受け、ペンシルベニア大学医学部へ進み医師となった。インターンはマサチューセッツ総合病院で行い、さらにパリのアメリカン病院で臨床経験を積んだ。彼は長いあいだ、音楽と医学のどちらへ進むか迷っていたが、最終的にバイオリンでなく科学を選んだ。一九五七年、ロックフェラー研究所のヘンリー・クンケル研究室で研究を

ジェラルド・M・エーデルマンとロドニー・R・ポーター(1917〜1985年)，1972年生理学・医学賞受賞者〔1972年ノーベル賞年鑑〕

始めた。クンケルはすでに骨髄腫タンパク質の先導的な研究を行っていた。このタンパク質は、抗体の分子構造を明らかにするのに決定的な材料であることがのちにわかった。エーデルマンは一九六〇年に理学博士論文を提出した後、自分の研究グループをつくり、たちまち分子免疫学で目立つ存在となった。

ポーターはフレデリック・サンガーの研究室で教育を受けた。サンガーはノーベル化学賞を二度受賞した唯一の科学者である（文献9第7章）。ポーターはサンガーの最初の博士課程学生であったが、第二次世界大戦に従軍したので研究の開始は遅れ、サンガーより若干年上であった。サンガーはすでにインスリンのアミノ酸配列決定の技術を開発しており、これで彼の一つ目のノーベル賞を受賞した。ポーターが一九四八年に提出した理学博士論文でこの技術は重要であった。同じ年に彼は抗体構造の研究を始め、その後たくさんの成果をあげた。彼はノーベル賞講演で[11]、ランドシュタイナーの本『血清学的反応の特異性[12]』を読んで刺激されてその研究を始めたことを述べた。

エーデルマンとポーターはIgG抗体の構造を明らか

にした。ポリペプチド鎖は二種類あり（分子量の大きいものはＨ鎖、小さいものはＬ鎖）、二つの鎖は複数のジスルフィド（Ｓ－Ｓ）結合でつながれている。Ｎ末端側のアミノ酸変異は大きくこの二つの鎖で「抗原結合領域」を形成する。さらに二本のＨ鎖同士が「定常領域」で結合しており、ＩｇＧ抗体分子全体ではＨ鎖、Ｌ鎖が二本ずつとなり、抗原結合領域は二箇所（二価）となる。

この二人の科学者は、異なる手段で抗体構造を調べた。エーデルマンはジスルフィド結合を壊してポリペプチド鎖を分離した[13]。彼はまた「自然の実験」をうまく利用した。骨髄腫の患者はその尿にある種のタンパク質を分泌することが昔からわかっていた。この現象は一八四七年にヘンリー・ベンスジョーンズによって観察されており、ベンスジョーンズタンパク質とよばれていた。エーデルマンらは巧妙な実験でこのタンパク質は骨髄腫ＩｇＧのＬ鎖であることを示した。一方、ポーターは異なるやり方を使った。彼は抗体分子をタンパク質分解酵素で部分的に分解した。最終的にＩｇＧ抗体の基本構造はエーデルマンとポーターのデータを結びつけて明らかになった。二人は「抗体の化学構造に関する発見」

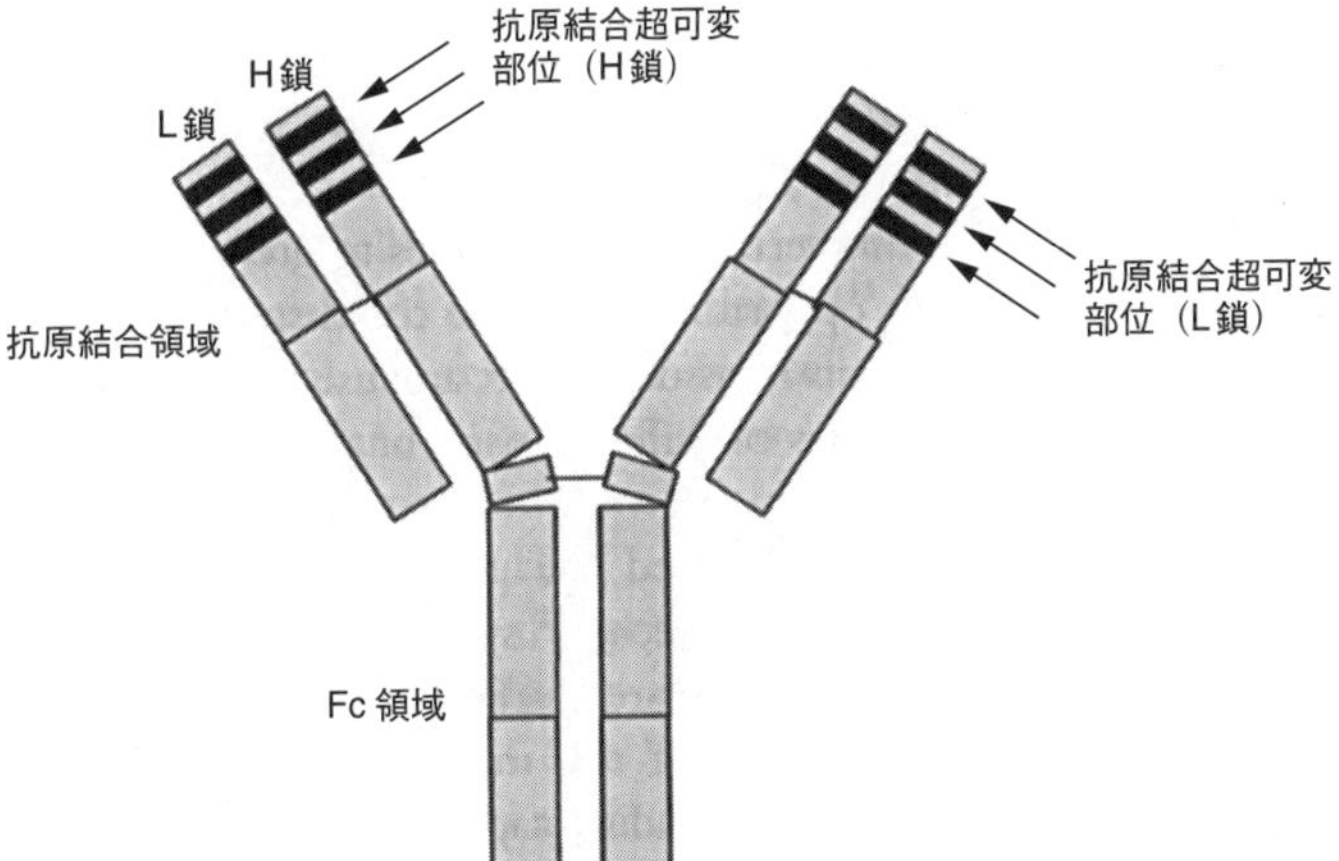

IgG 抗体の構造

でノーベル賞を共同受賞した。

のちに、抗体はさらに四種類あることがわかった。それらの基本構造は似ているが機能が異なる。一つの例はIgMである（Mは「macro 大」を表し、IgG類似分子が五つ結合したもの）。この抗体は免疫応答の初期に出現するものである。他の例はIgA抗体で、IgG類似分子が二つ結合したものだ。粘膜表面に分泌されて局所免疫の役割を果たす。

この賞の決定直前に、あるうわさが流れたようだった。私宛に「クンケルが入っていない賞などあるべきでない」という国際電話がかかってきた。しかし私は当時、賞の審査にいかなる影響力もなかった。一九七二年は私の前任者ガードがノーベル委員会の委員を務めた最後の年だったのだ。彼は教授の職にあった二四年間ノーベル委員会の仕事に深く関わった。一九七二年の賞にはクンケルは含まれず、ノーベル賞授賞式でエーデルマンとポーターを紹介したのはガードであった。この権威ある役を果たしたのは五回目で、かつ最後の機会であった。記録的な数である。

一九九九年、メルボルンでのバーネット生誕百年記念シンポジウム（前述）の講演で、私は昔エーデルマンから聞いた小話をはさんだ。一九六〇年代中ごろ、バーネットはロックフェラー研究所（一九六五年に名称が「大学」に変更された）のエーデルマン研究室で抗体化学の最新の成果を聞き、次のようにコメントしたそうだ。「なぜ貴殿はそのような研究をするのか？　クローン選択説は正しい。化学の研究はそれを複雑にするだけだ。」

一九七二年にスティグ・ラメル男爵がノーベル財団の理事長になり、二十年間その役を務めた。彼が最初に生理学・医学賞の賞金を授与した相手は、エーデルマンとポーターであった。彼はエーデルマンと親交を深め、自叙伝で彼について述べている。[14] 次の引用箇所の直前で「ノーベル賞受賞者に占める割合は、東欧のゲットー〔ユダヤ教徒居住区〕出身者が圧倒的に大きい。そこはノーベル賞〈根源の地〉である」と書いた。ラメルの文章（原文はスウェーデン語）を次に示す。

《私にとって最も印象的であった自然科学者は、ジェラルド・エーデルマンである。彼は一九七二年のノーベル医学賞を受賞し、私が親友と喜んでいえる人物である。両

スティグ・ラメル男爵(1927〜2006年)

親はこの〈根源の地〉から米国へ移住した。彼は指導的な科学者であり、脳研究での革命的な研究で二回目のノーベル賞受賞へ進んでいると多くの人からいわれている。それだけでなくフランス文学の専門家であり、もし音楽を専門にしていたらプロのバイオリニストになっただろうといわれている。素晴らしい演説者であり、話すことが好きである。しかし対話者のレベルが低くても、それを彼のレベルまで上げるように話す。自分の意見を押し通さない。ユダヤの物語やたとえ話を出して、難しい質問を明確にしながら話す。現在、彼は優雅で洗練されたニューヨーク市民にみえる。しかし、もし昔ゲットーが破壊されなかったならば、彼は遠い東欧にあるユダヤ教聖職者学校の先生になっていたかもしれない。》

ポーターは免疫学の研究を続けたが、エーデルマンは免疫学から神経科学へと転身した。ポーターはオックスフォード大学で教授を続け、一時期王立協会の会長も務めた。会長としての演説で「科学には二つの種類がある。応用と未応用の科学である」と述べた。これはしばしば引用される文言である。彼は一九八五年、交通事故で亡くなった。

エーデルマンは神経科学の研究を一九七〇年代終わりに始め、一九八一年にロックフェラー大学に特別研究室をつくった。一九九三年にはカリフォルニア州ラホヤへ移動した。当初は仮設の建物で、一九九五年にスクリップス研究所構内の新設棟へ移った。その開所式でラメルは基調講演の演者の一人を努め、私も参加できるという光栄にあずかった。皆が建物を称賛した。なかでも付属ホールの音響効果は素晴らしく、ニューヨークのジュリアード弦楽四重奏団によるユニークな演奏にはもってこいの場所だった。誰もが演奏に聴き入った。エーデルマンを満足させるのは最高のものだけだった。このホールは現在ラホヤ地区で演奏会の場所として親しまれている。

私は一九九七年に神経科学研究所の訪問研究員となって以来、エーデルマンとの長年の交流は豊かな経験になった。研究所では意識の生理学的基礎を理解するために、いろいろな面からの研究が行われていた。ラメルが言ったようにエーデルマンとの議論はいつも心を広げてくれるものだった。いかなる主題にも彼の洞察は広く、記憶力も抜群で、毎回の討論は楽しい冒険のようであった。

抗体タンパク質を電気泳動すると、その泳動パターンは不均一である。バルーフ・ベナセラフ（後述）はタンパク質に低分子の化学物質（ハプテン）を結合して動物を免疫し、ハプテンに対する抗体をつくった。共同研究としてエーデルマンらが抗ハプテン抗体のL鎖を電気泳動にかけたところ、三〜五本の鋭いバンドが見られ、不均一性は限られたものとなっていた。またそのバンドはハプテンの性質によって変わった。エーデルマンがノーベル賞講演[13]で話した結論は、「特異性の異なる抗体の構造は異なり、かつ不均一性は限られている」であった。この知見は、一種類の免疫細胞からつくられる抗体は均一であることを示すものである。

一リンパ球―一抗体

バーネットのクローン選択説は、一つの免疫細胞は一つの特異性をもった抗体のみを産生すると予測した。しかしそれが実験的に証明されるまでに若干の時間がかかった。B細胞多集団より産生される抗体を電気泳動すると、異なる泳動度の集団なので明確なバンドは見られない。一方でB細胞クローンを分離して、そのクローンから抗体を産生させて泳動を行うと、限られた数のバンドが見られるようになる。またこの種のリンパ球の腫瘍（骨髄腫）は単一の抗体タンパク質をつくる（通常その抗体活性は未知である）。

前章で簡単に述べたように、脳は免疫学的に特殊な場所である。健康な状態では脳へのリンパ球の出入りは限られている。このため、脳内での局所免疫応答の性質は全身と異なる。非常にまれな例として、麻疹の後何年もしてから不完全ウイルスが持続して致死的な脳炎を起こすことがある。この病気は亜急性硬化性全脳炎（SSPE）とよばれ、麻疹ワクチンが普及した現在ほとんど消滅した病気である。この患者の脳脊髄液中の抗体の電気泳動パターンは、同じ患者の血清中抗体とは異なる。ガンマグロブリン領域では何本かのバンドとなり、オリゴクローナルIgGとよばれる（オリゴは少数を表す）。

　私は貴重な友人かつ学問の同僚であるオスロ大学神経学教授ボドヴァー・ヴァンドヴィクと一緒にSSPE患者髄液中のオリゴクローナルIgGバンドのウイルス特異抗体活性を調べた。するとバンドごとに異なるウイルス成分に対する抗体があることがわかった[15]。われわれは、このデータを米国の権威あるジャーナル『*Proceedings of the National Academy of Sciences* 米国科学アカデミー紀要』（*ProNAS*《プロナス》）に発表した。アカデミー会員でない場合には正会員を介して投稿しなければならない。そこで、外国人正会員であるマルメ（スウェーデン南部の都市）の医学教授ヤン・ワルデンストレームに原稿を読んでほしいと頼んだところ、彼は親切にもそのジャーナルに紹介してくれた。彼は抗体に関して先駆的な仕事をしており、この役に適していた。彼は、彼の名がついたワルデンストレーム・マクログロブリン血症という病気の発見者である（この病気については49ページで述べた）。この病気は骨髄腫の特殊形であり、均一な巨大抗体分子IgMをつくるというユニークな性質がある。

　免疫細胞の一クローンは一抗体のみをつくることは時代とともに確立された事実になったが、これを利用して特定の特異性をもつモノクローナル抗体をつくることは、当時夢のような話であった—その数年後までは。

　一九七五年、ケンブリッジの医学研究評議会（MRC）分子生物学研究所の訪問研究員であったジョルジュ・J・F・ケーラー〔当時二九歳〕は、その研究所主任であるアルゼンチン出身のセーサル・ミルスタインと共同で論文を発表した[16]。それは免疫学や他の領域に革命を起こす免疫学的技術であった。免疫グロブリンをつくらないマウス骨髄腫細胞を選び、その細胞と特定の抗原で刺激したマウスの脾臓細胞とをポリエチレングリコールを使った簡単な操作で融合させる。その融合細胞の懸濁液

ジョルジュ・J・F・ケーラー（1946～1995年）とセーサル・ミルスタイン（1927～2002年），1984年生理学・医学賞受賞者〔1984年ノーベル賞年鑑〕

を薄めて培養用プラスチックプレートの穴にまき培養液を加える。一個の細胞が増殖してつくる集落は一つのクローンである。各クローンは単一の特異性の抗体を産生することがわかった。特定の抗原（たとえばあるウイルスタンパク質）に対して抗体をつくるクローンを選んで培養する。特異抗体をつくる不死化した細胞は「ハイブリドーマ」と名付けられた。この技術はウイルス構造の抗原性を研究するだけでなく、多くの研究分野で非常に重要な道具となった。

　このハイブリドーマ技術は目を見張らせる革命的な発見とみなされ、一九八四年の生理学・医学賞となった。ノーベル委員会とノーベル議会はこの機会に数年遡ったイエルネの貢献（78ページ）も認めた。この三名に対して「免疫系の発達と制御の特異性に関する理論、およびモノクローナル抗体産生の原理の発見」で賞が授与された。

　ケーラーはノーベル賞講演でハイブリドーマ技術について話した[17]。彼はフライブルクの有名な免疫学者フリッツ・メルヒャースのもとで教育を受けた。大学院修了後にハイブリドーマ研究をロンドンのミルスタインと行った後、世界的に有名なバーゼル免疫学研究所で十年間過ごした。最終的には一九八四年にフライブルクに戻り、マックスプランク研究所免疫学&エピジェネティクス部門長となった。しかし彼の免疫学での黄金の日々は再来せず、一九九五年には重度の心臓疾患によって四八歳で夭折《ようせつ》した。

ノーベル賞講演でケーラーの指導者であったミルスタイン[18]は、免疫学分野で彼が幅広く関与したことについて述べた。ハイブリドーマ技術は最も華々しいものであるが、そのうちの一つである。講演の主要な部分は、骨髄腫タンパク質の研究と抗体多様性の遺伝的起源（後述）に関してであった。彼は感謝の辞で講演を終えた。引用に値するその最初のパラグラフを次に示す。

《ハイブリドーマ技術は基礎研究の副産物であります。実際の応用でうまくいったのは、科学研究の期待、予測できない性質の結果であることが大きいのです。それゆえ商業や医学にすぐには役立たないと思われた研究への投資が、実際は役立った明白な例です。それは、好奇心のために自然を理解しようとする意欲に誘発されただけの内々の熟考から生まれたものです。医学の進歩に基礎研究が重要だと考えた英国医学研究評議会の手柄でもあります。われわれが、この方策を進めている人々の小さなグループに属していることに喜びを感じます。》

この洞察に満ちた感想に対してたくさんの意見があるだろうが、ハイブリドーマ技術の特許は申請されなかったということで十分だろう。金への貪欲は質の高い科学の原動力にはならないのだ！

一つの抗原は多数の抗体を選択する

ケーラーはノーベル賞講演を次のように始めた。「一匹のマウスのBリンパ球は一千万種の抗体をつくります。そして約千種の抗体が一つの抗原決定基を認識できます。」この数字をそのまま正しいとする必要はない。マウス一匹が何種類の抗体をつくるのか誰にもわからないし、その絶対数は必須の情報ではない。重要な点は、いかなる種類の抗原もある程度の精密さで認識され、つくられた多数の抗体のうちのほんの少数が、たとえば侵入する病原体の防御に働く。ある抗原決定基に反応する抗体の種類の数に関しても、その数は抗原の性質によって変わる。繰返しになるが、重要な生物活性を干渉する抗体の種類の数を知ることは本質的に重要ではない。重要な抗体活性とは、細菌またはウイルスの増殖をブロックするものである。

抗体とはいかなる化学的構造に対してもつくられるものだ。話を簡単にするために、以下の議論ではタンパク質抗原に絞る。異なるタンパク質をつくるポリペプチド鎖のサイズは大きく異なる。通常、数千のアミノ酸を含んでいる。四十個以下のアミノ酸ならばペプチドとよばれる。あるタンパク質で免疫してつくられる抗体の多様性をハイブリドーマ技術で調べると、反応の特異性には大きな違いがあることがわかった。二つのハイブリドーマが同じ場所（ポリペプチド鎖の同一のアミノ酸配列部位）に反応することはまれである。エピトープとよばれる部位では他より抗体を大量につくらせる。免疫原として優勢なエピトープを調べる技術が開発され、その部位に反応する抗体の生物学的な重要度（たとえばウイルス活性を中和する能力）を調べることができる。

あるタンパク質が特異抗体産生を刺激する能力は、ポリペプチド鎖が折りたたまれてつくる複雑な三次元構造に依存すると考えられてきた。しかし最近これは正しくないことがわかった。驚くことに、ポリペプチド鎖の短い断片が免疫原（抗体産生を刺激するもの）としても、抗原（以前のウイルス感染などでつくられた抗体と結合するもの）としても働いていたのだ。抗原がタンパク質である場合には、抗原抗体反応をより洗練された形で分析することができるようになった。これは「合成ペプチド技術」とよばれる。この技術を使う場合には、タンパク質のアミノ酸配列がわかっていることが必要である。その配列は遺伝子の塩基配列から間接的に決定されている（文献9 第7章）。いったんアミノ酸配列がわかれば、十〜十五個のアミノ酸長の一部重複するペプチド片のセットを合成できる。このようなペプチドは抗原として使える。さらにこれを他のタンパク質と結合すれば免疫原としても使える。抗体測定にペプチドを使うこと（部位特異血清学とよばれる）は、非常に広い範囲に応用されている。以下はその一例であり、国を越えた科学協力の例である。

二十世紀初め、二種類のヒト免疫不全ウイルス（ＨＩＶ）による感染症（エイズ）がアフリカで発生した。現在三千万人以上が感染しているウイルスは１型（ＨＩＶ-１）である。このウイルスの起源はアフリカの赤道領域に棲むチンパンジーである。驚くことにほぼ同じ時期に、似たウイルスＨＩＶ-２による流行があった。このウイルスの起源はまったく異なり、自然界での宿主は西アフリカに棲む旧世界ザルの一種スーティ・マンガベイである。このサルはサル免疫不全ウイルス（ＳＩＶ）に感染しているが症状はない。このウイルスがヒトにうつると病気を起こす。このウイルスはＨＩＶ-１と同様に人から人へとうつるが、症状は軽い。ある型のＨＩＶに感染している人は、他の型のＨＩＶ感染を妨げることはないが、病気の症状に互いに影響を及ぼす可能性がある。特に最初に２型に感染していると、後から１型に感染しても症状が軽い。それゆえ感染ＨＩＶの型を区別し、さらに二つのウイルスに対する抗体を別々に測定することが重要である。われわれは、後者の問題に次のように対処した。

一九八六年、サンフランシスコであった丸一日のエイズ会議に私は出席した。そこにはエイズ研究の指導者たち、ロバート・Ｃ・ギャロ、ルク・モンタニエ、ジェイ・Ａ・レヴィーなどが出席していた。このとき私は合成ペプチド技術になじみがあった。リチャード・ラーナーと共同研究をすでに行っていたのだ（彼はその一年後にラホヤのスクリプス研究所の所長になった）。この技術を使って私たちはＨＩＶ-１に特有のエピトープ（抗原決定基）を膜貫通型タンパク質の中に見つけていた。問題は、これに相当するエピトープがＨＩＶ-２にもあるかということだった。私は、ギャロのグループがＳＩＶ（すなわちＨＩＶ-２）遺伝子の塩基配列を決定したばかりであるといううわさを聞いた。ギャロはその情報を公表前に私に提供してくれ、私はそれを持ってサンフランシスコからラホヤへ行った。ラーナーとジョンソン・エンド・ジョンソン・バイオテクノロジーセンターのエリオット・パークスと一緒に、ＨＩＶ-１のエピトープに相当する部分の塩基配列を探しあてた〔両型でわずかなアミノ酸の違いがある〕。各型それぞれの十五アミノ酸ペプチドを合成してストックホルムへ持ち帰り、各型に感染している患者の血清を使い各型ペプチドに反応する抗体が含まれるか調べた。この仕事はグンネル・ビベルフェルドと共同で行った。彼女は医学校で私の同級生で、アフリカでの広いフィールドワークの経験をもつHIV研究者である。彼女の試験結果は目を見張るもので、これらペプチドは両型の抗体を区別したのだ。一週間以内に原稿を仕上げ、科学ジャーナル『ネイチャー』に投稿し、掲載された[19]。この結果をひねって解釈すると、HIV-2抗体を検出できるペプチドのアミノ酸配列の一部には、西アフリカ起源のウイルスであるという暗号が組込まれていたのである。そのアミノ酸配列はアラニン-フェニルアラニン-アルギニン-グルタミン-バリンであり、それを一文字アミノ酸記号で表すとAFRQ Vとなったのだ！〔QをOとみなすと、AFRO Virusとなる。〕

抗体多様性はくじ引きでつくられる

いったん遺伝子構造を記述する技術が開発されれば(文献9第7章)、抗体多様性の起源を調べることが可能になる。ミルスタインはこの種の研究についてノーベル賞講演で言及した[18]。日本人科学者の利根川 進がこの領域のパイオニアで、彼の研究が暗い場所を照らした。他の多くのノーベル受賞者と同様に、彼も他の受賞者との直接的あるいは間接的な接触によってインスピレーションを受けた。利根川の両親は彼が良質な教育を受けることを望み、一九五九年に彼は京都大学の化学教室へ二十歳で入学した。当時日本は二つに分裂していた。一時的な米国の覇権を受入れようとする保守派と、日本が独自の道をたどることを理想とする左派である。そして日米安全保障条約が十年間延長となったとき彼は同世代の人々と同様に敗北感をもち、化学エンジニアではなく学問へ進むことを決心した。そうすれば彼は自国により強い影響を与えられると考えたのだろう。皮肉なことに、彼は日本ではなく米国とヨーロッパで経験を積んだ。

利根川はフランソワ・ジャコブとジャック・モノーのオペロン説を読んで分子生物学に興味を抱いた。この説は一九六五年のノーベル生理学・医学賞に選ばれている。彼は京都大学ウイルス研究所の渡辺 格《いたる》研究室で研究を始めた。それほど経たずして渡辺は、分子生物学を真剣に学ぶならば京都でなく米国で将来を試すことを勧めた。彼はカリフォルニア大学サンディエゴ校（ＵＣＳＤ）生物学部門の大学院生として受入れられた。林多紀《まさき》研究室でバクテリオファージの分子生物学の技術を学び、一九六八年に理学博士号を取得した。しばらくその研究室で過ごした後、ソーク研究所のレナート・ダルベッコの研究室へ移った。ダルベッコは動物腫瘍ウイルス学者として有名で、一九七五年のノーベル生理学・医学賞を受賞している（文献９ 第３章）。利根川はフルブライト奨学金を受けて滞在していたので、ビザの理由で二年間米国から離れる必要があった。これは幸運であった。というのは、ダルベッコがスイスのバーゼル免疫学研究所（イエルネが所長）へ行くことを勧め、彼はそこに十年間滞在できたのである。

利根川 進，1987 年生理学・医学賞受賞者〔1987 年ノーベル賞年鑑〕

研究所にはイエルネやケーラーをはじめ多くの優秀な学者がいて、刺激的な環境であった。利根川は当初、ダルベッコ研究室で始めたサルの腫瘍ウイルスＳＶ40の研究を継続する計画だったが、そうはならなかった。彼自身ノーベル賞講演[20]の冒頭で、「一九七一年の冬、私はヨーロッパ中部にある小さな町で免疫学者に囲まれていました。」と述べている。そのため彼は免疫学者になった。熱心な同僚が彼に抗体多様性の遺伝的起源の大論争を紹介した。この領域の問題解明への実験的手段は、一九七四年から一九八一年にかけて急速に進展した。利根川の言をまた引用すれば、「われわれ全員が懸命に働き、とても充実していました。」この環境でイエルネの強い支持を受けて、彼は免疫学の分野での指導的科学者となった。サルヴァドル・ルリア（一九六九年の生理学・医学賞受賞者[9]）に招かれて一九八一年に米国へ戻り、ボストンのマサチューセッツ工科大学（ＭＩＴ）癌研究センターの教授になった。そこで免疫学の興味を広げ、Ｔ細胞受容体の認識構造の多様性の遺伝的基盤の研究も行った。

一九八七年、利根川はノーベル生理学・医学賞を受賞した。その題目は「抗体多様性を生み出す遺伝的原理の発見」である。彼の発見の概略を次に述べる。

幼い免疫細胞が胚分化の途中で（または生後すぐに）成熟するとき、将来の抗体タンパク質の一部を発現する遺伝子部分に修飾が起こる。たとえば免疫グロブリンＨ鎖の抗原結合部位のアミノ酸配列のもととなるＤＮＡ塩基配列は、（ゲノムの中のある三つの区域には多数の小断片があり）各区域から一断片ずつがくじ引きのように取出されて、その三つがつながってできたものである。こうして一個体が数千万種類の異なる抗体をつくることができる。このランダムな断片の組合わせは「組合わせ多様化[20]」とよばれる。

抗体産生の機構には、もう一つの巧妙な仕組みがある。体内に外来抗原が入ってきたとき、既存の自然抗体とぴったり結合するわけではない。つまりその結合力〔親和性〕は弱い。免疫細胞表面にある既存抗体と外来抗原とが結合すると、その細胞の核へ信号が送られＤＮＡ超変異作成メカニズムを活性化する。細胞がさらに分裂するとき、親和性がやや異なる抗体をつくる細胞のサブクローンが生じる。抗原に最もぴったりと結合する〔親和性の最も高い〕抗体をつくるサブクローンが最終的に最も大量に殖える。これが個体での免疫応答である。この仕組みは体内で起こる小さな進化ともいえる。〔抗体の親和性が徐々に高まることを「抗体親和性の成熟」という。〕またＴ細胞受容体でも、抗体産生における組合わせ多様化と同様な現象が起こっている（後述）。

利根川の受賞後の経歴は興味深いことにエーデルマンに似ている。二人とも免疫学を離れて神経科学へと移った。彼らはヒト脳科学の伝説の聖杯（つまり意識）の理解に焦点を当てた。利根川はＭＩＴの神経回路遺伝学センター長となり、のちに日本に戻って一部の時間を埼玉県和光市にある理化学研究所脳科学総合研究センターでの監督指導にあてている。

抗体は細胞内へ入れない

抗体は細胞外またはその表面に露出した物質に対して影響を及ぼす。抗体は細胞内部へは入れないので活性発現には制限がある。体液中では抗体はウイルスの感染性を中和し、また細菌がつくる毒素の働きをブロックできる。特殊条件下では細胞膜抗原に結合して細胞に働き、細胞を壊す。これは細胞膜に孔を開けることで起こる。これにはボルデーによって発見された複雑な補体系の助けが必要である（前章）。しかしながら、免疫系がウイルス感染細胞を攻撃し破壊するには、別のメカニズムが必要である。細胞内で新しいウイルス粒子ができる前にその細胞への攻撃が起こることが重要なのだ。抗体はそのような免疫学的効果をもたないので、他の防御機構、すなわち細胞性免疫の活性化が必要である。細胞性免疫の例は前章で述べたように、移植片拒絶反応やツベルクリン反応である。Ｔ細胞のさらなる研究で前述のような非常に複雑な関係が明らかになった。二つの原理があり、それを要約する。

一、免疫系に属していても抗体をつくらない細胞が種々あり、その特徴として、すべての細胞が細胞膜に組込まれた異なる形の免疫グロブリン（Ｉｇ）様分子をもつ。そのような膜タンパク質は一つの上科（スーパーファミリー）に属する。

二、すべての種類のＴ細胞は、抗原全体でなく小さく分解された断片を認識する。この現象は体液性および細胞性免疫の両方に根本的に重要である。

抗体産生は抗原、抗原提示細胞、ヘルパーＴ細胞、Ｂ細胞が協働して関与する複雑な相互関係に依存している。抗原提示細胞は抗原を取込み、それを小さいペプチド断片にする。この断片は細胞表面にある免疫グロブリン様構造であるＭＨＣ（主要組織適合遺伝子複合体）分子と結合する。このペプチド＋ＭＨＣ分子がＴ細胞に提示されて、Ｔ細胞の活性化をひき起こす。一方Ｂ細胞は表面の抗体受容体に結合した抗原を細胞内に取込み、細胞内でペプチドに分解し、その断片はＭＨＣと結合して細胞表面に提示される。ヘルパーＴ細胞がこのＢ細胞を認識して刺激を与え、Ｂ細胞が抗体をつくり始める。抗原を断片化する必要があるという発見は科学者にとって驚きであった。右記以外の機能をもつT細胞についてはのちに述べよう。

ノーベル議会と影響力ある書記

ノーベル賞授賞者の最終決定の責任は、一九七九年、カロリンスカ研究所教授会からノーベル議会へ移った。その移行時、全六五人の教授は自動的に議会に移行した。議会の最終的な定員は五十人に固定されたので、教授の定年退職や転職などで欠員が出るまで長い時間がかかった。一九八五年、ついに初めて新しい議員が選ばれた。

すでに一九七〇年代中ごろ、十人の臨時委員を含むノーベル委員会と教授会（ノーベル議会）とのバランスが崩れ始めていた。この問題は委員会が相対的に優位な立場にあるということから生じたものだ。委員会は力と権威があるベリエ・ウヴネースをはじめとする教授たちに導かれており、委員長と書記は活発に行動した。書記のヨラン・リリストランドが非常に長い期間の役目を果たした後、一九六〇年にウルフ・フォン・オイラー（前章）がその役を継いだ。一九六六年には無菌動物研究室の教授ベングト・グスタフソンがフォン・オイラーと交代した。オイラーがノーベル賞候補になりつつあったからだろう。グスタフソンは非常に有能な管理者で、当時しばしばスウェーデンの「ミスター医科学」とよばれた。彼はノーベル委員会の活動を監督し、それを大幅に改善し、他の二つの組織の中心的な管理責任ももっていた。一つは医学研究会議で、当時は政府からの研究費の配分をする機関であった。もう一つはスウェーデン癌協会であり、ここは癌研究への支援をする民間のおもな機関であった。私は後者から一九六六年から一九七二年まで奨励賞をもらい、発癌ウイルスとみなされていたアデノウイルスの免疫生物学とその構造成分の研究にその研究費を自由に使うことができた。

グスタフソンは委員会その他の管理をこなしていただけでなく、特殊な装置を必要とする、世間の注目を集める研究を行っていた。彼は微生物と接触しない環境で無菌マウスを繁殖させた。マウス新生仔を帝王切開で取出し、殺菌した餌を使って無菌環境で育てた。この環境で育てるといろいろな結果が起こるが、なかでも免疫系の発達が貧弱であることがわかっている。

　人間は動き回る社会にいる。われわれは何十兆個もの細胞から成り立っているが、体の表面（腸管や皮膚）にはその十倍もの数の微生物がいる。これらの微生物がもつたくさんの機能は最近になってわかり始めており、その一つは免疫系を活性化させることである。近代になって導入された衛生対策は、われわれが病原体に曝露されるリスクを減らすという有益な効果をもたらした。公衆衛生が改善された一方で、文明国では十九世紀後半からポリオが流行した。〔生活環境がきれいになるとポリオ感染が高年齢になってから起こり、その場合は麻痺発生率が高まる。〕さらに過剰な清潔さはアレルギー疾患の増加にもなっていると議論されている。これは、免疫系の生後間もないころの自然刺激の減少によって起こると考えられている。

　無菌動物における微生物の不在はさまざまな結果をひき起こしているが、いくつかは好奇心をそそるものであった。昔カロリンスカ研究所グスタフソン研究室の無菌動物の新しい建物が完成したとき、スウェーデンの国王グスタフ六世アドルフが開所記念式に出席した。国王は尊敬されている学者であり、特に考古学に深い造詣をもち知的好奇心に満ちていた。彼は無菌動物の糞が臭わないのは本当なのかと質問した。グスタフソンはそれが事実であることを陛下に示した。

ベングト・E・グスタフソン（1916～1986年），ノーベル生理学・医学賞委員会書記（1966～1978年）〔カロリンスカ研究所のご厚意による〕

当惑した新任書記

　一九七九年、ノーベル委員会は全員一致でバルーフ・ベナセラフ、ジャン・ドーセ、ジョージ・スネルの三人に授賞することをノーベル議会に勧告した（スネルについては、前章で異なる細胞の表面抗原を明らかにしたことを述べた）。ところが勧告通りにはならなかった。何が起こったのか、以下に記録しておく。

一九七九年、グスタフソンは臨床遺伝学教授ヤン・リンドステンと交代した。リンドステンの十二年間の役は、思いもしない苦しい体験から始まった。私は、ノーベル議会で委員会が選んだ三人の免疫学者の紹介を行った。委員会には免疫学者ペーター・ペールマンがいた。彼はストックホルム大学に属しており、カロリンスカ研究所外の者でもノーベル委員会の臨時委員になれることの例である。免疫学が専門でない私が委員会のスポークスマン役に選ばれた理由は、私がカロリンスカ研究所内部の人間だったからだろう。私が熱を入れて説明した後議論が起こった。そのなかでノーベル議会は、委員会の決定事項を受入れるだけではなく、活動にもっと携わりたいという考えを表明した。議会では臨床医学分野での授賞を望む意見が出て、コンピュータ断層撮影法開発者のアラン・M・コーマックとゴドフレイ・N・ハウンスフィールドが代わりに提案された。委員会はすでにコーマックとハウンスフィールドについて十分に検討しており、授賞者に選ばなかった。議会では最終的に無記名投票となった。このときの状況は今でもよく覚えている。私は各票の推薦者名が読み上げられるたびに記録したところ同票となったのだ！　最後に議長がコーマックとハウンスフィールドを選び、最終決定となった。われわれは突然誰が授賞式で賛辞を述べるかを決めることになったが、その心の準備はなかった。委員会には放射線科教授のウルフ・ルデーがいたが、この紳士は遠慮した。最終的には神経放射線科教授のトルニー・グライツに要

ヤン・リンドステン，ノーベル生理学・医学賞委員会書記（1979～1991年）〔カロリンスカ研究所のご厚意による〕

請することになった。会合が終わってプレス発表まで一時間しかなかった。すでに用意してあった資料はすべて無駄になり、予期せぬ授賞者の写真さえもなかった。とにかく間に合わせの発表資料をなんとか用意した。ありがたいことに、マスコミ記者たちはわれわれの困惑した状況に気づかなかったようだ。これは一つの試練であり、その後は委員会と議会との関係が改善された。

遅れたノーベル賞

翌年ついにベナセラフ、ドーセ、スネルの「免疫反応を調節する、遺伝的に決定される細胞表面の構造に関する発見」に対してノーベル賞が授与された。この三人の科学者は膜表面構造の研究に関して異なる貢献をしている。スネルの純系マウスを使う研究に関しては前章で述べた。彼の実験研究は移植した腫瘍に対する免疫の仕事から始まり、のちに正常細胞表面の重要な抗原を見つけた。これはある純系のマウスから他の純系マウスへ移植が可能かどうか決定する抗原である。骨折りの実験を重ねて染色体上の組織適合性（H）遺伝子の多様性を明らかにした。彼は多くのH遺伝子を同定したが、ある遺伝子は他のものより優勢であった。それはH-2遺伝子で、現在はMHCとよばれる。

ヒトには純系が存在しないが、ドーセは巧妙なやり方でヒトのMHCを調べた。輸血後の免疫反応を利用したのだ。前章で述べたように、安全な輸血はラントシュタイナーが見つけた血液型を考慮して行われる。赤血球は比較的単純な表面抗原のみであるが、有核の白血球などの移植が適合するか決める抗原ははるかに複雑である。もともと輸血時には赤血球以外の白血球の存在は考慮されていなかった。白血球を除くようになったのはつい最近のことである。これはプリオンが白血球でうつるリスクを減らすためである（文献9第8章）。〔日本では白血球を除いていない。〕輸血で白血球が存在すると受容者に免疫反応を起こす可能性があるが、これは実際には問題にならない。

ドーセは右記の反応を調べ、スネルが調べたマウスH系のような遺伝子多様性を見つけた[21]。このヒト細胞上の抗原はHLA（human leukocyte antigen ヒト白血球抗

バルーフ・ベナセラフ(1920～2011年)とジャン・ドーセ(1916～2009年)，1980年生理学・医学賞受賞者〔1980年ノーベル賞年鑑〕

原）とよばれた。抗原は多数あり、あるものは他のものより反応が強い。HLA型を調べることは臓器移植（腎臓や心臓）、特に骨髄移植で提供者と受容者をマッチさせるのに重要である。興味深いことに、特定のHLA型の人はある種の病気（特に自己免疫疾患）になりやすいことが見つかった。

ドーセとベナセラフの経歴はまったく異なる。ドーセはハーバード大学医学部で訪問研究員であった一年間以外、ほとんどをフランスで過ごした。彼の父親はフランスでのリウマチ学のパイオニアで、これが息子に決定的な影響を与えた。ドーセは血液学者かつ小児科医、パリの輸血施設の責任者として研究を始めた。科学以外に、家族と過ごす時間と造形芸術も好きだった。

ベナセラフはスペイン系ユダヤ出身者である。幼い時期のほとんどをパリで過ごし、第二次世界大戦が始まってからは、家族とベネズエラに一年間滞在し、その後ニューヨークへ移り教育を受けた。一九四二年に医学校へ入学するとき、ユダヤ人枠により入学が危ぶまれたが、家族と友人の尽力で入学できた。彼は学校で優秀な成績を修め、自分自身がアレルギー患者だったので、特に免疫学に興味を抱いた。ロックフェラー大学のルネ・デュボスとハーバード大学医学部のジョン・エンダースから助言をもらって、コロンビア大学医学部のエルヴィン・カバットのもとで研究を始めた。カバットは重労働を課す人だった。ベナセラフはノーベル賞講演[22]でカバットについて次のように話した。「彼は、私に免疫化学と基礎免疫学を教えてくれました。もっと重要なことは、実験で証明することの意義、知的に正直であり科学に誠実である必要性を学んだことです。」一九五〇年代初めに家族の事情でパリへ移り、再び一九五六年に米国へ戻りニューヨーク大学医学部のルイス・トマス研究室に職を得た。一九七〇年からハーバード大学医学部病理学教室の主任教授となった。

ベナセラフの貢献は他の共同受賞者とやや異なり、授賞題目に最も近く、特定の抗原に対する免疫応答に重要な遺伝子を調べた。初めはモルモットを使い、のちに純系マウスを使った。彼が同定した遺伝子は免疫応答（*Ir*）遺伝子であった。*Ir* 遺伝子はH-2タンパク質をつくる遺伝子の領域にあったが、移植片の受容に関係する遺伝子（MHCクラスⅡ遺伝子）と同じものではなかった。

さて、細胞性免疫について語るときが来た。ドーセとスネルの貢献に関してはすでに述べた。この免疫反応には予想もしなかった制限があったことを次に話そう。

細胞性免疫には予想外の制限があった

遺伝的に決定される細胞表面抗原系のことがわかると、これが正常な動物ではどのような機能をもつだろうかという疑問が湧く。他の個体からの組織の人工的な移植を防ぐためでないことは明らかで、別の非常に意味のある機能をもっているはずである。複雑な多細胞生物との接触が起こったときに細胞間の関係を制御することが徐々にわかってきた。これはピーター・C・ドハティとロルフ・M・ツィンカーナーゲルとの思いもよらない発見で説明される。そして彼らは、免疫学の分野でノーベル賞を授与された（88ページ）。

一九七〇年代中ごろ、スイス出身のツィンカーナーゲルは、キャンベラのジョン・カーティン医学校のロバート・V・ブランデン研究室に若年訪問研究員として滞在した。しかし実験スペースが狭かったためドハティの研究室でも働き、非常に実りある共同研究となった[23]。彼らは、リンパ球性脈絡髄膜炎（LCM）ウイルス（第2章）に感染したマウスでのキラーT細胞を測定する新方法を調べようとした。髄膜炎を起こしたマウスの脳脊髄液から集めたT細胞は、ウイルス感染マウス細胞を標的として使う測定法で見事に反応した。ドハティとツィンカーナーゲルは、好奇心から感染マウスとは異なる純系のマウス細胞を標的細胞として使ってみた。驚いたことに、T細胞は同じ純系のマウス細胞を標的にしたときのみ反応することがわかった。さらにMHCが異なる多数のマウス株からの細胞を調べた。免疫細胞とウイルス感染標的細胞の関係には細胞表面抗原が重要であること、つまり自己と非自己抗原への依存性がわかった。この発見の意義は奥深い。T細胞は同じMHCをもつ細胞上にある異なる外来抗原を認識するということだ。

十年後、MHC分子と抗原断片とのユニークな相互作用がわかった。ここで働くMHC分子はクラスIに属しCD8抗原をもつ。X線結晶学によって、MHC分子には溝があり、そこにタンパク質断片の八〜十個のアミノ

ピーター・C・ドハティとロルフ・M・ツィンカーナーゲル，1996年生理学・医学賞受賞者〔1996年ノーベル賞年鑑〕

酸からなる配列が入ることがわかった。それゆえ複雑な構造のタンパク質抗原は細胞内で断片に分解されて、その異なる断片がMHC分子に結合すると推測された。しかしドハティとツィンカーナーゲルの発見は、より基本的な意味をもつ。キラーT細胞とウイルス感染した標的細胞との相互作用には、二つの信号が必要なのだ。二つの細胞間には同じMHCで自己同士を認め、並行してMHCに結合した抗原断片が非自己信号を伝えて特異的な細胞性免疫応答が起こるのである。既述のように二重の相互作用は一般的である。T細胞免疫反応の強さは、個人間でMHC型の種類によって異なる。これは強みであり弱みでもある。ある個体は免疫が関係する自己免疫疾患などに罹りやすいが、一方で例外的なMHC型をもっている個体は、今までになかった病原体に対してより抵抗性かもしれない。

　この二人に授与されたノーベル賞の題目は「細胞性免疫防御における特異性に関する発見」であった。彼らの発見の重要性は、次に引用するリウマチ病学教授ラルシュ・クラレスコグによる授賞式での賛辞[24]に述べられている。

《移植抗原の真の機能は移植への障壁をつくることではないと理解できるようになりました。ウイルスや他の微生物からの分子を白血球に提示し、その白血球が「ウイルス感染細胞に対し」攻撃的になるか、静かにしているか決まります。それゆえ各人の移植免疫抗原のユニークさによって、各人がユニークな免疫系をもつことになるのです。

　また、なぜ進化がヒトという種のなかでこのような大きな免疫学的な違いをつくり出したか理解できます。免疫学的多様性は個人にも種にも利益になるのです。それゆえ過酷な伝染病が流行したときにも、生き残った人たちがいました。逆に、ある移植抗原をもっている人が関節リウマチや多発性硬化症のような自己免疫疾患に感受性があることにもなります。そしてこれは、彼らの祖先がある恐ろしい疫病にも生き残ったという事実に対する代償である可能性でもあります。》

自然免疫が再認識された

二〇一一年、免疫学領域にさらなる賞が授与された。

賞の半分はブルース・A・ボイトラーおよびジュール・A・ホフマンへ「自然免疫の活性化に関しての発見」で授与されている。一九〇八年にメチニコフに賞が授与されて（第2章）から百年以上が経って、第一線防御という重要な分野が再度認められたのだ。ホフマンとボイトラーはまったく異なったアプローチをしたが、最終的には同じ細胞受容体に行き着いた。ホフマンはショウジョウバエがいかに真菌感染を制御するか研究した。彼は、トル様（Toll-like）受容体が宿主の迅速な反応に重要であることを見つけた。ボイトラーは、より直接的に医学に関係する問題に興味をもち、敗血症性ショックという命に関わる病気を起こす細菌のリポ多糖体の重要性を研究した。ホフマンと同様に、彼は独立に脊椎動物でもトル様受容体が特別な役割をすることを見つけた。ホフマンとボイトラーの発見はきわめて意外なことであった。というのは最初にTollタンパク質が発見されたのは、クリスティアーネ・ニュスライン＝フォルハルトによるショウジョウバエ胚発生の研究の最中だったからだ。ショウジョウバエの遺伝子の突然変異は劇的な結果を起こした。そのハエは奇妙な姿をしており、彼女は思わず

ブルース・A・ボイトラー，ジュール・A・ホフマン，ラルフ・M・スタインマン（1943〜2011年），2011年生理学・医学賞受賞者〔2011年ノーベル賞年鑑〕

ドイツ語で**"Das《ダス》 ist《イスト》 ja《ヤ》 toll《トル》!"**（英語では"That's great!"）と叫んでしまった。これ以降、この遺伝子とタンパク質の一群はTollとよばれた。科学における現象や構造の名前は、ときに奇妙な起源をもつ。ニュスライン＝フォルハルトは一九九五年「胚発生初期の遺伝的制御に関する発見」でノーベル生理学・医学賞を共同受賞している。

二〇一一年の賞の残りの半分は、ラルフ・スタインマンがかつては未認識であった樹状細胞を同定したことで受賞した。彼がこの細胞を命名したのは、その発見を主張するやり方である。ノーベル委員会の主要な仕事の一つは、多くの状況で誰がその発見の優先権をもつかしっかりと決めることだ。新規の名前または概念はその助けになる。だが無条件で優先権が与えられるというわけではない。スタンリー・プルーシナー（文献9 第8章）によるプリオン〔**prion, proteinaceous infectious＋on**〕という名前の提案は、非定型感染性病原体についての彼の研究を示すのによい命名であった。

理論研究の領域で命名は特に重要である。数学者は永遠の概念には異なる形があることを示したいだろう。たとえば12345…と33333…という無限の系列については、前者では位置を示せるが後者では示せないという違いがある。そこでこの二つの系列に異なる名前をつけることが可能である。永遠についての話題でウッディ・アレンは洞察に満ちた引用をした。「永遠は長い、特に終点に向けては。」さてスタインマンの話へ戻ろう。

カロリンスカ研究所ノーベル議会が二〇一一年十月三日、スタインマンにノーベル生理学・医学賞を授与すると宣言したとき、すぐに問題が起こった。スタインマンが三日前に亡くなっていたことがわかったのである。ノーベル賞は死者には与えられない規則がある。しかし授賞宣言の日と十二月十日の授賞式のあいだに亡くなった場合には授与される。ノーベル委員会とノーベル議会の誰もスタインマンが死の淵にいることは知らなかった。しかし委員会の議論の要点は候補者の業績であり健康ではない。この事実を強調する意味でも今回は例外としてスタインマンに賞の栄誉を与えるべきとの結論となった。

もし彼がノーベル賞候補になっていると予感していたなら、死の日を遅らせることが可能だったかもしれない。私が知っている例として、米国第二、第三代大統領の話がある。一八二六年七月四日、彼らが米国独立宣言に署名した日からちょうど五十年後、ジョン・アダムズ(第二代)とトーマス・ジェファーソン(第三代)が示し合わせたように同日に亡くなっているのだ！〔それぞれ九十歳と八三歳で死去。〕

死後のスタインマンへの賞は、彼の妻がスウェーデン王陛下の手から丁重に受取った。彼女は控えめに立ち去る際、天にいる夫にやさしいキスを投げかけた。

特殊な抗原提示細胞(樹状細胞)の発見への授賞により、前述のリンパ球の不均一性(B細胞と異なる種類のT細胞)という基盤的発見をしたパイオニアたちに授賞するかの議論には終止符が打たれたと憶測してもよいかもしれない。

細胞間接触のない信号伝達

一九六〇年以降の免疫学の発見への授賞の話を閉じる前に、この分野での重要な進展について少し追加しておこう。ウイルス-宿主間の相互作用への免疫系の機能についての最新の結果は次章で議論したい。科学が進展するにつれて、免疫系の複雑さと免疫系の他の生理機能との相互作用をわれわれはより深く理解するようになった。二つの大きな分野があり、一つ目はすでに繰返し述べてきた、多くの種類の細胞が関与する細胞-細胞間の作用である。二つ目は、細胞と細胞とのあいだを水溶性の物質が介する信号伝達である。体内へ侵入する病原体から人体を有効に防御するのは、この二つの協働作用である。

水溶性物質はこれ以外にも存在する。多数の成分からなる補体系が抗体と一緒になってウイルスや細菌を破壊することは既述した。ほかには、その分泌が脳下垂体に支配される副腎皮質ホルモンがある。このホルモンが免疫を抑制するという発見は、自己免疫疾患である関節リウマチの治療に応用されており、これに関して一九五〇年のノーベル賞がエドワード・C・ケンドル、タデウス・ライヒシュタイン、フィリップ・S・ヘンチに授与された。しかし、前記の免疫細胞間での信号伝達の二つの協働作用がより重要である。

信号伝達物質には、サイトカイン(かつてはリンホカイン)とよばれるものがある。自然免疫と獲得免疫の二つの防御系は相互に関係しており、サイトカインのいくつかは前者の免疫系細胞から後者の免疫系細胞に信号を伝える。サイトカインは、大きくインターフェロンとインターロイキンに分けられる。インターフェロンは、一九五七年に英国人ウイルス学者アリック・アイザックスとスイス人同僚ジャン・リンデンマンによって発見された。インターフェロン（interferon）は、ウイルスの増殖に干渉（interfere）することで名付けられた。〔長野泰一、小島保彦も一九五四年に同様な現象を発見したが、地味な名前「ウイルス抑制因子」とした。〕アイザックスの初期の仕事はメルボルンのバーネットの研究室でなされた。この物質はウイルス感染細胞でつくられることがわかり、ウイルスに対する自然免疫防御機構の一部であると解釈された。長いあいだインターフェロンはウイルス感染全般の治療薬になると期待されたが、そうはならなかった。

現在、アルファ、ベータ、ガンマの三つのインターフェロンが同定されている。ガンマはある種の活性化T細胞がつくる。それゆえウイルス感染細胞に対しては、特異的な細胞性免疫〔活性化されたキラーT細胞を介する〕とインターフェロンのウイルス増殖抑制作用が同時に働く。アルファとベータは結合組織の細胞を含む多種の細胞によってつくられる。これらのインターフェロンはウイルス増殖を抑えるだけでなく、免疫応答の調節にも関わっている。臨床での応用は限られているが、慢性感染を起こすB型肝炎ウイルスの増殖抑制や自己免疫疾患と考えられている多発性硬化症などの症状の軽減に使われている。

インターロイキン（inter＝間、leukos＝白）は、白血球間の信号伝達に関与する物質である。種類が多く約

ロバート・C・ギャロ〔米国メリーランド州ボルチモアのヒトウイルス研究所のご厚意による〕

二十種類が報告されている。これらはT細胞信号としての多くの機能をもち、異なる病気の治療に使えるか検討されている。ロバート・C・ギャロがT細胞増殖因子として一九七六年に発見したのが最初である。のちにこれはインターロイキン2とよばれる。これを使うとある種の白血球細胞を試験管内で培養することが可能になり、最初のヒト・レトロウイルスが分離された。レトロウイルスはいろいろな形で存在し、ヒトの遺伝子内にその痕跡を見ることができる（次章）。

ギャロらは二つのヒト・レトロウイルスを発見した。ヒトT細胞白血病ウイルス（human T-cell leukemia virus HTLV）1型と2型である〔HTLV-1は日沼頼夫によって成人T細胞白血病の起因ウイルスとして同定された〕。もしこれらのウイルスがヒトの病気の原因として大きな意義があれば彼はノーベル賞を受賞しただろうが、彼はそこへ近づいただけだった。彼の研究室でフランソワーズ・バレ=シヌシがインターロイキン2刺激リンパ球を使うレトロウイルス分離の技術を身につけた。彼女はパリのルク・モンタニエの研究室に戻り、エイズ患者からウイルスを分離した。これによりモンタニエとバレ=シヌシは二〇〇八年にノーベル賞を受賞した。ギャロもまた並行してウイルスを分離したが、その性状の判断に誤りがあり、それをHTLV-3と命名した。これはヒト免疫不全ウイルス（HIV）であり、すぐにレトロウイルスのなかの別の属であるレンチウイルス（lentus＝遅い）であることが判明した。ギャロのグループはエイズ患者や輸血供血者の血清中HIV抗体を測定する検査法を開発したが、HIV発見者はフランス人であったため、特許料収入は米国とフランスで折半する形で最終的な折り合いがついた。先取権と競争の議論は、科学を応用した商業では常に起こる問題である。

第 4 章

免疫、感染、移植

ON EV·O·LU·TION
BAL·ANCE BE·TWEEN HOST AND AGENT
SUR·VIV·AL OF BOTH

進化のこと
宿主と病原体と
両者の共存

これまでに述べたように、免疫防御に関係する各役者の協演は非常に複雑である。しかもその防御の効率には大きな個人差がある。ある人は他の人よりも感染の感受性が高く、ときには特定の病原体に感染しやすい。実は、ある疫病に対して個人間で罹《かか》りやすさが異なることは、ヒトという種の歴史のなかで役立ってきたのである。非常に過酷な疫病が流行した際、いつも生き残る人がいた。ヒトと〔野生動物に由来する〕新規病原体が長期にわたって共進化することで、その病原体に対する現在での人間の抵抗性の程度が決まってきたのだ。

しかし現代社会では、病原体とヒトの相互関係は短期間にさらに変化した。その理由はいくつかあげられる。衛生水準の向上で有害な病原体が広がりにくくなった。栄養の改善で免疫防御機構が強く働くようになった。生物医科学の進歩で病原体の増殖を抑える薬の開発が成功し、特に抗細菌薬がたくさんつくられ、ウイルスに対する薬剤も出てきた。有効なワクチンでヒトが病原体に遭遇しないでも免疫を獲得できるようになった。その結果、感染症の状況は時とともに大きく変貌した。

しかし、今でもなお新種の病原体が世界的に広がることがある。エイズ（ＨＩＶ感染症）の世界流行は記憶に新しい。都市化が進み、海外旅行が普及したグローバル社会では、人と人が接触する機会が多くなり病原体が蔓延しやすくなる。現在、医学の進歩にもかかわらず、かぜなどの呼吸器感染のような軽い病気が学校や職場での欠席、欠勤の半分もの原因になっているのだ。

デリケートな免疫系のバランスは、ときには乱される。生後に起こる機能不全や生まれつきの遺伝子の欠陥によるものがある。近代化、工業化された衛生的な社会では、微生物抗原への曝露が減少することによって過敏症（アレルギー反応）の頻度が増加している。また特定の環境因子への曝露が変化したことで、自己抗原には反応しないという進化的に洗練された免疫メカニズムのバランスが乱れ、正常組織への反応、つまり自己免疫疾患が起こる。バーネットは、活動的な人生の最後に自己免疫疾患の先駆的な研究を行い、多くの研究者がその後を継いだ。免疫現象の理解が進んだことで、これらの病気の新しい治療法も生まれ始めている。

過敏症、自己免疫疾患以外での重要な研究分野は、潜在的に危険な増殖能をもつように変化した宿主細胞、つまり癌細胞を見分ける免疫系の能力についてである。癌細胞に対する免疫監視の役割はのちに簡単にふれるが、非常に重要な研究分野であり、生命を脅かすこの病気に対処する新しい方法が見つかるという希望を与えてくれる。

臓器移植には、逆に免疫系を積極的に抑制する必要がある。これについては本章の最後に述べる。免疫抑制剤の投与によって体内にじっと潜伏していたウイルスが活性化されるが、人体に害を与えずに、かつ移植臓器が排除されないよう適度に免疫抑制を行うことも可能になった。

先天性および後天性免疫不全

免疫系は複雑であるため、遺伝的な免疫不全の種類は多い。そのような免疫不全は、免疫防御の多くの兵器—すなわち体液性、細胞性免疫、受容体と信号因子、さらには自然免疫—に関係している。ときには、病気を起こす特定の遺伝的変異を最新の実験室技術によって調べることで、複雑な免疫系の機能の性質をさらに知ることができる。分子医学は急速に発展している分野であり（第6章）、遺伝子の特定部分の欠陥が既知の（以前は未知の）タンパク質産物の分子機能の変化と対応していることがわかってきた。

X染色体に欠陥があり、成熟B細胞をつくる能力がない人がまれにいる。男はX染色体を一本しかもたず、そこに欠陥があれば体の機能の欠陥になるために、この病気は女性に比べ男性に多い〔XとYは性染色体で、XXで女、XYで男になる〕。このX連鎖無ガンマグロブリン血症は一九五二年に発見され、その発見者の名前にちなんでブルトン症候群ともよばれる。B細胞が存在しないので、いかなる種類の免疫グロブリンももたず、患者は致死的な感染症に罹りやすい。感染に対処するには抗生物質が必須である。

X染色体に連鎖はしないが、免疫グロブリン産生量が少ない（またはない）場合は低（または無）ガンマグロブリン血症とよばれ、患者数は多い。これらの病気は原因が明確でないので、暫定的にまとめて「分類不能型免疫不全症」といわれている。この種の病気はさまざまな年齢で発生し、遺伝および環境の要因が関係している。

免疫グロブリン産生に欠陥がある人が（一時的であっても）病原体に対抗するためには、健常人から集めて混合した免疫グロブリンの製剤を注射する必要がある。この製剤に含まれる抗体が患者を助けるが、注射された免疫グロブリンは徐々に分解されるので、保護効果は一定の期間だけである。

先天性T細胞免疫不全症にも多くの異なる形がある。これは生後すぐに起こる生命に危険な病気である。二つの例をあげよう。一九六八年、小児内分泌学者アンジェロ・ディジョージは、彼の名前が付く非常に複雑な症例を報告した。この病気は二二番染色体のある小部分の欠損によることがのちにわかった。この患者の症候は多彩で、先天性心疾患、口蓋裂、小顎症などの特異顔貌、精神発達遅滞、感染を起こしやすいことなどである。治療法はないが、胸腺が欠損している場合にはそれを移植する試みがなされている。もう一つの例は重症複合型免疫不全症である。B細胞、T細胞の両機能に障害がある最も重症な免疫不全症であり、生後一年以内に死亡することが多い。患者は病原体との接触を防ぐために［無菌の空気を常時吹き込んで陽圧にした］透明テントの中で過ごすので「バブルボーイ」とよばれた。治療として生後直後に骨髄移植が行われる。二〇〇〇年に最初の遺伝子治療が始められた。臨床試験では十人の患者に有効な免疫機能が得られたが、残念なことにその後四人が白血病を発症した。これは、挿入されたDNA断片が宿主の癌遺伝子を活性化したことによる。現在そのような作用を失くした遺伝子断片をつくる試みがなされている。基本的な分子遺伝学メカニズムが深くわかればわかるほど、より洗練された治療法が可能になるだろう。

病気体験と医科学研究への動機

免疫防御系の構成成分のうち特定部分が欠損すると、ある種の細菌や他の病原体が体内へ広がり制御できなくなる。広がりが局所的で害が少ないことが多いが、重症例では体内のさまざまな場所へと広がり敗血症となる。抗生物質は五十年以上も前から普及しているので、昔は細菌感染を制御できずに生命が脅かされていたことをわれわれはあまり知らない。しかし現在でも自然免疫系や補体系の重要な成分の欠損によって若い人が敗血症になる場合がある。たとえば髄膜炎菌は通常は害のない菌であるが、侵入した菌を殺すことができない状態では菌は脳の髄膜や他の器官にも到達し重症化する。十代の少年では感染の進行が速く、数時間から数日間で死亡することがある。

個人的なことだが、私と妻はこの病気に関わったことがある。長男のヤコブが十八歳になる二カ月前、重症の感染を起こし丸一日でショック状態になってしまった。病気が速く進行したので、救急車を呼び近くの病院へ運んだ。意識のない状態は一週間も続き、大量の抗生物質での治療の末にやっと片足を動かすまでに回復した。目が覚めたときの第一声は「なぜ？」であった。混乱した心情の表れに加え、一体どんな病気なのかという疑問もあったのだろう。これは特異的な免疫機能の異常で、おそらく自然免疫系のトル様受容体（前章）の欠陥によるものであろう。彼はB型髄膜炎菌に感染していたことがのちにわかった。A型とC型のワクチンはすでに何年も前から使われてきた。クレイグ・ヴェンターらは一九九〇年代終わりにこの細菌の全DNA塩基配列を決定していて、この知識は新しいワクチンの開発に役立っている。B型ワクチンは最近ヨーロッパで認可された。

家族や友人が重い病気に罹ることは、生物医科学の研究に従事する動機になる。私の三人の孫（名はヘイミル、スマリ、シンドリで、母親がアイスランド出身なのでその国系の名前）を見るとき、もし長男の病気が別の転帰をとったならば、孫たちは生まれていなかっただろうという考えが頭をかすめる。しかし私が医学を勉強しのちに科学者になろうとしたのは、家族の病気の影響ではない。私は牧師の息子として育ち、他人を助ける責任があるのは当然と考えており、また理科の勉強が好きであった。七歳のとき、重い中耳炎を治すために両耳の後ろの骨の乳様突起を取除く手術を受けて約一カ月入院した。抗生物質がまだない時代だった。呼吸時に空気が耳を通ったと感じたのは人生でこのときだけだった。病院の仕事が専門の人々によって立派に行われているのを見て、将来医師になりたいという気持ちが生まれた。医学校で何年か過ごした後、好奇心からウイルス学の分野へ入った。ガード教授の講義で、第1章で述べたウイルス学初期の印象的な進展を聴き刺激を受けた。人間の健康のための研究に携わっている科学者にとって、自身や隣人の病気のような人生の変転に接したことがどの程度研究の動機になったのか、私は知りたいと思っている。

ベナセラフは喘息もちだったので、免疫学の研究に興味を抱いたとの話は前章で述べた。ゲルトルード・B・エリオン（後述）は、祖父を癌で亡くした体験から薬の開発に従事しようと思ったそうだ。ギャロは私と話した際に、白血病で亡くなった妹に付き添ったときのつらい体験がヒト腫瘍ウイルスを研究する最初の動機になったとしばしば言っていた。他の例もたくさんあるが、生物医科学に携わることは、人のためによいことをする、そして親しい最愛の人を襲った病気から受けたトラウマを昇華するための特有な機会であるということで十分だろう。

過去百年間の健康科学の進展は著しく、次の百年にも同様の重要な進展が免疫学をはじめとするさまざまな分野で期待できるだろう。カロリンスカ研究所のノーベル委員会とノーベル議会は、毎年数百の推薦のなかから一つの発見（または二つの別々の発見）を生理学・医学賞に選び出すという難しい仕事を今後も続けるだろう。

ウイルス–宿主相互関係の進化論

われわれがもつ巧妙な免疫系は、本来種々の感染性病原体（ウイルスや細菌）からわれわれを保護するように進化してきた。私はウイルス学者なので、例としてヒトとウイルスのあいだの進化からみた相互作用について考えてみたい。重要な問いは、生物個体に免疫を与えるメカニズムの知識は広がったが、それがヒトでの異なる種類のウイルス感染を理解するのにいかに影響を与えたかである。これは非常に広範な題目なので、そのうちの一部について考える。強調すべきことは、ウイルスが免疫系細胞のある集団を特異的に攻撃し、その細胞がもつ明白な機能を停止するか、促進させる場合である。これは「ウイルスは進化して適応する生物であり、生態学的な一員である」とみなすバーネットの生物哲学の中心テーマである。しかし、今われわれはバーネットの時代よりも多くのことを学んでいる。

全般的な話

バーネットは、細胞寄生体と宿主（ヒトなど）との相互作用を調べる際、両者の生存の可能性を考えなくてはならないことをわれわれに伝えた。ウイルスにとっては、宿主にうまく入って増殖し、かつ宿主に重症な病気を起こさないことが理想である。その後すべきことは、近くにいる未感染の宿主に効率的に広がるように最初の宿主から出ていくことである。ウイルスにとってこの課題は、ヒトが狩猟採集していた時代から都市に定住するようになって劇的に変化した。都市では人から人への伝播は簡単であるのに対し、前者ではウイルスは宿主の中で長期間存在しなくてはならない。

感染は、急性感染と持続感染に分類できる。さらに局所感染と全身感染に分けられる。局所感染は、体の表面（内部と外部）の感染で、主として粘膜上皮であるが皮膚も含む。典型的な急性局所感染は鼻かぜである。鼻水は非常に強い感染力をもつ。急性全身感染の例として、麻疹ではウイルスが侵入した組織だけでなく多くの器官へ血液を介して広がる。持続感染の多くは全身性で、血液か神経で広がる。ウイルスが血液中のリンパ球で運ばれることが多い。

持続感染ウイルスはゆっくり増殖するか、休眠して隠れるなどさまざまなやり方をとる。イボでは局所でウイルスが持続する。感染時と症状発現時のあいだは潜伏期といわれ、ウイルスごとに大きく異なる。呼吸器や消化器での急性局所感染では二、三日で、麻疹、風疹、ムンプス（おたふくかぜ）などかつて小児にありふれた病気では二、三週間である。肝炎では数カ月にもなることがある。

急性ウイルス感染

いったん急性感染がヒト集団の中で流行病として確立すると、ウイルスは人から人へと連続的に広がる。潜伏期の後、ウイルス侵入門戸である粘膜やウイルスが体内で広がった他の場所で急性症状が起こる。次にウイルスは、異なる出口から外にいる感受性宿主へと広がる。感染した人の体内では防御免疫系の多数の兵器が動員され、いずれ体内のすべてのウイルスは排除される。感染の最盛期に体内に何千万個ものウイルスがいたことを考えると、驚くべき離れ業といえよう。感染から回復した人は、いつか同じ病原体が侵入しても免疫になっている。

人間の歴史では、急性感染は新たに生まれた都市文明に伴っている。これは、ウイルスの伝播と生存にはある程度以上の集合人口が必要なためだ。現生人類は約六万年前にアフリカを出て、世界中の南極大陸を除く全大陸へ広がった[1,2]。狩猟採集をしながら多方面へ旅をしたのだ。大まかな移動の方向は、アフリカ→中東からヨーロッパ→中央・南アジア→東アジア→オセアニア、南北アメリカである。驚くことに、ある集団はアフリカを出てわずか一万年後に、浜辺を伝わってオーストラリアに到着している。彼らがオーストラリア原住民アボリジニである。東アジアからアメリカ大陸への最終ステップは、一万五千~二万年前にベーリング海峡が陸橋であった時だと考えられる。この人類の移動の歴史を、世界中の別々の集団を代表する人のゲノムを調べることによって地図に描くことが可能になっている。

土を耕し家畜を養って定住する文明が誕生するまでにはしばらく時間がかかった。これは大まかに三つの地域で起こった。最もよく知られ研究されているのは、メソポタミア、レバントを含む「肥沃な三日月地帯」である[3]。ここでは四種の穀物（小麦、カラス麦、大麦、ライ麦）が栽培された。同時期に東アジア（現中国）で水稲が栽培された。しばらく後に中南米に文明が誕生し、トウモロコシとジャガイモが栽培された。数千年前、はじめの二つの文明中心で種々の急性ウイルス感染が初めて流行した。ヒトウイルスとなったものの起源は、群れをなす動物にあると考えられる。これは、鼻かぜ、腸管感染症、麻疹やムンプスなどの子どもの急性感染症に当てはまる。この流行が起こったのは、ヒト集団のサイズが大きくなり、人から人への感染の連鎖が途絶えなくなったときである。ヒトウイルスはヒト以外では増殖できないので、この連鎖が切れるとウイルスは消滅した。感染力が非常に強い麻疹ウイルスでは、継続するためには約三十万人の人口集団を必要とする。アイスランドの人口では麻疹ウイルスは継続できない。前世紀における人口の変化（世界人口の増加、都市化、人間のグローバルの移動）が、急性感染症の広がりを促進させた。幸い、この種の感染症は近代文明で発展した公衆衛生やワクチン接種によって最も効率的に制御される。

前述のように、急性感染症の病原体は動物に由来する。たとえば麻疹ウイルスはウシからきたようだ。動物からのウイルスの移動は現在も起こっており、将来も起こるであろう。しかしこれは容易には起こらない。ウイルス-宿主相互作用の新たなバランスが確立されなくてはならないからだ。最近、今まで人類が遭遇しなかったコロナウイルス（電子顕微鏡で観察すると、太陽のコロナように見える）が、重症急性呼吸器症候群（SARS）を起こしたことは第1章で述べた。このウイルスはハクビシンに由来し、ハクビシンはコウモリがもつウイルスに感染していたと考えられる。このウイルスはヒトに重篤な病気を起こし、ときには致死的であった。世界中へ広がり始めたが、幸い公衆衛生的な介入で止まった。このウイルスは、近代文明の条件下で生き残るようなヒト（宿主）との関係を確立できなかったのだ。

動物からヒトへうつる感染症の重篤度は多くの因子に依存する。特に病原体の性質と、新しい宿主の免疫系がその増殖を抑え込む能力によるところが大きい。過酷な疫病は、しばしば文明の発展過程を変えたり、戦争の経過に影響を与えてきた[4]。しかし歴史の記録に残っているのは、ツキディデスが記載した紀元前四三〇年のアテネでのペスト（これは細菌が原因）が最初である。人類は恐ろしい疫病について、その起源や蔓延を考えるだけでなく、個人や人類への罰として重要という宗教的な見方ももってきた。神が人類に悪を課すこと（神義論問題）は、昔から哲学者の激しい議論の主題であった。神義論的に考えると、人類を攻撃する病原体も生態学的なバランスを必要とすることは、歴史的にみれば「姿を変えた祝福」（不幸にみえて実はありがたいもの）でもあるといえよう。病原体があまりにも大悪の病気を起こすならば、その病原体の生き残りには不利になる。病原体は小悪にならざるをえないのである。

文明の早期段階で、動物ウイルスがヒトへ初めて伝播し重篤な病気を起こしただろう。しかし第1章で述べたウサギと粘液腫ウイルスの例のように、時とともに比較的軽症の病気を起こす病原体の株とその感染に抵抗力をもつ宿主が選択されてきた。抵抗性をもつ個体は、免疫防御系の異なる兵器をうまく使う能力と感染を逃れる他の遺伝的能力を備えていた。

ヒトへ新規にうつった病原体とその宿主との相互依存の進化（共進化）は、文明の歴史のなかで重要な現象であった。このような共進化は、三つの文明中心で独立に起こっただろう。このうちの二つ、すなわち西アジア／ヨーロッパおよび東アジアは陸地でつながっていたので、新興感染症のやり取りがあった。歴史的には比較的新しいベネチアと西安（兵馬俑《へいばよう》で有名）とのシルクロードを介してのつながりは、西洋–東洋間交流の一例である。しかしアメリカ大陸での文明（たとえばインカ）では事情は異なる。ヨーロッパと陸地ではつながっておらず、ヨーロッパの人々が大洋航海を始めたときに[5]病原体が持ち込まれ大惨事となった。

　コロンブスの最初の接触に続いて、コルテスとピサロはメキシコとインカを征服した。ピサロが一六八人の部下と二七頭の騎馬をもって一千万人以上のインカ人を降伏させることができた理由として、銃、大砲、騎馬という技術的有利さはそれほどのものではない。アメリカ原住民の感染症に対する脆弱《ぜいじゃく》さの方がはるかに大きな原因である。天然痘は最初にもたらされた恐ろしい疫病であり、原住民の三分の一を殺したと予想される。すぐに麻疹や他の感染症が続いて流行し、さらに人口を減少させた。ヨーロッパ人とその祖先は、共進化によってこれらのウイルスに対しある程度の抵抗性を備えていた。一方、アメリカ原住民はこれら病原体にそれまでまったく曝されていなかった。原住民はジェノサイドで一掃されたのだった。人間の歴史でこれに匹敵する人口学的激変はない。[6]征服者は梅毒をヨーロッパに持ち帰ったかもしれない。これは原住民からの小さな報復であろう。コロンブスの時からすべてのヒト集団の混合が起こる最後の時代が始まり、その規模が拡大しながら現代に続いている。

　あるウイルス感染に対して抵抗力をつけるメカニズムがいくつかある。一つは、ウイルスが細胞内に入るときに使う受容体である（12ページ）。たとえばＨＩＶが細胞に吸着するには二種類の受容体（ＣＤ４とＣＣＲ５）が必要である。前者はヘルパーT細胞の重要な受容体であり（前章）、後者は炎症関連の水溶性タンパク質に対する受容体である。後者は人体にそれほど重要ではないようで、遺伝的につくれない個体も存在する。そのような人はＨＩＶ感染に抵抗性である！　もしもＨＩＶの流行が制御できなくなって世界中に広がれば、ＣＣＲ５をもたない人が何世代か後には主流になる可能性がある。

ランダムに起こる遺伝的変化に自然選択が加わった結果、長い歴史のなかできわめて複雑な免疫系が生じてきた。アフリカを出て現在に至るまでヒトが新規病原体に曝されてきたことが原因となって、ヒトゲノムはゆっくりと修正、選択されてきた。ほかにも環境要因によって選択が起こる例がある。一つは新しい気候への順応である。ヒトは異なる民族グループに分かれ、多くのグループはわれわれの先祖がもっていた皮膚の黒色色素を失った。他の例として、牛乳のような新しい食材を摂ることに順応した〔牛乳に含まれる乳糖で下痢をしなくなった〕。さらにもう一つは巨大自然災害である。気候変化を起こすような火山噴火や巨大津波だ。ヒトが地球各地へと広がるなかで、災害で多数の人が犠牲になると瓶首（ボルトネック）効果〔遺伝子の偏りの発生〕が起こった。

あるウイルスは宿主の免疫から逃れる

急性ウイルス感染の後、宿主は効果的な免疫をつくってウイルスを排除するが、ウイルスからすればそれをなんとか回避したい。急性感染ウイルスが生き残るのには二つの手段がある。一つは、同じ種類のウイルスだが異なる血清型がつぎつぎに生じるような進化である。鼻かぜ（感冒 common cold）の原因であるライノウイルスがその例である。個々の型の抗原性は安定しているが、多数の型〔二百以上〕があるので個人は一生のあいだ毎年異なる型に感染する。型が多すぎるため、ワクチンの開発は事実上不可能である。効果的な抗ウイルス薬が望まれるが、今のところ成功していない（第1章）。これに関連して、cold という名称は間違いである。上気道表面感染の最初の症状は体の末梢血管の収縮であり、手足が寒いと感じるが、これは感染の結果であり原因ではないからだ。

同じ病原体が感染を繰返すもう一つの方法は、主要な抗原構造を変化させることだ。たとえばインフルエンザウイルスは、抗原ドリフトと抗原シフトを利用する（第1章）。この連続した変化（ドリフト）のために、インフルエンザワクチンは毎年変えなくてはならない。インフルエンザとエイズ（後述）以外のウイルスで抗原性の変化が少ないのは一見不思議である。その一つの説明としては、ウイルスは比較的単純な構造をしており、構造と機能が密に関係している。多くのウイルスでは表面構造が変化すれば同時にウイルス複製のための機能に負の効果が起こり、生き残れなくなるのだろう。

のちに述べるように、免疫系の多数の機能のどこかを損なうのは、多くが持続ウイルス感染である。しかし免疫応答能力の全般を変化させる急性ウイルス感染もある。その例は麻疹ウイルスで細胞性免疫を抑制する。昔から知られていたように、ツベルクリン反応が一時的に消失する。この免疫反応の変化があるので、典型的な麻疹の後に他の二次感染が起こるリスクが高まるのである。

オーストラリアの内科医かつ眼科医のノーマン・M・グレッグは、目の病気である先天性白内障をもって生まれる子どもの数が一時的に増加するという重要な現象を一九四一年に見つけた。この増加はしばらく前の風疹の流行に関係があるという鋭い観察をしたのであった。さらに、風疹は子どもが発病すれば通常軽症となるが、妊婦が妊娠初期に感染した場合は胎児のいくつかの器官が侵され、胎児に重大な傷害を与えることがわかった。現在はこの合併症を防ぐために風疹ワクチンが使われる。これは主として第三者である胎児を保護するためである。現在、世界中でこのワクチンが使われている。また、他のウイルスも成長中の胎児に傷害を起こすことが知られている。急速に分裂している細胞と、特に胎児の免疫機能の未熟さが、ウイルス増殖に好条件となる。しかし、これはウイルスの自然界での生存に効率良いやり方ではない。もし生後にもウイルスをつくり続けてそれを排出するならば、ウイルスの生存にとって価値があるが、通常そうならないのだ。

ある先天的な免疫欠陥をもつ人で、通常は急性感染のみを起こすウイルスが持続感染を起こすことがある。一例は、無ガンマグロブリン血症の患者がポリオウイルスに持続感染することである。この場合、患者はウイルスを何カ月も、あるいは何年間も糞便中に排出する。これはポリオ根絶計画(後述)にとって問題となるが、実際にはそれほど問題ないことがわかった。さて、自然に起こる持続感染の話に移ろう。

持続ウイルス感染

ヒトの歴史のなかで急性感染は比較的最近に発生したが、潜伏/持続感染は違う。この種の病原体は生体内に残り続ける。個人の免疫系はそのウイルスを体から排除できないからだ。そのような持続感染を起こす理由として、二つがあげられる。①ウイルスが宿主のゲノムに組込まれて、その存在を宿主の免疫系に気づかせない、②ウイルスは増殖するが、控えめで免疫系に気づかれず防御されない。また、免疫系の多数の機能の一つ（たとえばサイトカインの信号タンパク質）をブロックできるように、ウイルスが進化することがある。この場合、ウイルスは宿主にとってきわめて危険であるので、逆に宿主は別の免疫系機能を改善することで防御能を高める。このような進化のゲームは引き分けとなり、ウイルスと宿主との両者が許し合い、あるいは引き合うようになる。このような進化は何百万年も続き、新たに生まれる種にまで続く。実際、脊椎動物が無脊椎動物から分かれた四億年前まで遡ると、そのときに初めて免疫グロブリン様分子が出現したと考えられる。

宿主の生涯のなかの長期間、ときには一生のあいだ、免疫系による制御下に宿主内にとどまる多くの種類のウイルスがある。その一つはパピローマ（イボ）ウイルスである。手足のイボはスポーツ施設などで広がり、子どもや青年には厄介だ。私は十代後半に踵《かかと》の一方にイボができ、ハンドボールをするとき邪魔だった。医学生だったので皮膚科のスヴェン・ヘルストレーム教授を訪ねたところ、硫酸マグネシウムを（偽薬として？）飲むように勧められ、そうしたところイボは消えた。なぜその偽薬が効いたのだろうか？　その処置が効くと信じたから効果的な免疫反応が起こったのかもしれない。また、免疫機能の活性化には催眠術も使われる。〔ルイス・トマスのエッセー集『歴史から学ぶ医学』（大橋洋一訳、思索社）に、催眠術でイボを消す実験に関する章がある。

ハラルト・ツアハウゼン，2008年生理学・医学賞受賞者〔2008年ノーベル賞年鑑〕

著者は昔この本を訳者に紹介してくれた。」

　パピローマウイルスは皮膚や粘膜の細胞の増殖に変調をきたし、特に生殖器ではパピローマ（乳頭腫）をある割合で発生させ、その一部は最終的に癌細胞になる。癌細胞発生に働くのはウイルス遺伝子自身である。この関係はハラルト・ツアハウゼンによって明らかにされ、特に12、18、31型が重要であることがわかった。特定の型が腫瘍をつくりやすいことの発見は意義が大きい。これらの型のウイルス感染を防ぐワクチンはすでに開発され、十代前半の少女たちの将来の子宮頸癌の予防に使われている。ツアハウゼンはこの先駆的な貢献によって二〇〇八年のノーベル生理学・医学賞を共同受賞した。授賞題目は「子宮頸癌を起こすパピローマウイルスの発見」であった。

表4・1　ヒトヘルペスウイルス (HHV)

HHV1	単純ヘルペスウイルス1型
HHV2	単純ヘルペスウイルス2型
HHV3	水痘帯状疱疹ウイルス
HHV4	エプスタイン・バーウイルス
HHV5	サイトメガロウイルス
HHV6&7	一般名なし
HHV8	カポジ肉腫関連ウイルス

　ヘルペスウイルス科には単純ヘルペスウイルス1、2型（第1章）をはじめとする多くのウイルスがある（表4・1）。これらのウイルスの持続感染には種々のメカニズムがある。例として子どもの水痘《すいとう》があげられる。人はウイルス初感染の後、同じウイルスに再び感染しない。しかしウイルスは脊髄後根神経節の細胞に眠った状態で持続する。この休眠／潜伏ウイルスが活性化されると、潜んでいた神経節細胞から体の末梢へと移動する。この移動は一つのニューロン（神経細胞）内で行われるので免疫系とは接触がない。ウイルスが皮膚に達すると、そこで増殖し局所に水疱《すいほう》をつくる。水疱は、一つの神経節細胞から伸びている感覚神経が支配する皮膚の領域（皮膚分節という）に限局して帯状に出現する。そのため帯状疱疹とよばれる。強い痛みが数カ月も続く。そしてお爺さんの帯状疱疹からウイルスが孫にうつり水痘が発生する。これはウイルスが自然界で生き残るための工夫である。今日では、子どもに生ワクチンを接種して水痘を防ぐことができる。最近このワクチンは、六十歳以上の高齢者に低下した免疫力を上げるためにも使われるようになった。高齢者の免疫防御能の低下は水痘に限

らず全般的な問題である。

一九六〇年代、フィラデルフィア小児病院ウイルス研究室（ウェルナー・ヘンレが主任）の技術員が自身の血清を提供した。実験室ではヘルペスウイルスの一種であるエプスタイン・バー（EB）ウイルスが起こす、アフリカ人の特殊な腫瘍細胞を研究していた。驚いたことに、その血清が腫瘍細胞内のウイルス抗原と強く反応することがわかった。技術員は伝染性単核球症というありふれた病気に罹って治ったばかりであり、この病気を起こす病原体はEBウイルスと同じであることがわかったのだ。この病気は思春期から青年期に起こる病気であるが、しばしば重症化し、回復には長い時間がかかる。しかし子どもがEBウイルスに感染した場合、ほとんど症状は起こらない。十代になって免疫系が発達するにつれて厄介な病気になる。また他の要因も関係する。「ディープキス病」ともよばれるように、感染が飛沫よりも唾液中の感染細胞を介して起こる。症状のある患者では、免疫に関係する細胞間での争いが起こっている。ウイルスが感染したB細胞は、キラーT細胞によって攻撃されるのだ。ここに述べたことは、われわれの絶妙に調整されている免疫系が病気を防ぐのでなく、ときには病気を起こすこともあるという例である。

サイトメガロウイルスもヘルペスウイルスの一種であり（表4・1）、通常唾液腺に害がない感染を起こす。この名前（cyto＝細胞、megalo＝大）は、唾液腺にウイルス粒子が蓄積した構造（封入体）を含む巨大細胞が存在することに由来する。風疹ウイルスと同様に、このウイルスが妊娠した母から胎児にうつったとき、胎児に傷害が起こる。この先天性感染のほかに、臓器移植で免疫抑制剤の投与（後述）を受けた人に問題が起こる。このウイルスは、ウイルス抗原がクラスIの主要組織適合遺伝子複合体（MHC）分子とともに細胞表面への出現を邪魔するように進化したので、ウイルスが排除されないで持続することができる。持続ヘルペスウイルスの他の例に関しては、次のエイズの項で述べよう。

もう一つの持続感染の例は、すでに述べたB型肝炎ウイルスである（文献7第2章）。血液中に存在するこのウイルスが、どのようにして自然状態で他の人に感染をさせるのかと疑問をもつ人もいるだろう。もちろん輸血でもうつるが、これは本書第2章で述べたように血液型がわかってからのことである。解答を述べると、このウイルスの主要な感染経路は、もともと妊娠中または出産時の母から子への伝播（水平伝播に対し垂直伝播という）であった。似たような状況はＨＩＶでもあり、そのウイルスも出産時に伝播する。今は新生児への伝播は、Ｂ型肝炎ではワクチンで、ＨＩＶ（ヒト免疫不全ウイルス）では抗ウイルス薬治療で予防されるようになった。

さて次はＨＩＶ-ＡＩＤＳ（エイズ、後天性免疫不全症候群）の議論をしたい。その名の通り、この病気はウイルスによって起こされる免疫抑制の最も典型的な例である。

一九八〇年代初めサンフランシスコで、男性同性愛者のあいだで複雑かつ致死的な病気が流行り始めた。患者の免疫系全体の機能が壊れたようだった。真菌ニューモシスティス・カリニが肺炎を、サイトメガロウイルスが胃腸炎を起こし、カポジ肉腫（のちにヒトヘルペスウイルス８型が原因とわかる）が皮膚に生じた。最初の名称ＧＲＩＤ（ゲイ関連免疫不全症）はすぐにエイズと改められ、免疫系全体の不調はＨＩＶが原因であることがわかった。二つの型があることはすでに述べたが、ヒトレトロウイルスの特殊形レンチウイルスである。このウイルスは免疫系の機能に干渉するユニークな能力をもつ。このウイルスが感染する細胞は活性化されたＣＤ４Ｔ細胞である。

この病気のメカニズムを述べる前に、レトロウイルス共通の性質についてふれたい。レトロウイルスは昔からさまざまな動物と関係しており、ＨＩＶはそのうちの一つにすぎない。これらウイルスのユニークな性質は、遺伝子がＲＮＡでありながらＤＮＡウイルスとしても機能することである。ウイルスはＲＮＡを逆にＤＮＡに転写する逆転写酵素をもっている。この酵素の発見で、一九七五年のノーベル生理学・医学賞がデイビッド・ボルティモアとハワード・テミンに授与された。この二人はダルベッコ（利根川 進の博士号取得後の指導者）とともに受賞した。賞の題目は「腫瘍ウイルスと細胞の遺伝物質の相互関係に関する発見」であった。このウイルスの遺伝子が細胞のゲノムに出入りすることが特徴である。十億年以上ものあいだに生物進化に重要な役割を果たしてきた可能性があり、ヒトのゲノムにもそのウイルスの足跡がある。ほぼ完全に近い形のレトロウイルス遺伝子であり、痕跡的な「錆《さ》びた」遺伝子といわれる。この内在性レトロウイルスが病気に関係している可能性が調べられたが、今のところ明確な証拠は見つかっていない。

ウイルスがその多細胞宿主を最終的に殺す際、基本的に三つのメカニズムがある。これらすべてのメカニズムはＨＩＶによるヒトでの持続感染でよくみられるので、これを例として説明する。その前に、ＨＩＶ-１もＨＩＶ-２も自然界の宿主（チンパンジーとスーティ・マンガベイ）では有害な感染は起こらないことを述べておきたい。そこでは宿主とウイルスとの両者に有利な平衡関係が進化で生まれている。なぜこれらの動物が病気にならないのかわかっていないが、願わくはいずれその決定的なメカニズムが明らかになることだ。そうなれば、ヒトでのＨＩＶ感染でも発病させない新手段が生まれるだろう。

ＨＩＶのヒト個人の中での進行的な発症の重要なメカニズムは、①抗原性が不安定であること、②静止状態の細胞にウイルスゲノムが組込まれ、その細胞が免疫系によって感知されないこと、③免疫機能の抑制を起こすことである。抗原の不安定性は、ウイルスゲノムの高頻度の突然変異発生率に由来する。免疫反応に強く関わるウイルス成分の抗原性を変化させることで、ウイルスは宿主の免疫応答から逃れられる。この現象はインフルエンザウイルスにも当てはまり、抗原ドリフト（と抗原シフト）によってインフルエンザ流行が繰返し起こることの説明にもなっている（前述）。しかしながら、幸運にもヒトに病気を起こす多くのウイルスでは、そのゲノム複製が比較的不正確であるにもかかわらず、抗原性は安定している。それゆえポリオウイルスは三つの型、麻疹ウイルスは一つの型しかない。そうでなければ、これらのウイルス病から身を守るワクチンをつくることに成功しなかったはずである。

これとは対照的にＨＩＶワクチンを開発する試みは失敗した。理由はたくさんある。一つは、ウイルスゲノムの宿主ＤＮＡへの組込みがウイルスの隠密行動を許すことだ。ゲノムの潜伏状態で、ウイルスは長期にわたって宿主免疫の攻撃を避けることができる。ＨＩＶ特有の問題は、それがＣＤ４細胞（ヘルパーＴおよび制御性Ｔ細胞）を選択的に攻撃し破壊することである。このウイルスは細胞に侵入する際CD4免疫グロブリン様受容体を利用するために、重大な結果をまねくのだ。未治療の患者ではCD4細胞の破壊が進行し、ウイルス感染細胞に対するキラーT細胞ができないだけでなく、他の多くの種類のウイルス、細菌感染が起こり、またある種の腫瘍細胞が出現する。血中CD4細胞の量は、抗ウイルス薬投与を開始するときの指針として使われる。適切な抗ウイルス薬の使用はウイルス複製の抑制に非常に効果的だが、人体からウイルスを完全に排除することはできない。ウイルスは患者の生涯にわたって生き残るのである。例外として、あるドイツ人患者は骨髄移植を受けてウイルスのすべての痕跡が消えたようである。

CD4細胞でウイルスが増殖するためには、細胞が刺激を受けて活性化しなくてはならない。CD4細胞の刺激や抑制がどのように調節されているのか、研究が続けられており、異なる細胞亜集団間での信号伝達や細胞間接触の役割が解明されつつある。CD4細胞の活性化を持続的に抑制し、HIV増殖を免疫予防という形でブロックできる可能性がある。これは抗体や免疫T細胞に頼らない新しい方法である。

この憶測から離れて、古典的なワクチンの話題へ戻ろう。ワクチンによる今までの成果は驚くほどであり[7]、さらなる発展が見込まれる。特定の病気とそれを起こすウイルスそのものを根絶した例もある。

ウイルス病の根絶

ウイルス病の根絶には三つの条件がある。①ウイルスの抗原性が安定していて、感染を予防する有効なワクチンがあること、②ウイルスが持続感染を起こさないこと（ただしこれは絶対的な条件ではない）、③ウイルスのヒト集団への再導入を起こすウイルス保有動物がいないこと。いくつかのヒトウイルスはこの条件を満たす。人類が天然痘を世界から根絶したのは一九七七年十月であった。これはWHO（世界保健機関）が計画したもので、人類の勝利といえる。何千年ものあいだ、文明を破壊してきたこの疫病はもはや起こらない。二十世紀だけでも何百万人もの人がこの病気で亡くなった。住民全員へのワクチン接種の必要もなくなった。もしノーベル生理学・医学賞が平和賞のように個人だけでなく組織へも授与されるならば、WHOがこの前例のない偉業に対して受賞しただろう。しかしこの取組みの「発見」が何か定義しておかなくてはならない。

最後に天然痘に自然感染した人は、ソマリアの病院の料理人アリ・マオウ・マーリンであった。彼は天然痘の子どもの世話をしていたため感染したのだが、生き残ることができた。悲しいことに、もう一つの症例が発生した。バーミンガム大学の解剖学教室で働いていた女性の医学写真家が一九七八年九月に実験室で感染してしまった。ウイルスは階下の微生物学教室からきたものだった。その教室のヘンドリー・ベドソン教授はこの事件の後、自殺した。

あまり語られていないが、リンダーペスト（ドイツ語でウシのペスト、牛疫）とよばれるウイルス病も根絶されている。病原体は麻疹ウイルスに似ていて、ウシや近縁の野生有蹄類《ゆうているい》に流行を起こす。麻疹ウイルスも、牛疫ウイルスがヒトへうつったものだと考えられている。この根絶が成功したのは国連食糧農業機関（FAO）と世界動物保健機関（OIE）による尽力の結果である。この計画は一九九四年に始まり、英国サリー州パーブライトの動物衛生研究所が指導した。ウォルター・プローライトが長年にわたり主導した。彼は、使用したワクチンの開発者でもある。われわれが麻疹、イヌジステンパー、牛疫ウイルスの関係を調べたとき、彼は牛疫ウイルスに感染した動物の血清を提供してくれた。しかし、スウェーデンでこのウイルスを扱うことは禁じられていた。根絶の公式発表は二〇一一年六月であった。次に根絶される三番目のウイルスは何だろうか？

天然痘根絶の成功を受け、WHOは他のウイルス病の根絶も目指した。ポリオウイルスが第二の目標として選ばれ、計画の初期にはよい結果が得られた。一九八九年

アリ・マオウ・マーリン，ソマリアの病院料理人で天然痘に自然感染した最後の人〔CDC Public Health Image Library〕

の開始から十年あまりで、ポリオウイルスが流行している国の数は一二五から四にまで減少した（左ページ図参照）。南北アメリカ、ヨーロッパ、東アジア、オーストラリアはポリオなしと宣言された（二年以上にわたって感染者ゼロ）。残念ながら、最後の十年間に根絶を宣言することはできずに、二〇一三年でもパキスタン、アフガニスタン、ナイジェリアで再流行している。人口十億人を超える大国であるインドでは長いあいだ流行が続いていたが、ついにポリオが消えた。すごい成果である。ポリオの流行が続いている三国ではキャンペーンを強化しているが、社会不安や文化の衝突などで最後の段階での足踏みが続いている。

ウォルター・プローライト(1923～2010年)，牛疫根絶に関わった中心人物〔文献 15〕

　ポリオと並行して麻疹を排除する非公式の計画もある。この病気はポリオより根絶が簡単なはずである。ポリオでは不顕性感染が多いが、麻疹では患者のほぼ全員が明確な症状を出すためである。一九六〇年代には有効なワクチンが得られたにもかかわらず、麻疹で亡くなる子どもは毎年百万人にものぼった。二〇〇〇年から二〇一一年のあいだに大きな改善があり、患者数は六五パーセント減、死者数は五四万二千人から十五万八千人と七一パーセント減となった。残念なことに、ある先進国ではワクチン接種率が減少した。これは社会の高学歴層がもつ誤った情報による。このウイルスの伝染力は非常に強いので、社会全体のワクチン接種率が九十パーセント以下になると、ウイルスが社会で伝播する。この値以上であれば、免疫をもたない非接種者間で感染は広がらない。「集団免疫」とよばれる効果である。ＷＨＯは麻疹の排除（根絶ではない）と並行して、風疹の排除を進めている。目的は先天性風疹の障害を失くすためである。このキャンペーンはうまく進んでいる。

急性ウイルス感染の根絶だけでなく、持続感染の根絶も考えられる。一例は水痘／帯状疱疹である。もしも野生強毒ウイルス感染に対して世界的に弱毒ワクチン〔大阪大学の高橋理明が開発〕での代替が可能ならば、ウイルスの社会での循環が止まり排除できる。したがって帯状疱疹になる人数を減らすことになる。成人に追加接種を行って帯状疱疹を減らせば、最終的にはこのウイルスの根絶につながることになる。持続感染ウイルスのもう一例はB型肝炎である。既述したように、自然界でのこのウイルスはおもに妊娠後期または出産時に母から子へと伝播し、ワクチンで予防できる。したがってウイルスの存続を遮断できる可能性がある。

現在、できるだけ多くの生物種を残し生物多様性を保つべきとの議論が盛んになされている。同時にわれわれは、人間中心の視点から特定のウイルス種の根絶を目指していると言及しておこう。もし天然痘のように成功すれば、根絶されたウイルスに対するワクチン接種は不必要になる。これは偉大な進歩である。加えてわれわれは信頼に基づく世界をつくらなければならない。根絶されたウイルスが、理論的に生物兵器として使われる可能性

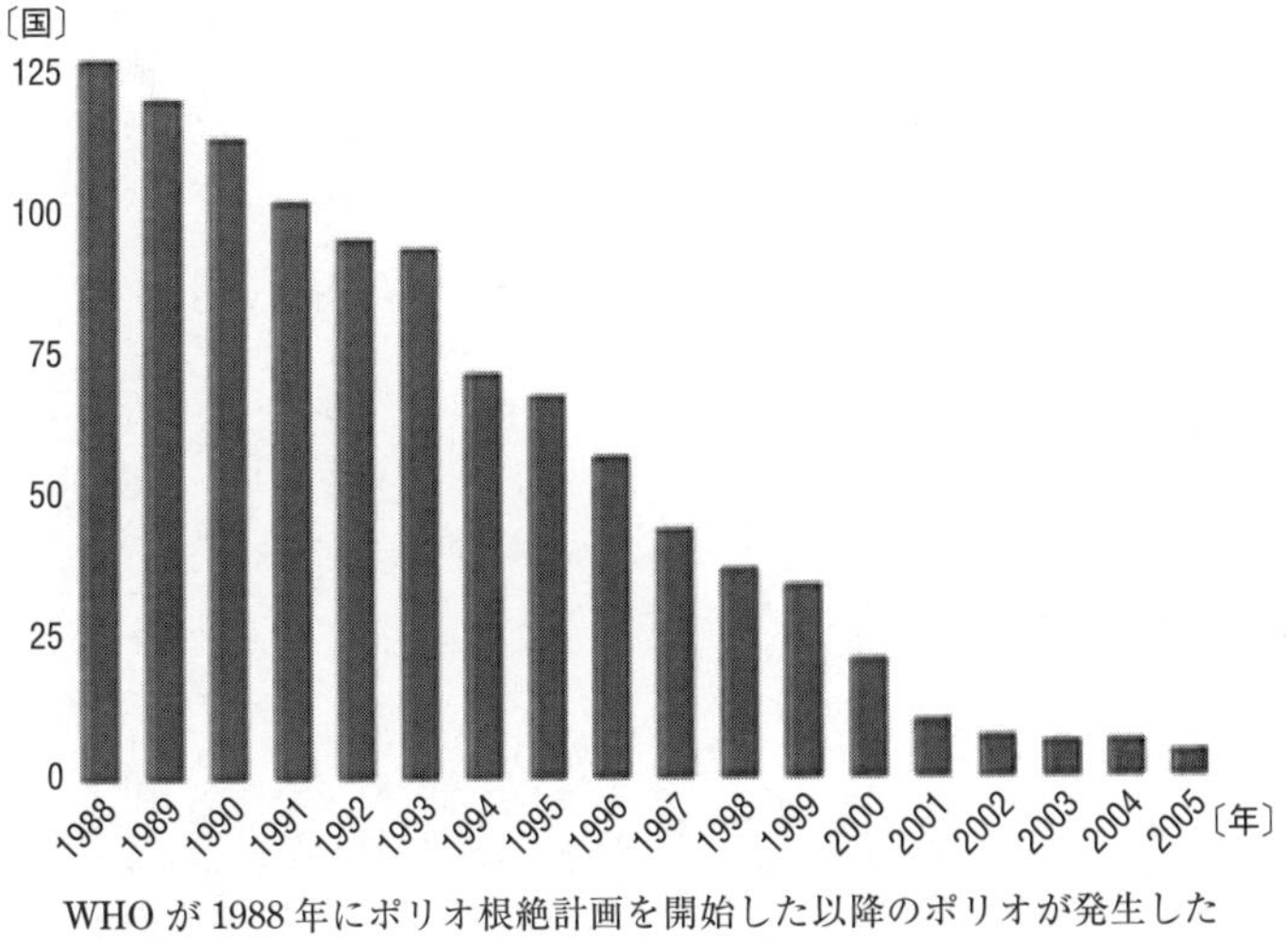

WHO が 1988 年にポリオ根絶計画を開始した以降のポリオが発生した国の数の変化

があるからである。この脅威に対しては、研究室に残っているそのウイルスのすべてを破壊すればよい。しかしそれだけでは非倫理行動を止められないだろう。技術の進歩によって、試験管内でウイルスをつくることが可能だからである。ポリオやインフルエンザではすでに成功している。現在、科学者は百万塩基対ほどの核酸を合成できる。理論的にはもっと複雑なウイルスもつくることができる。これは、小さな細菌〔マイコプラスマ〕の全ゲノムが高い忠実度でつくられたことで示された[8]。このような研究は今後も増えるだろう。

　免疫系の詳しい機能がわかればわかるほど、急性のみならず持続感染症の治療と予防が期待できる。近代で最も恐ろしかったウイルス病は一九一七～一八年のスペインかぜである。五千万人もが亡くなったと推測されている。犠牲者の多くは元気な若者で、「サイトカイン嵐」とよばれる急速に進行する症候で倒れたことがのちにわかった。免疫系の信号伝達の理解が深まれば、そのような症状に対処できるようになるだろう。

　免疫系の理解が進んで得られたもう一つの恩恵は、自己と非自己の区別に干渉する可能性である。医学的に重要な自己免疫疾患はたくさんあり、より効果的な治療法が求められている。本章の最後で議論するノーベル賞は、細胞・臓器移植に関する一九九〇年の賞と、その二年前の移植を可能にした薬に関する賞である。

ヒト組織移植の進展

バーネットとメダワーへ授賞するときになされた主要な議論は次のようであった。移植片が拒絶されるのは免疫学的理由であることがわかったので、人から人への臓器移植の道を拓く可能性が出てきたということだった。この議論は正しいが、議論をもっと深める必要がある。メダワーは次のように述べている。

《免疫寛容の発見は、実践的というより教訓的な点で最重要であることがわかった。それは、人から人へ腎を移そうとしている多くの外科医や生物学者の心を奮い立たせた。一卵性双生児間では、腎移植はすでにボストンのピーター・ベント・ブリガム病院で見事に成功していたのである。》

バーネットとメダワーへの賞で明らかになったことは、受容者と供与者のＭＨＣ抗原が適合すれば（抗原性がかなり近ければ）、さらに、ゆっくりと免疫抑制を起こす薬が開発されれば、臓器移植が可能になるということである。そして、それが実現したのだ。一九九〇年のノーベル生理学・医学賞はジョセフ・Ｅ・マレーとＥ・ドナル・トーマスに授与された。賞の題目は「ヒトの病気の治療における臓器・細胞移植に関する発見」である。この賞は理論医学と臨床医学との架け橋となった。二人の受賞者は、臨床医学と実験科学に十分な経験と学識をもっていた。

ジョゼフ・Ｅ・マレー(1919〜2012年)，1990年生理学・医学賞受賞者〔1990年ノーベル賞年鑑〕

マレーとトーマスがストックホルムを訪問した際、私は彼らと話をする機会に恵まれた。ノーベル議会の議長は一年間の任期であり、その年は私の番であった。それゆえ議会の議事録をまとめて授賞者を決定するのが私の義務であった。また議長はその年のノーベル委員会の会合にも参加する権利があった。さらに、カロリンスカ研究所長のベングト・サムエルソン（一九八二年にノーベル生理学・医学賞を共同受賞）と一緒に、ノーベル賞講演後の研究所主催のレセプションで彼ら二人のホストを務めた。

固形臓器の移植

マレーが育った家庭は、教育と他人への奉仕を重視していた。そのような環境で、彼は家庭医に勧められて外科医になる決心をした。ハーバード大学医学部へ入学し、豊かな四年間を過ごした。ペンシルバニア州のバレーフォージ総合病院で兵役義務を体験したとき、彼は組織・臓器移植の生物学に興味をもった。仕事をした形成外科病棟には火傷患者が多数いたためである。彼は一

カロリンスカ研究所での 1990 年ノーベル賞受賞者歓迎会．左からベングト・サムエルソン(副学長でノーベル賞受賞者)，マレー博士と夫人，トーマス博士と夫人，サムエルソン夫人，著者と妻．

時的な同種皮膚移植片の生存に影響する因子は、皮膚供与者と受容者との遺伝的関係度であることを知った（一卵性双生児間での最初の皮膚移植はすでに一九三七年に行われていた）。

腎移植を成功させる条件は、一九四〇年代終わりにピーターベントブリガム病院でマレーが主導して明らかにした[9]。彼らのグループが初めて成功したのは一九五四年の一卵性双生児間での腎移植であった（これをメダワーが引用した）。数年後、ある免疫抑制剤がイヌで試され、一卵性双生児以外のあいだでの移植の可能性が出てきた。その研究に携わっておりロンドンから来ていた研究者ロイ・カルネが、メダワーのアドバイスを受けてマレーと一緒に仕事をするためにボストンへ行った。

一九五〇年代の終わりにもう一つ重要な進展があった。ある科学者が、免疫応答時の活性化した未成熟リンパ球は白血病細胞に似ていることを発見した。そこで彼は抗体応答時に6-メルカプトプリン（6-MP）を投与してその効果を調べた。すでに述べたように、細胞分裂をブロックすると抗体応答も止まった。この発見がヒトでの臓器移植を可能にする最初の免疫抑制剤の開発につながったのである。カルネは6-MPがイヌでの移植腎の生残期間を伸ばすことを見つけた。さらなる議論があり、カルネはバロウス・ウェルカム社〔現ウェルカム財団〕のジョージ・H・ヒッチングスとエリオンをマレーに紹介し、彼らも研究に加わった。二人の真摯な科学者はのちマレー受賞の二年前にノーベル賞を受賞する。彼らは熱心に共同研究を行い、議論の結果6-MPでなく他の物質アザチオプリン（イムラン）を試すことになった。この物質はプロドラッグとして働き、体内で代謝されて6-MPになるため毒性を減らせる。このイムランが他の薬剤に代わり、一九六二年に始まる臓器移植の成功を導いたのである。この薬剤はまた関節リウマチなどの自己免疫疾患の治療にも使われた。

移植後、免疫抑制が必要となるタイミングは二回ある。まずは、外科手術直後で臓器が新しい環境で生残するのに重要なときである。ここでうまくいけば免疫抑制剤の使用量を減らしながら、薬剤の副作用を最小限にとどめ、移植臓器の生残期間を伸ばすことができる。一九六一年アザチオプリン処置をした患者への最初の腎移植を行ったところ、毒性が強すぎて患者は亡くなった。二、三年のあいだに薬剤の量が適切に調整されて、一九六五年には近親者からの移植腎生残率は八十パーセント、死者からの移植では六五パーセントになった。移植初期の拒絶反応を抑えるために副腎皮質ホルモンの追加が行われた（このステロイドホルモン群の効果確認と臨床応用に対しては、一九五〇年にノーベル生理学・医学賞が授与されている）。さらなる開発が行われ、インターロイキン受容体に働くような抗リンパ球血清やモノクローナル抗体により初期の拒絶反応の抑制を試みている。時とともに改良された免疫抑制剤も開発されている。

腎移植の成功後、心臓や肝臓などの移植も行われるようになった。臓器移植は標準的な医学処置となったのだ。現在最も急を要する問題は臓器不足である。同種移植でなく動物臓器を使う異種移植の可能性が真剣に検討されている。異種移植の問題は、動物のレトロウイルスなどの内在性ウイルスがヒトにうつる可能性である。ありそうもないことのようだが、そのような外来性ウイルスの潜在的危険性を評価する方法が必要である。

ノーベル賞授賞式でマレーが述べた短い自伝[10]からは、

E・ドナル・トーマス(1920〜2012年),1990年生理学・医学賞受賞者〔1990年ノーベル賞年鑑〕

研究だけでなく他の多くのことに興味をもつ科学者の像が見える。彼は皆から好かれる人物であり、生涯は幸せな結婚と大家族に満たされていた。マレーは長生きし、二〇一二年に九三歳で亡くなった。

骨髄移植

移植に関するノーベル賞受賞者のもう一人はトーマスで、骨髄移植の先駆者である。彼が医学の道へ進んだのは、家庭医であった父から勧められたからだ。マレーと同様に、彼もハーバード大学で教育を受け、インターンのときピーターベントブリガム病院で一年間過ごし、そこで二人は出会った。研究の初期、骨髄と白血病に興味をもち、マサチューセッツ工科大学（MIT）での数年間の滞在で、骨髄細胞の増殖を刺激するタンパク質を研究した。進展は遅く、その成果が明確になるまでに時間がかかった。骨髄移植の研究をより臨床に近い環境で行ったのは、まずニューヨーク州クーパーズタウンにあるコロンビア大学連携メアリー・イモジン病院であった。この研究の最中の一九五九年、一卵性双生児間で最初の骨髄移植を成功させた。骨髄受容者は、自分の骨髄細胞をすべて破壊するために大量の放射線照射を受けた。この処置は本来ならば致死的であるが、移植された細胞のおかげで生きられる。研究の発展はあったものの、この仕事を続けるにはさまざまな障害があることは明らかであった。一九六三年、トーマスはシアトルへ移った。そこで骨髄移植の異なる面について研究する新しいチームがつくられたのである。一九七五年にこのチームは、将来の研究材料が得られるフレッド・ハッチンソン癌センターへと移った。

骨髄移植は、進展とともに造血幹細胞移植（HSCT）

とよばれるようになった。それは供与者の細胞にいろいろな種類があるからだ。骨髄細胞のほかにも末梢血幹細胞を使い、新生児には臍帯血細胞も使う。HSCTはリスクがある処置なので、それをしなければ命を失う場合のみ行われる。なお患者自身の細胞を前もって集めて凍結保存したものを自身に移植するのは自家移植であり、同種移植ではない。同種移植の例の半数以上は家族の細胞をもらい、それ以外では白血球型をマッチさせた細胞を使う。HSCTが実施される例の九割がリンパ球増殖障害と白血病であり、残りは重度の自己免疫疾患と特殊な心臓血管病である。

骨髄移植は、移植組織がさまざまな免疫反応に強く関わる大変な手法である。[11] その第一段階は現存の骨髄細胞を一掃することである。これは現在、放射線照射または化学療法で行われる。同種移植の場合の最大の問題は、既述の移植片対宿主（GvH）反応である。この反応を抑えるためには、供与者と受容者の組織を最適に合わせる手段を開発する必要があった。ドーセの白血球型別法は、最適な組合わせを選ぶのに必須であった。さらに適切に調節された免疫抑制が必要で、前述のようにだんだんと改良された薬剤が開発された。もう一つの問題は、潜伏していたウイルスが活性化されたとき、それをいかに制御するかである。一九六〇年代には多くの失敗があったが、その後十年ほどでトーマスと共同研究者たちが、移植細胞が定着する最適な条件を決められるようになった。非癌患者への骨髄移植が成功したのは一九六八年、ミネソタ大学のグッドによってであった（第3章）。臓器および骨髄移植はすでにルーチンの医学的処置となっているが、後者では適合する供与者の不足が続いている。

信念の女性科学者

臓器および細胞移植の成功に必要なことは、①手術直後とその後の長期定着のための免疫抑制を適切に行う、②免疫抑制で活性化するウイルスを抑えることである。ゲルトルード・B・エリオンとジョージ・H・ヒッチングスは、この両方に必要な薬剤を開発したパイオニアである。彼ら二人およびジェームズ・ブラックの貢献は一九八八年のノーベル生理学・医学賞「薬剤作用

ゲルトルード・B・エリオン（1918～1999年）とジョージ・H・ヒッチングス（1905～1998年），1988年生理学・医学賞受賞者〔1988年ノーベル賞年鑑〕

の重要な原理の発見」となった。前述のようにエリオンとヒッチングスは、ピーターベントブリガム病院でマレーのグループと重要な共同研究を行った。

イストヴァン・ハルギッタイの近著『気力と好奇心』[12]のある一章はエリオンについてであり、そのタイトルは「個人的な悲劇に動かされた救命士」である。彼女が仕事をしていた製薬会社でいかに熱心な化学者であったかが書かれている。一九三〇年代、彼女はユダヤ系かつ女性であるために教育を受ける際に数々の困難に直面した。父親はリトアニア出身の歯科医師であった。一九二九年に始まった大恐慌時代にすべての投資を失い、家族は食べるのに汲々としていた。彼女が十五歳のとき愛する祖父を癌で失った。この経験が医療や健康分野でキャリアを得ようと思うきっかけとなった。彼女は学費がかからないハンター・カレッジで化学専攻へ進む。さらなる上級校での勉学は戦いの連続であった。さまざまな教育関係のアルバイトで学費を稼ぎ、ニューヨーク大学へ入学できた。化学大学院クラスでは彼女は唯一の女性だった。授業のない夜間と週末に研究し、一九四一年に化学で修士号を取得した。たくさんの職に応募し、ニューヨーク州タッカホーのウェルカム研究実験所のヒッチングスの助手として雇われる。彼女は自由な采配を与えられ、ヒッチングスとの共同研究も実り多いものになった。単独の研究の割合が増すなか、共同研究も四十年あまり続けた。エリオンは理学博士号を取得するためにブルックリン高等研究所の夜間コースに入学し、すぐに博士号の取得には全日コースに移る必要があることを知った。ヒッチングスとの共同研究を止めるわけにいかないので、博士号は諦めた。メダワーをはじめとする多くのノーベル賞受賞者と同様に、彼女は正式な学術称号のない科学者であった。

ヒッチングスは、核酸の構成成分を化学的に明らかにしようとした。私は、なぜ彼が一九四〇年代初期にこの化学物質を研究対象に選んだのか不思議に思う。当時、遺伝物質として中心的な役割を果たしていると誰も予想していなかったのに。エリオンによれば(13)、「ヒッチングスは次のように理論づけた。すべての細胞は核酸を必要としており、急速に分裂する細胞（細菌、癌細胞、原虫など）の増殖を止めるには、核酸塩基の拮抗物質が必要である。」しかし、当時核酸の構成成分（プリン、ピリミジン）やその代謝に関する化学的知識はわずかであった。一九四四年のロックフェラー研究所エイブリー研究室での重要な発見も、とりわけインパクトをもたらしていたわけではなかった。しかしなお、この分野を選択的に研究したことは非常に幸運だったといえよう。

合成されたプリン類似体のいくつかは、一九五〇年代初期にニューヨークのスローンケタリング記念癌センターで抗腫瘍活性が調べられた。なかでも６‐ＭＰ（前述）は、特に有望であった。この薬剤は子どもの白血病に寛解をもたらした最初のものである。これにより、白血病の治療が始まった。時とともにさらなる効果のある薬剤が開発され、治療法を組合わせて治療効果が改善された。今日、以前は死亡率百パーセントだった病気に罹った子どもたちが治っている。６‐ＭＰを改良してイムランが開発されて移植腎の定着がよくなり、骨髄移植の初期反応もうまく対処できるようになった。

エリオンはノーベル賞講演集(14)で、自身について謙虚な姿勢で次のようにさらっと述べた。「私の研究は、長年にわたって天職であるだけでなく道楽でもありました。研究は十分に楽しかったので、息抜きにどうしても外出したくなることはありませんでした。」彼女はこのように述べた一方趣味も多く、旅行やカメラが好きで、また音楽、とりわけオペラを聴くのが好きであった。家族関係については、簡潔に次のように述べた。「私は結婚しませんでしたが、兄は幸運にもしました。彼の三人の息子と娘の成長を見るのが楽しみです。今やそのうちの何人かには子どもがいます。私たち家族は距離は離れていても固い絆で結ばれていて、喜びも、悲しみも、希望も、分かち合っています。」

免疫抑制剤が起こす合併症

組織移植の話の最後に、全身の免疫機能が抑制された場合にどのようなことが起こるか述べたい。通常、免疫系は生理状態を保っているが、それが壊れた場合二つの結果をもたらす。一つは、潜んでいたウイルスが活性化されることで、もう一つは異常に増殖する細胞が癌を発生させることである。のちにふれるように、ときにこの二つは互いに関係し合っている。前述のようにわれわれの体内には持続能のある多数のウイルスが存在し、それらは正常時には静かにしている。これらウイルスのなかで、特に種々のヘルペスウイルス（表４・１）とパピローマウイルスが免疫抑制時に合併症を起こす。〔骨髄移植の受容者がサイトメガロウイルス（ＣＭＶ）未感染であって供与者がＣＭＶをもつ場合、受容者にＣＭＶ初感染が起こる。この症状は、ＣＭＶ既感染の受容者にＣＭＶ活性化が起こる場合より重い。〕

一九四〇年代後半からエリオンとヒッチングスは抗ウイルス薬に興味をもったが、細胞に毒性がなくてウイルス増殖をブロックできる薬剤を見つけるまでには時間がかかった。一九七〇年代、エリオンのグループは、グアニンの類似体であるアシクログアニン（のちにアシクロビルと名付けられた）がヘルペスウイルスの増殖抑制に効果を発揮することを見つけた。この薬剤は移植患者でのウイルス活性化に対し有効であったが、同じヘルペス群でもウイルスの種類によって有効性は異なった。単純ヘルペスウイルス1型と2型、水痘帯状疱疹ウイルスに対して最も有効だったが、サイトメガロウイルスにはまったく効果がなかった。アシクロビルとその誘導体は、臓器、骨髄移植を受けた患者の早期免疫抑制時に活性化されるウイルス感染の対処のために必要不可欠なものとなった。

ある種のウイルス感染とのちに発生する癌との関係がわかったことは、免疫抑制処置には間接的な危険性もあることを気づかせるきっかけとなった。潜伏ウイルスが活性化しても害のない感染で済むのだが、これがのちに癌細胞の出現を起こすのである。ツアハウゼンは、ノーベル賞講演[15]で腎移植を受けた患者群での長期間の多種の癌の相対的発生頻度を調べた研究を引用した。ある癌では発生頻度が上がらず、他の癌では理由はわからないが発生率が減少した。しかし免疫抑制後に発生率が上昇した癌も多数あった。結合組織で発生するカポジ肉腫は二百倍上昇していた。驚くことではないが、これは非治療のエイズ患者で初期に発生する。この癌は一八七二年、ウィーン大学で働いていたハンガリー人の皮膚科医師によって記載されている。その腫瘍部分は丘疹性の皮膚病変で簡単に見つかるが、癌細胞は体中にも広がる。この癌に対する免疫系の制御の重要な役割は、一九八〇年代初期のエイズの最初の流行時に注目されたものである。のちに、以前は知られていなかったヘルペスウイルス8型（表4・1）の活性化によることがわかった。免疫抑制患者には他の部位、特に口唇、外陰部、陰茎などに癌が発生する。これらの癌が未知の（パピローマ?）ウイルスの活性化によるものなのか、ある種の腫瘍細胞の増殖を起こりやすくさせる他の現象と関係あるのか、まだわかっていない。

移植をするときに生じる問題は、さまざまなバランスよい介入法の開発で解決されてきた。この治療法は重要かつ新しく、多くの重症患者に質の高い日々の生活を保証している。まとめると、現代の細胞、臓器移植は基礎科学と臨床医学が互いに豊かにし合ってきたことの優れた例証であり、それによって以前は助からなかった病気の患者が大きな恩恵を受けている。まさに命を与える医学といえよう。

骨髄バンク事業

一九九〇年代初め、私はマーカス・ストーチと妻ギニラと知り合った。彼は都市工学技術者という経歴をもち、スウェーデンでは非常に影響力のある産業人であった。一九九一年に彼らの一人息子である十代のトビアスが再生不良性貧血で亡くなった。この病気は骨髄の機能が完全に停止することで起こる。ただ一つの治療法は骨髄移植であるが、トビアスの白血球型に合う供与者が見つからなかったのだ。ストーチ家は底なしの深い悲しみに向かい、それを昇華させるためにトビアス財団を設立した。私は発足時から財団理事の一人であることを誇りに思っている。ストーチ家および外部の賛同者からの寄付金によってかなりの額の資金が蓄えられた。それを使ってスウェーデン国内で広く骨髄登録が行われ、白血球型がわかった人のリストがつくられた。この国内登録は他国の登録と照合でき、世界でも珍しい型をもつ供与者を探すことができる。〔日本には公益財団法人「日本骨髄バンク」がある。〕また財団の資金で造血幹細胞に焦点を絞った研究が支援され、カロリンスカ研究所や他の大学で同様な研究を行うための寄付講座がつくられた。マーカス・ストーチは二〇〇五年から二〇一二年までノーベル財団の理事長であり、ストックホルム市庁舎での十二月十日のノーベル晩餐会で妻とともにホストを務めた。

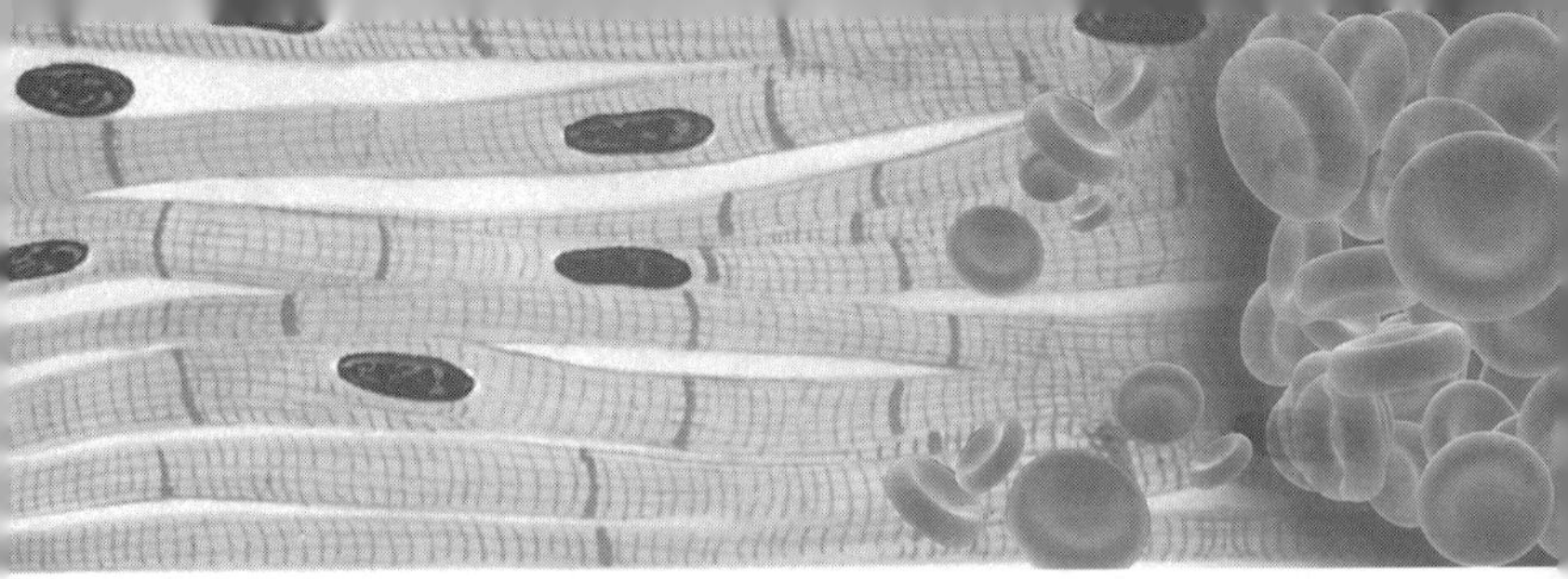

第 5 章
折りたたまれたタンパク質の構造解明

To Fold or Not Fold
A Ques·tion of Func·tion
New Tools of Na·ture

畳む、畳まぬ
機能が問題だ
新しい道具

一九六二年のノーベル化学賞と生理学・医学賞は、X線結晶学を使った科学者たちに授与された。複雑なタンパク質の立体構造解析の先駆者であるマックス・F・ペルーツおよびジョン・C・ケンドルー、DNA二重らせん構造を解明したフランシス・H・C・クリック、ジェームズ・D・ワトソン、モーリス・H・F・ウィルキンズに対してである。これらは画期的な発見であった。技術の進歩によって生命機能の中心的役割を果たす巨大分子構造を可視化できたのだ。①複雑なタンパク質の構造の解明、②DNAが遺伝情報をもつという生物学における二十世紀最大の発見が評価されたのであった。

光学顕微鏡は、目に見えない自然の世界の研究のために開発された最初の道具であった。しかし光の波長は長いので、この装置で観察できる物の最小のサイズは十分でなかった。そこで電子を使う手法が開発された。電子は可視光や紫外線のような電磁波とは根本的に異なる。電子ビームの波長ははるかに短く、小さなウイルス粒子のような構造も調べられる。電子顕微鏡は一九三〇年代に開発されたにもかかわらず、ノーベル物理学賞として認められたのは一九八六年のことだった。その賞の半分は、当時八十歳のエルンスト・ルスカに「電子光学の基礎研究と最初の電子顕微鏡の設計」で与えられた。しかしウイルスよりもっと小さな原子や分子の構造を「見る」ためには、可視光よりはるかに短波長の電磁波が必要であった。そのような電磁波は、一八九五年によくわからないもの（X線）としてW・コンラート・レントゲンが偶然に見つけ、一九〇一年の最初のノーベル物理学賞を受賞した。この「レントゲン線」によって分解能が上がり、三次元での元素とその複合体を調べることが可能になった。分子構造を詳しく「見る」ことができるようになったのだ。

結晶構造を調べる際にX線が有用であることは、一九一四年と一九一五年の二つのノーベル物理学賞として認められた。一九一四年にマックス・フォン・ラウエが「結晶によるX線回折の発見」で受賞。翌年にはブラッグ親子（ウィリアム・ヘンリー・ブラッグとウィリアム・ローレンス・ブラッグ）が「X線による結晶構造解析」で受賞した。二人の分担の背景は文献1に書いてある。これらの初期の研究では対象物は無機結晶であった。息子のブラッグはわずか二五歳であり、最年少でノーベル賞を受賞した。のちの結晶学研究に重要な「ブラッグの法則」の名前は、父でなく息子（ローレンス・ブラッグ）の名に由来する。ローレンス・ブラッグはその後の結晶学の何十年もの発展に重要な役を果たし、巨大な有機分子の構造解明に貢献した。彼はその中心人物であると同時に、本章および次章で述べるようにノーベル賞候補者の推薦人でもあった。彼の生涯は、『光はメッセージを運ぶ[2]』という題名の伝記に書かれている。この題名は彼の研究内容にふさわしいものだ。

マックス・フォン・ラウエ(1879～1960年)，1914年物理学賞受賞者〔1914年ノーベル賞年鑑〕

ウィリアム・ローレンス・ブラッグと父ウィリアム・ヘンリー・ブラッグ(1930年代撮影)〔スミソニアン博物館保管，Image SIA2007-0340〕

結晶の対称性は何世紀も前から論じられていたが、科学的に調べられたのは十七世紀になってからだ。ヨハネス・ケプラーは雪の結晶の六回対称性を述べ、カトリック司教、科学者であったデンマーク人ニコラス・ステノは、一六六九年に石英の隣り合う結晶面の角度は一定であること〔面角一定の法則〕を示した。結晶内に対称的に並んだ原子はその電子との相互作用によりX線を散乱させ、この散乱の具合は写真フィルムに密度パターンとして記録される。実際に行うには、結晶を回転板に載せてX線反射を写真に記録する。科学者はこのX線回折パターンから結晶構造を推定する。結晶にはさまざまな対称性が存在し、その対称性は空間群で表される。一九二四年にウィリアム・T・アストベリーとキャスリーン・ロンズデール（後述）は、全部で二三〇の空間群を記載した表を作成した。他の技術と数理アルゴリズムが開発され、より複雑な構造を調べられるようになった。無機物質（塩、金属、鉱物）のみならず、より複雑な多種の有機分子の結晶がつくられるようになり、X線結晶学は幅広い科学領域で活用されるようになった。この技術は、最初に物理学者が開発し、のちに化学者が応用した。

複雑な生体分子の結晶構造解析は一九三〇年代に始まり、より複雑な構造の決定には長い期間を要した。技術の改善と新しい数学的処理法が導入されて、大量のデータを扱う必要性が出てきた。第二次世界大戦後のコンピュータの発達が、この分野の進展に決定的に重要であった。その進展には多段階が必要であり、重要な生化学物質の構造をX線結晶学によって解明したことへのノーベル化学賞は、一九六二年および一九六四年まで与えられなかった。技術の発達によって、より複雑な分子構造やそれら分子の機能的集合体の構造が徐々に明らかになり、二十一世紀にはこれらの功績に対して多くのノーベル化学賞が授与された。

大賢人

ジョン・D・バナールは、二十世紀の英国で最もカリスマ的で論争好きな人物の一人といわれた。彼はエネルギーの強さと豊かさで有名になった。優秀な科学者・数学者であるだけでなく、美術・文学・政治・歴史にも造詣が深かった。そこで「大賢人」ともよばれていた。C・P・スノーの小説『The Search（探求）』のなかでコンスタンチンという人物になっている。

バナールは一九〇一年にアイルランドで生まれた。父はイタリア人とスペイン／ポルトガル系ユダヤ人とのあいだに生まれ、母は北アイルランドのアントリム出身のインテリであった。カトリックの環境で愛国者として育ち、同時に科学への情熱も育った。母と一緒に十二歳から教育を受けた。約十年後、ケンブリッジ大学の学生だった彼は、自分の宗教を拒否し極左政治に入り込んだ。ソビエト連邦の社会実験とその指導者スターリンを

ジョン・D・バナール（1901〜1971年）

信じたが、ソ連が一九五六年ハンガリーに侵攻したとき彼の信仰は揺らいだ。しかし彼は一生のあいだ共産主義の政治イデオロギーを信じ、さまざまな平和運動に深く関わった。一九五三年にはスターリン平和賞を受賞し、一九五九年から一九六五年のあいだ、世界平和会議の議長を務めた。

彼の私生活は多数の女性と非常に込み入った関係をもち、三人の女性と子どもをつくったことを認めた。彼の科学へのアプローチは躁的な傾向があった。次から次へとアイデアを出しては捨てたが、彼の共同研究者はしばしばそれに従った。このような問題があったにもかかわらず、複雑な有機分子の三次元構造に関係する分子生物学分野の指導者になった。彼と共同研究者はX線結晶学が道具となることの可能性を示し、生命に関係する分子の構造と機能を理解しようとした。

彼は科学への重要な貢献のほかに、科学の社会への影響に関する哲学的研究でも知られている。科学の成果は万人に共有され、それが適切に使われれば人類の運命を大きく改善するという主張を本にした。バナールの多彩な生涯（一九七一年に死去）は伝記になっている。(3)

科学の新分野の誕生

一九二三年バナールがケンブリッジ大学を卒業したとき、ブラッグ（父）とロンドン王立研究所デイビー・ファラデー研究室で仕事を始めた。バナールは黒鉛や金属に関しての従来の結晶学研究を行ったが、同じ研究室でアストベリーは有機物質について先駆的研究を始めていた。このとき初めて有機材料も塩結晶と同様の組織化された構造をとる可能性が示唆された。毛の繊維状構造のX線回折パターンは周期性があり、分子が順序よく並んでいることを示していた。バナールは一九二七年、ケンブリッジ大学に結晶構造学の最初の講師として戻ったとき、アストベリーのX線回折写真を持ち帰った。彼はたくさんの有機材料を試したが、最初の突破口はビタミンDやコレステロールなどのステロール結晶を研究したときだった。さらなる研究でペプシンなど種々の酵素の構造を調べ、また複雑な構造のタバコモザイクウイルス（259ページ）の初期のX線回折写真も得た。

バナールは学生を教育し始め、教え子たちはのちにノーベル化学賞を受賞した。最初の学生はドロシー・クロフットで、彼女は一九三四年に彼の科学的および個人的冒険に加わった。科学では、彼らは一緒に水和結晶、すなわち自然状態に近い環境にある有機材料研究の新しい手法を開発した。まず、複雑なタンパク質であるインスリンホルモンを調べた。一九三六年にはオーストリア人のマックス・ペルーツが参加した。ペルーツがケンブリッジに着いたとき、バナールに「どうしたら生命の神秘を解けるか？」と質問した。答えは、「その解答はタンパク質の構造のなかにある。X線結晶学がそれを解く唯一の方法だ。」ずっと後にペルーツはノーベル賞講演④で次のように述べた。「私は、一九三七年に結晶化タンパク質のX線回折研究をキャベンディッシュ研究所J・D・バナールのもとで始めました。ちょうどバナールとドロシー・ホジキンが、タンパク質結晶で原子間距離程度のシャープなX線回折パターンが得られることを示した後でした（著者注：一九三四年『ネイチャー』のインスリンに関する論文）。」

一九三七年にバナールはロンドン大学バークベック・カレッジの教授になった。それにはアーネスト・ラザフォード（原子核の発見で一九〇八年のノーベル化学賞受賞）の意見が関係している。ラザフォードはバナールをひどく嫌い、彼がケンブリッジ大学での終身雇用権を得られないようにした。彼は、同じ年にわずか三六歳で王立協会〔自然科学の学士院〕の会員（フェロー）に選ばれた。ロンドンでの研究は第二次世界大戦のために停滞した。彼はジェフリー・パイクが始めた奇妙な「ハバクク計画」に関係した。その計画とはパルプと氷を混ぜたもの（パイクリート）で空母をつくろうとした計画であった〔途中で中止〕。しかし彼はノルマンディー作戦の準備と成功に決定的な貢献をした。共産主義との連帯を公に述べていたにもかかわらず、彼は信頼されてマウントバッテン卿の親密な助言者となったのである。のちに述べるが、ペルーツはバナールほどには政治的にうまく立ち回れなかった。

バナールは若い科学者たちを積極的に支援した。ケンドルーとは大戦中に交流があり、結晶学者になるように導いた。ずっと後にアーロン・クルーグがＲＮＡ分解酵素のことで彼と共同研究をした。最後に一九五〇年代中ごろ、ロザリンド・フランクリン（次章）がタバコモザイクウイルスの研究で加わった。前著[5]で述べたように、クルーグは一九八二年にＸ線結晶学の仕事でノーベル化学賞を受賞した。仕事の一部はタバコモザイクウイルスのことだった。一方フランクリンはＤＮＡ結晶に関しての重要な研究で推薦されなかった。一九五八年に不幸にも夭折《ようせつ》したからだ。バナールはのちのノーベル受賞者たちに重要なひらめきを与えたにもかかわらず、彼自身はノーベル賞候補にはならなかった。一度一九五九年にフランス人共同研究者によって推薦されたが、その提案には正当性がなくその後ノーベル委員会では検討されなかった。一九四八年のノーベル文書館記録によれば、バナールは物理学賞としてパトリック・Ｍ・Ｓ・ブラケット（同年受賞）の推薦人の一人であった。彼は一九五七年と一九五九年にホジキンを物理学賞に推薦している（後述）。

バナールの強みは他人を鼓舞することであって、Ｘ線タンパク質構造解析をはじめとする複雑な研究プロジェクトを成功に導く意志堅固さには欠けていたようだ。二〇〇〇年の『ロンドン書評』でペルーツは次のように書いている。「バナールはアイデアの源であり、他人に気前よく与えた。私が研究に行き詰まって時間を無駄にしていると同僚に思われていた数年間に、バナールは春の到来のように私のところに立寄り、熱狂と新しい希望を吹き込んでくれた。」ホジキンとペルーツは、バナールに欠けていた堅忍不抜をもっていた。この二人は、メダワーの定義を使えば「強迫観念学者 obsessionalist」であった。

結晶の貴婦人

ドロシー・クロフット・ホジキンは一九一〇年にカイロで生まれた。父はそこで教育プロジェクトに従事していた。彼は建築家、古典学者であり、優秀な植物学者である母とも一緒に仕事をしていた。それゆえドロシーは豊かな教育環境で成長した。学問へ進もうとした際どこへ行くか迷い、建築学へ進みかけたが最終的には化学へ進んだ。彼女はオックスフォード大学で女子専門のサマーヴィル・カレッジで化学を修めた。彼女の化学と結晶への興味は子どものころから始まっていた。ノーベル賞講演[6]で、幼少のころより科学本を読んでいたと話している。その本のなかで、ブラッグ（父）は「X線は視覚の鋭さを一万倍以上にした」と書いている。彼女が一九三二年にケンブリッジでバナールの研究に加わったとき、学問をしたいと強く望んだ。彼女は幸福で生産的な二年間を過ごした後オックスフォードに戻り、研究生活の残りを過ごした。一九三六年にサマーヴィル・カレッジの研究員になり、一九六〇年には王立協会のウォルフソン記念研究教授に任命された。一九三七年にトーマス・ホジキンと結婚して姓を変え、三人の子どもをもうけた。バナールの結婚生活と同様に彼らの関係は普通ではなかった。家族は政治イデオロギーに関係してい

ドロシー・クロフット・ホジキン(1919～1994年)，1964年化学賞受賞者〔1964年ノーベル賞年鑑〕

キャスリーン・ロンズデール
(1903〜1971年)

た。夫トーマスはバナールと同様に共産党員であった。ドロシーもまた左翼政治にひかれたが、ヒューマニズムの点からであって生粋の党員にはならなかった。

一九四七年、彼女は王立協会の会員に選出された。彼女はこの名誉を得た最初の女性ではなかった。二年前の法改正後すでに二人の女性が認められており、細菌の代謝を研究していた生化学者マージョリー・スティーブンソンと前述のキャスリーン・ロンズデールであった。ロンズデールは、ホジキンのよき友であり、結晶学の仲間であった。加えて、ベンゼンの構造を決定した権威でもあった。彼女は、ホジキンがペニシリンの構造を決定する初期の段階で大変な助力をした。ロンドンのロンズデールの研究室でペニシリンを結晶化して、それをオックスフォードへ持ち込んだ。ロンズデールもまたクエーカー教徒であり平和主義者であった。

一九四〇年、ホジキンの研究室にマーガレット・ロバーツが在籍していた。のちの英国首相マーガレット・サッチャーである。一九八〇年代サッチャーはホジキンの肖像画をダウニング街十番地（英国首相公邸）に置いた。ホジキンの生涯と業績はジョージナ・フェリーによる伝記[7]によく書かれている。

中程度サイズの分子の構造を解明したホジキンの先駆的貢献は、当然のちの巨大分子の構造解明に先行していた。彼女の仕事は一九六四年ノーベル化学賞となった。巨大タンパク質の立体構造を解明したペルーツとケンドルーの化学賞から二年後のことだった。この遅れが生じた事情は後述する。ノーベル化学賞委員会は、複雑なタンパク質構造の前にホジキンに授賞を決めたようなので、本章ではホジキンの賞についても議論する（一九六三年と一九六四年のノーベル文書館記録は、本書執筆時には公開になっていない)。

ホジキンの結晶に関する研究は、バナールとの接触と同時にアストベリーの仕事から始まり、有機化合物の三次元構造を調べる研究に道を拓いた。彼女のバナールとの出会いは幸運な出来事の一例である。彼女がノーベル賞講演[6]で、列車のなかでバナールに話しかけるよう友人に勧められたことを話した。そのときから結晶学領域は女性科学者を含む多くの科学者が参加し、より複雑な有機分子の構造が明らかになったのである。ブラッグが書いたホジキンのノーベル賞推薦文を引用する。


《彼女は、ペルーツとケンドルーがタンパク質に応用した新方法とは別に、X線解析の古典的な応用といわれるような分野を主導しました。ステロール、ペニシリン、ビタミンB_{12}の構造はX線解析が残した史跡であり、これらすべてはホジキンによるものであります。》

ヘモグロビンにとらわれた科学者

マックス・F・ペルーツは、特定のことに焦点を絞る性格の科学者である。彼は強い動機をもって問題に取組み、そこにこだわる研究者として知られている。彼は研究の最前線で活躍するだけでなく、社会に深く関わるヒューマニストでもあった。彼の生涯は、フェリーのもう一つの伝記『マックス・ペルーツと生命の神秘』[8]によく描写されている。

ペルーツは一九一四年にウィーンで生まれた。両親はその地に同化したユダヤ人で、カトリックへの信仰が厚く、シナゴーグ〔ユダヤ教会〕へは行ったことがなかった。家族は何世代にもわたり繊維製造業を営み、裕福で生活に不自由しなかった。家系に科学者はおらず、彼は家族からビジネスのために法律を学ぶよう勧められていた。学校長はこの少年の能力に気づき、化学への興味をかきたてた。一九三二年、ウィーン大学へ入学した。彼自身の言葉によれば、「五学期にわたる無機化学コースは時間の無駄であった。」彼は有機化学にひかれ、特にケンブリッジのフレデリック・F・ホプキンス卿の研究に目を輝かせた。ホプキンスは一九二九年「成長促進ビタミンの発見」でノーベル生理学・医学賞を受賞している。ペルーツは、ホプキンスのいる大学で理学博士号の研究をしようと決心した。

父親より生活費の支援を受け、彼は近代科学の大物バナールのもとで研究を始めた。しかしケンブリッジ大学での初めの研究生活は、彼が望んでいたものではなかった。ケンブリッジに着いたときにはバナールは不在で、腰を据えて結晶学を学ぶまで時間がかかった。そのうえ確実に左翼的な方向の政治に関わっている環境に来てしまったと感じた。ペルーツは政治に興味がなかった。ウィーンでの経験から、いかなる形の政治—左であろうが右であろうが—にも不信感を抱いていた。でも彼はすぐにケンブリッジの雰囲気が好きになり、残りの人生を過ごす場所となった。

マックス・F・ペルーツ(1914〜2002年)，1962年化学賞受賞者〔1962年ノーベル賞年鑑〕

バナールが彼に与えた最初の仕事は、鉄を含むバラ輝石の塩結晶の構造解析だった。この仕事は想像力を喚起しなかったが、彼は登山家で鉱物学に興味があり、ひかれるものがあっただろう。彼はすぐにデータをとり始め、途中の結果を王立協会の会合で発表するよう勧められた。これは楽しみであったが、聴衆のなかに鉱物学と放射化学の世界的権威フリードリヒ・パネスを見つけたときに熱は冷めた。

しばらくして彼は有機分子の仕事を始めたが、バナールの援助は長く続かなかった。バナールは一九三七年にロンドンへ移ったのだ。キャベンディッシュ研究所は所長のラザフォードが亡くなって以来低迷していた。幸運にもローレンス・ブラッグ卿（息子）が一九三八年に実験物理学教授に任命され、一九五三年までその職を務めた。彼は、ペルーツの複雑なヘモグロビン分子の解析を強く支持するようになった。では、なぜヘモグロビンが研究対象なのか？

ペルーツがヘモグロビンを選んだのは偶然のことだった。彼は重要な生物学の問題に取組みたかった。そして彼の従姉ギーナがプラハの化学教授フェリックス・ハウロヴィッツと結婚していることを思い出した。ペルーツは汽車に乗って彼らの住まいを訪問した。一九二五年以来ハウロヴィッツは血液生理学を研究しており、特に血液に赤い色を与えるタンパク質ヘモグロビンに興味をもっていた。ペルーツはヘモグロビンには異なる形があり、これらのうちのある分子は結晶化できていることを知った。当時ハウロヴィッツは重要な実験をしており、ヘモグロビンが酸素を取込み、それを放出するときに構造を変えることを示した。酸素の有無で分子が異なる結晶構造をとるのだ。ペルーツは最初に、変性させたヘモグロビンから抽出したヘミンの分子構造を調べたいと話した。ハウロヴィッツが彼に指摘したように、ヘミンの完全な構造式はすでに知られていた、一九三〇年のノーベル化学賞はミュンヘンのハンス・フィッシャー「ヘミンとクロロフィルの構造の研究とヘミンの合成」に授与されていた。それゆえペルーツはヘモグロビン全分子について研究しなくてはならないと悟った。

ハウロヴィッツはヘモグロビン結晶をもっていないため、ケンブリッジの生化学者ギルバート・アデアを訪ねるように勧めた。彼はケンブリッジに戻るとアデアに連絡し、彼の最初の研究材料をもらった。それはウマ・メトヘモグロビンの小さな結晶であった。この結晶は空気に曝されていると生じる。彼は徐々に自分の化学研究室を築き、そこで結晶をつくった。この時点で彼は同僚研究者との討論でこのような巨大分子を扱うのはクレージーであるとわかっていた。当時構造がわかっている最大の分子は五八原子からなっていた。一方、完全なヘモグロビン分子は鉄を含む四つの分子が集合したもので、原子は全部で一万近くもあるのだ! バナールの熱の入った援助のもと、ペルーツはドン・キホーテのように突き進んだ。自分でつくった結晶を使って最初の結果を得たときは、元気づけられた瞬間であった。回転した結晶ははっきりした反射を与え、規則正しく並んだ鋭いスポットがあるX線回折写真が得られた。これは、結晶の原子は周期的に並んでいて、分子は二回対称であることを示していた。このパターンを解釈する課題は、長い科学の旅路であり生涯にわたるものだった。一九六二年のノーベル賞に認められるまで長い時間がかかったのだ。

ヒトラーがオーストリアを一九三八年三月に併合し、ペルーツの家族の状況は大きく変わった。家族はケンブリッジのマックスとプラハの両親のところへ亡命した。マックスは両親をなんとか英国へ呼び寄せたが、そのために状況は複雑になった。マックスの職業に問題はなく、マックス個人と彼の研究に対するブラッグの関与も問題なかったが、行く手にはなお暗雲が立ち込めていた。一九三九年の終わりまでにウィンストン・チャーチルは、国に脅威となりうる外国人をどのように仕分けるかについて議論を始めた。

ペルーツはヘモグロビンの研究を続けた。クリスマスには、彼の研究の視点を変える本をもらった。それはライナス・ポーリングの本『化学結合の性質と分子と結晶の構造』[9]であった。彼は、今まで読んだ本のなかで最も元気づけられると語った。彼自身の言葉を次に示す。

《この本は、昔の教科書にあった化学の平坦な風景を三次元の世界に変形した。…ポーリングの想像力ある取組み、構造的・理論的・実際的化学の統合、多くの観察結果から一般原則を引出し結論する能力、生き生きとした描写。これらは、化学の乾いた諸事実を首尾一貫した知的な織物にまとめあげてくれた。それは、私や他の多くの研究者にとって初めてのものだった。》

ペルーツは一九四〇年、ヘモグロビン結晶構造の初期の研究成果を論文にまとめ、受理された。

二カ月後、警察官が逮捕状を持ってペルーツ家のドアをノックした。彼は他の多くの抑留者（多くは学者であった）と一緒に収容された。最初はリバプール近く、のちにはマン島の鉄条網に囲まれたより不自由な場所だった。ペルーツは、ブラッグとバナールに釈放を検討してもらうようつてを求めた。六月に抑留者はカナダのキャンプへ移された。その収容人員数は六千人以上であり、その一部は学者であった。ペルーツは非常に落胆し、この状況を次のように書いた。

《逮捕され、収容され、敵国人として強制送還された。これは、私が友人とみなした英国人によって行われた。自由を失う以上につらいことだった。私は生まれ愛した国オーストリアでユダヤ人として拒絶され、今度は受入れ

られた英国でドイツ人として拒絶されている。》

キャンプは外界から完全に隔離されていたが、時間を有意義に使うために「キャンプ大学」を開いた。ペルーツはもちろん結晶のX線解析の原理を教えた。

影響力のあるペルーツには支持者がたくさんいて、英国および米国にとって重要な第一級の科学者としてのペルーツの釈放を呼びかけてくれた。ブラッグの関与が最も決定的であった。この「敵性外国人」は、英内務省が彼の釈放を命じたとの電報を父親から十一月に受取った。大西洋を横切る厄介な旅の末、リバプールに一月の陰気な朝に着いた。保証された自由は圧倒的だった。ケンブリッジへ戻る列車では喜びに満たされた。面倒なことはもうなく、研究室のベンチで実験を再開した。給与はロックフェラー財団から支払われるようになった。彼はヘモグロビン構造を明らかにする苦しい戦いに喜んで立ち向かった。ヘモグロビン構造の神秘はゆっくりと解明されたが、巨大分子を分析する技術には改良の余地が残されていた。彼は生涯の伴侶ギゼラ・パイザーに出会い、プライベートの面でも生活は明るくなった。彼女はドイツからの難民で彼より一歳若く、研究所のオフィスで働き始めたときにペルーツと知り合った。

ペルーツはバナールを介して戦時研究、特に前述のハバクク（Habbakuk）計画に関与した。なお、この計画の名称はミススペルである。旧約聖書の預言者ハバクク（Habakkuk）に由来し、ヴォルテールによれば「すべてのことができる」男である。ペルーツは登山家として氷河の性質と、氷と他の材料との相互作用に興味があった。この計画への彼の貢献は限られていたが、これに関連して米国へ初めて行き、ニューヨークの結晶学者との交流に興奮した。さらにこの時期、彼は英国市民権を得た。約一年をハバクク計画で過ごして、一九四四年の初めにキャベンディッシュ研究所に戻った。第二次世界大戦が激変の終わりをむかえたころ、彼は研究グループを拡大し始めた。一九四五年の終わりに重要人物が加わったのだ。

ケンドルー登場

イストヴァン・ハルギッタイによる取材[10]で、ペルーツ

ジョン・C・ケンドルー(1917〜1997年)，1962年化学賞受賞者〔1962年ノーベル賞年鑑〕

はケンドルーに最初に会ったときのことを次のように述べた。

《一九四五年、彼は私のオフィスに来ました。スマートな中佐の制服姿の若い男でした。彼は、研究生として働けないかと私に尋ね、私は光栄に感じました。それまで研究生が来たことはなく、ましてや彼は戦争で優秀な男であったからです。

しかし問題が一つありました。ヘモグロビン構造への幅広い取組みの一部から、三年後に理学博士論文として使えるデータが得られるだろうか？》

ケンドルーは一九一七年生まれで、ペルーツより三歳若いだけであった。彼はインテリ家族出身で、オックスフォードとブリストルの学校へ行った後ケンブリッジ大学のトリニティ・カレッジに一九三六年に優秀な奨学生として入っている。戦争の終わりにかけて、生物学の問題に取組むように勧めたのはバナールだった。また同時期に米国のポーリングのポーリングと接触して科学への刺激を受けていた。ポーリングのタンパク質のペプチド結合の研究は、ペルーツとケンドルーの研究の進展に重要な役割を果たしたのである。

ケンドルーには自然に醸し出される権威があった。正直で、自信があり、そつがなく、効率的と評された。彼はペルーツと二十年間共同研究を行い、一九六二年のノーベル賞受賞のすぐ後に研究をやめて優秀な科学行政家となった。それと対照的にペルーツは、キャベンディッシュ研究所につくられた世界的に有名な分子生物学研究施設で行われる研究をうまく組織化し、常に研究室の仕事に関わっていた。この二人の科学者は非常に異なるパーソナリティをもち、それゆえ互いをうまく補完し合ったのだろう。

一九四六年の中ごろ、ケンドルーはミオグロビンの構造を研究しようと決心した。このタンパク質は酸素を保持、放出し、ヘモグロビンが血中で行うのと同様の機能を筋肉内で行う。構造解析の際、ミオグロビンの有利な点はサイズがヘモグロビンの四分の一であることだ。結晶化しやすいマッコウクジラのミオグロビンが選ばれた。

グループはせっせと働き、ケンドルーは一九四九年に博士論文を提出した。しかしグループには突破口となる結果はまだなかった。同じ年の秋にクリックが加わった（クリックについては次章で詳述する）。彼は鋭い知力を使って、DNA構造を解明するのみならず、巨大タンパク質の複雑な三次元構造を決定することが重要だと考えた。問題は、二次元の回折パターンから三次元構造へどのように進むかであった。パターンはすでに得られているが、何千もの反射データを位相の点から解釈する新しい取組み方が必要であった。一つの重要な転換点は、ポーリングと彼の同僚（特にロバート・コーリー）がペプチド結合とαヘリックスの基本的性質を明らかにしたときだった。αヘリックスは、多くのタンパク質で部分的に重要な構造単位になっていることがのちにわかったのである。

化学の天才

ライナス・ポーリングが科学者であり平和主義者であったことは、今日でもよく知られている。かぜにビタミンCの大量摂取が効くと唱えたことが、一番の理由なのかもしれない。しかしこのことは彼の幅広い業績のほんの一部にすぎない。記憶すべき彼のユニークな特性は、彼が単独でノーベル賞を二回受賞していることだ。一九五四年には化学賞を、一九六二年には平和賞を受賞した。彼の波乱に富んだ生涯は、『自然の力―ライナス・ポーリングの生涯』[11]という本に書かれている。

ポーリングは一九〇一年、米国オレゴン州ポートランドで生まれ、すぐに家族はコンドンへ移った。そこで父親は薬剤師として働いた。彼は父親に懐いており、父は早熟の息子の知力の発達を助けた。悲しいことに父はライナスが八歳のときに亡くなった。残念なことに母親とのあいだには情緒的な温かさがなかった。そこから逃れ

ライナス・C・ポーリング(1901～1994年)，1954年化学賞受賞者〔1954年ノーベル賞年鑑〕

るために、彼はコンドンに住む祖父（ドイツ語を話す労働者）と長く暮らした。ポーリングは先住民のインディアンの子どもやカウボーイとふれあい、この環境を精神的な出生地とよんだ。その環境で彼はエネルギーに満ち自信をもった。しかし彼自身は、「本好きで恥ずかしがり屋で、女性がいるところでは無口であった」と記していた。学生時代には起業精神をもち、新聞配達をし、肉屋で働き、週末には映画館で映写機を操作した。彼の生い立ちによるのだろうが、彼は自分を部内者かつ部外者であると感じ、いつも正統的とされるものに挑戦していた。

ポーリングはオレゴン州立大学で勉強し、一九二二年に化学エンジニアリングで学士号を取得した。卒業後カリフォルニア工科大学（カルテック）で教育助手となり、一九二二年から一九二五年まで大学院で理学博士号を取得した。早くから化学結合の性質の基本的な問題に興味をもっていた。研究分野は幅広く、たくさんの領域において、X線結晶学を含む比較的新しい方法論に取組んだ。彼は実験科学者かつ理論科学者であり、当時の主導的科学者として活躍した。前述の著書は学生やペルーツを含む若い科学者にバイブルとして読まれた。彼は広い知識を無機化学と有機化学に応用した。後者ではタンパク質の構造に興味をもった。一九四〇年代後半に結晶学により、タンパク質の標準的な構造（αヘリックスがところどころで折れ曲がる構造）を示した。一九三一年には三十歳でカルテックの主任教授になり、同年ラングミュア賞（純粋化学での米国化学会の最高賞）を受賞した。

ノーベル化学賞文書館の記録によれば、ポーリングは一九四〇年からほぼ毎年化学賞に推薦されていた。一九五四年には十三の推薦があり、そのうちの六つはスベドベリやティセリウス（この二人はノーベル化学賞委員会のメンバー）を含む過去のノーベル賞受賞者からである。ノーベル委員会では何度も評価が行われたのだが、毎回、広い範囲のなかでの異なる分野に焦点が当てられていた。一九四〇年の評価では化学結合、一九四四年は生物学的活性物質、一九五〇年は分子構造と化学結合、一九五二年はタンパク質とアミノ酸に焦点が当てられた。一九五四年は彼の業績全体の概観であった。一九五二年と一九五四年の評価は、ウプサラ大学の一般化学、無機化学教授グンナー・ヘーグが行った。彼は尊敬されている科学者で、結晶学が専門であった。当時のスウェーデンの化学者のなかで彼の教科書は有名で、そのうちの一つは一九六九年に英語で『一般化学および無機化学』の題名で出版された。ヘーグはノーベル化学賞委員会の臨時委員を一九五二年、一九五四年、一九六二年に務めた。一九六五年から一九七六年のあいだは常任委員であり、したがって長年にわたりノーベル賞選考に関わっている。

ポーリングは一九五〇年以来ノーベル賞に値すると評価されてきたが、問題は彼のたくさんの発見のうちどれに授賞するかであった。一九五四年の委員会は化学結合に関する彼の独創的な研究に焦点を当て、その知識の複雑な分子への応用を次におくことに決定した。そして授賞題目は「化学結合の性質の研究と複雑な物質の構造解明への応用」となった。

グンナー・ヘーグ（1903～1986 年）
〔イヴァール・オロフソン撮影〕

この題目は彼の最近の発見を含まないので、ロバート・コーリーを共同授賞者にすることは一九五四年では考える必要がなかった。しかしながら委員会は次の文言を加えた。「ポーリングの分子構造に関する理論は彼の他の貢献よりさらに大きく、のちのタンパク質化学の発展に重要な役割を果たした。」この態度は授賞式におけるヘーグの紹介[12]に反映されている。スピーチの終わりにかけて、彼はポーリングの基本的発見が巨大タンパク質分子の複雑な構造の解釈に果たした役割を強調した。八千原子からなるヘモグロビン分子には複雑な構造が予想されるとし、また彼が重要なαヘリックス構造単位を同定したことを述べた。ポーリングもまたノーベル賞講演[13]の終わりの部分でタンパク質構造にふれた。

ヘモグロビン構造研究の決定的な転換点

一九五〇年のある日、ブラッグはペルーツとケンドルーにらせん構造をもっと検討するように焚《た》きつけた。彼らが得ていたおもな情報源は、アストベリーが初期に撮った毛のX線回折写真と、ポーリングらの最新の研究（前述）であった。アストベリーの研究の一つの弱点は、X線が繊維の軸に直角に当てられていることだった（のちになって試料を傾けて角度を変えると別の重要な知見が得られた）。さらに当時は、らせん一回転あたりのアミノ酸残基は整数個であるという思い込みがあり、新しい構造の概念が生まれなかった。キャベンディッシュの研究者たちはアミノ酸の数は四個であると信じていたが、のちに整数個でないことがわかった。ポーリングとコーリーのαヘリックスでは三・七個だったのだ。

一九五一年六月のある土曜日の朝、ペルーツが図書室で最新の文献をチェックしていたとき、『米国科学アカデミー紀要（*ProNAS*《プロナス》）』の二冊からポーリングら（特にコーリー）の論文八編を見つけ、αヘリックス構造の定義について読んだ。すぐに彼はポーリングが正しく、悲しいことに彼は自分のデータを誤解釈していたことを理解した。彼はアストベリーの毛の繰返し構造の解釈を誤り、またアミノ酸のアミド結合は平面ではないと思い込んでいた。彼の頭に浮かんだのは、自前のデータを使ってポーリングモデルの正しさを証明できるかもしれないということだ。そこで傾けたウマの毛のデータを調べてみるとモデルは正しいようで、以前見えなかった反射のスポットが見えたのだ。ヘモグロビンにαヘリックス構造の存在を認めると、ヘモグロビンという複雑な分子の理解が急進展したのだった。ペルーツは今や心を開き、新しい可能性を考え、もはや昔の知識にとらわれることはなくなった。

次の月曜日の朝、ペルーツは新たに撮ったウマの毛の写真を持ってブラッグの部屋へ行き、喜びを分かち合った。ブラッグはなぜその実験をしたのかと尋ねた。ペルーツは、ポーリングが発見したことに気づけなかった自分自身に怒り、がっかりしたからだと答えた。ブラッグは「君をもっと早く怒らせるべきだった！」と返事した。この言葉は、ペルーツが書いた科学と科学者に関するエッセー[14]の題名に使われた。

クリックがキャベンディッシュのグループに参加したとき、彼ははじめからX線結晶学をタンパク質構造の研究に応用するアイデアをもっていたが、適切な対象がなかなか見つからなかった。ついに彼はペルーツらのヘモグロビン分子の解釈に意見を述べた。彼の分析的な知力で、当時のペルーツの「婦人用帽子入れ」モデルは理論的に間違っていると指摘した。セミナーでの彼の発表の題名は「What Mad Pursuit（狂気の沙汰の追跡）」〔ジョーン・キーツの『ギリシャ壺に寄せる詩』からの引用で、ケンドルーが題名に提案した〕は度肝を抜くものだった。（クリックはこの題名を気に入り、後述する自叙伝の題名にも使った。）ペルーツとケンドルーによって調べられたパターンは再解釈しなければならない。「位相問題」を解く新しい取組みが必要であると述べた。クリックが示唆した方法とは、重原子同形置換法〔以前に小さな分子に使われた方法で、ある原子を重原子で置換する〕である。この方法は昔検討されたが、結晶学者は巨大タンパク質分子に関しては退けていた。一般的な考えは、使おうとする重原子では巨大分子に検知できる効果は起こさないだろうというものだった。ブラッグ自身も『ネイチャー』に投稿した論文にそっけなく次のように書いた。「重原子も群衆〔巨大タンパク質〕の中では目立たない。」この考えは正しくないことがのちに明らかになる。

一九五二年、ペルーツはヴァーノン・イングラムと協働して突破口を開く（イングラムは分子医学の分野に貢献した。これについては次章参照）。この二人の科学者は、水銀原子で二箇所を標識したヘモグロビン分子と非標識分子のX線回折パターンを比較し、決定的な違いを観察した。ペルーツ自身の言葉では…

《絶対強度を経験から知っている私が間違いないと感じる強度のスポットを見つけた。私は三階上のブラッグのオフィスへ駆け上り、彼に下の暗室へ来てくれと頼んだ。われわれは二つの写真を眺め、十六年間悩まされた位相問題がついに解決されたと実感した。ブラッグは、私が金鉱を発見したと皆に歩き回って話した。》

「ユリーカ！」〔「わかった！」〕を意味しアルキメデスが叫んだ言葉〕と発する機会は結晶学の研究ではまれであり、これはその一例である。ペルーツはこれが彼の生涯で最も重要なものだと述べている。ヘモグロビンの立体構造の全体像は今や推測できるものとなった。次の挑戦は分解能を上げることだった。実際ペルーツとケンドルーがノーベル賞を受賞した一九六二年では、ミオグロビンの分解能の方がより大きい分子であるヘモグロビンより高かった。ケンドルーはノーベル賞講演[15]で彼自身の洞察力の限界を強調し、「知らぬが仏」で始めた研究であると話している。ペルーツとケンドルーのプロジェクトが大きく動いたのは、ペルーツが重原子同形置換法を応用する可能性を見つけた一九五二年のことなのである。

歴史的に概観すれば、複雑なタンパク質構造を理解するまでに複数の段階があり、それを一つずつ理解することでタンパク質の全体像が明らかになった。最初の洞察は一次構造（アミノ酸のつながり）の存在を認めることで、フレデリック・サンガーがインスリンの二つのポリペプチド鎖について見事に明らかにした。彼は一九五八年に、彼の最初のノーベル化学賞「タンパク質の構造、特にインスリンに関する研究」を受賞した。のちにポーリングが示したαヘリックス、逆平行βシート、ある場合にはβバレルの二次構造があることがわかった。最終的なタンパク質の折りたたみは三次構造で、特異機能を発現する。この折りたたみは自発的に起こったり、分子シャペロンの助けを借りて起こるが、その一部しかわかっておらず、課題として残っている。タンパク質のある部分は折りたたまれない状態で摂動していて、目標物質と相互作用する際ある形をとる可能性がある。

ミオグロビン構造の解明

前述したようにケンドルーも多くの他の科学者と同様に、バナールによって巨大有機分子の結晶学研究に引き込まれていた。ミオグロビン研究の初期には、それを選んだのは幸運であると強調されていた。基本構造はヘモグロビンと同様でありながら、分子サイズが四分の一であるためであった。ミオグロビンは一五三個のアミノ酸からなり、鉄を含むヘムを一つもっている。しかしミオグロビン分子に重原子同形置換法を応用するには、いくつか方法を試す必要があった。ヘモグロビンにあるメルカプト（SH）基がないので、水銀で標識できないのだ。しかし分子のいろいろな部分を化学修飾したところ、重原子置換ができるようになった。そして多数の反射像が集められ、得られたパターンを比較し、重原子置換前の構造の位相が推定された。

第二次世界大戦後に使われた最初のコンピュータは重要な資産である。結晶学は時とともに進歩したコンピュータにますます依存するようになり、個人が扱える量をはるかに超える膨大なデータ量の処理に不可欠となった。ケンブリッジのチームは、当時最良のコンピュータであるEDSACⅡとIBM７０９０を使った。現在の電卓でさえ、これら初期のトランジスター前の（真空管を使った）コンピュータよりはるかに能力がある。

私は学生時代、ストックホルム大学でこれら初期のコンピュータを見たことがある。それはBESK（binary electronic sequence c(k)alculator）とよばれ、ストックホルム市中心のドロットニング街九五番地の建物の二階分を占めていた。一つの階は複雑な真空管の組合わせで占められ、他の階には真空管からの熱を取除く送風機が置かれていた。その機械を操作していた技術者は誇らしげに、この機械はスウェーデンで有名な若者の酒飲み時の歌「ヘラン・ゴール（乾杯）」を歌えると話してくれた（当時、酔っぱらった学生はこの歌を冗談にスウェーデン「国歌」とよんでいた）。

ノーベル賞講演(5)でケンドルーが述べたように、ミオグロビン構造の研究は三段階に分けられる。最初の段階は一九五七年に終了したもので、六オングストローム

（Å）の分解能で四百の反射を使った。（一オングストロームは10^{-10}メートルである。スウェーデンの物理学者アンデルシュ・オングストローム Anders Ångström の名にちなんだ単位であり、彼の十九世紀中ごろの人生はアルフレッド・ノーベルと重なる。）ケンドルーらは二年後には一万の反射を集めて分解能を二オングストロームにした。第三段階では反射の数を二万五千、分解能を一・四オングストロームにして、さらに小さい水素原子の同定に進んだ。受賞時には最終段階はまだ終わっていなかった。ミオグロビン分子の七五パーセントはαヘリックスで、この割合は他の多くのタンパク質に比べてとても高く構造解析に役立った。より後の段階ではミオグロビンのアミノ酸配列がわかったので、これも助けになった。その配列は、ロックフェラー研究所のグループがサンガー法で決定した。この複雑な構造はガラス板の積み重ねで示された。各板は分子の一断面の密度マップを示した。今日ではコンピュータ技術で、複雑な巨大分子の立体構造をもっと簡単に示すことができるようになった。画面で三次元構造を異なる角度から見ることができる。

ホジキンへの遅れたノーベル賞

ホジキンへのノーベル化学賞は、論理的にはペルーツとケンドルーのものより先に授与されるべきだった。彼女はバナールの教え子のなかではじめに成功し、ステロール、ペニシリン、ビタミンB_{12}というタンパク質ほどは複雑でないが、生物学的に重要な分子の結晶学研究の先駆者であった。彼女の授賞がタンパク質結晶学の授賞より二年遅れた理由は、一九六二年の特殊な事情があったためである。以下および次章でも述べるように、ノーベル化学賞委員会と生理学・医学賞委員会は生物学での中心的役割はタンパク質から核酸へ移ったというパラダイムシフトを認めなくてはならない現実に直面したのであった。このときＤＮＡ構造の画期的発見への授賞が喫緊であり、この流れと並行して巨大タンパク質の複雑な構造の結晶学による解明に対しても授賞することは魅力的であった。これらの問題に関する両委員会の熟慮協議は、以下および次章で述べよう。

ホジキンは、ボルチモアのジョン・ホプキンス大学の有名な結晶学者ジョセフ・D・H・ドネーによってノーベル化学賞に一九五〇年初めて推薦された。彼はホジキンのペニシリン結晶構造の決定に関して推薦した。この領域での彼女の業績は化学賞委員会委員長のアルネ・ウェストグレンによって評価された。

アルネ・ウェストグレン（1889～1975年），王立スウェーデン科学アカデミーにある肖像画

　彼はノーベル賞関係で重要な科学者で、一八八九年に生まれ、ウプサラ大学でテオドール・H・E・スベドベリのもとで研究した。ウェストグレンは一九一五年に理学博士号を取得し、その後X線回折法を物理金属学に応用したパイオニアであった。一九二七年に彼はストックホルム大学の一般化学、無機化学教室の教授になった。一九三三年には王立科学アカデミー会員に選ばれ、十年後に大学を去りアカデミーの事務局長となった。これはフルタイムの職である。一九五九年にこの職を辞めて肩書きは「元事務局長」となった。この名称は現在私が喜んで使っているものだ。

　ウェストグレンのノーベル化学賞委員会の仕事との関係は、彼が一九二六年にその委員会の書記になったときに始まった。ノーベル委員会の書記になるのに、必ずしもアカデミーの会員でなくてもよい。もちろん書記には委員会では投票権がなく、また、もしアカデミー会員でなければアカデミー全体会議での最終投票にも参加できない。一九四三年に彼は委員会メンバーになり、同時に事務局長となった（書記は辞めた）。一年後にはスベドベリから委員長職を引き継ぎ、この影響力ある地位に二二年間もとどまった（この間、事務局長を十六年間併任）。ダイナミックに変化した化学の領域での彼の視点はユニークであったに違いない。〔アカデミー会員は名誉終身職であり、ノーベル化学（物理学）賞委員会の委員を生涯務めることが当時可能であった。一方、ノーベル生理学・医学賞委員会の委員は現職のカロリンスカ研究所教授で、務められるのは定年までである。〕

前述のように、[5]ノーベル化学賞委員会は一九四〇年代中ごろから二十年以上も変化がなかった。最も長かった委員はスベドベリである。彼は一九二六年に委員になった（前述のように、同じ年にウェストグレンが書記になった）。スベドベリはその年にノーベル賞を受賞している。（彼はすでに推薦されていた。その年、彼自身は他の候補者を推薦したが、アカデミー会員の有力者が化学賞委員会に働きかけてスベドベリに授賞した経緯がある。）彼は一九六四年まで委員を務めた。その年彼は八十歳で、三八年間の在籍であった。他の二人の長期委員は、アルネ・フレドガ（在籍一九四四〜七四年）、アルネ・ティセリウス（一九四六〜七一年、この最後の年に死去）であった。このような長期在籍には利点と欠点がある。

ノーベル委員会の一部の委員はノーベル財団の理事も務める。写真（182ページ）は、ノーベル賞創設五十周年記念の一九五〇年の理事会のものである。ティセリウス

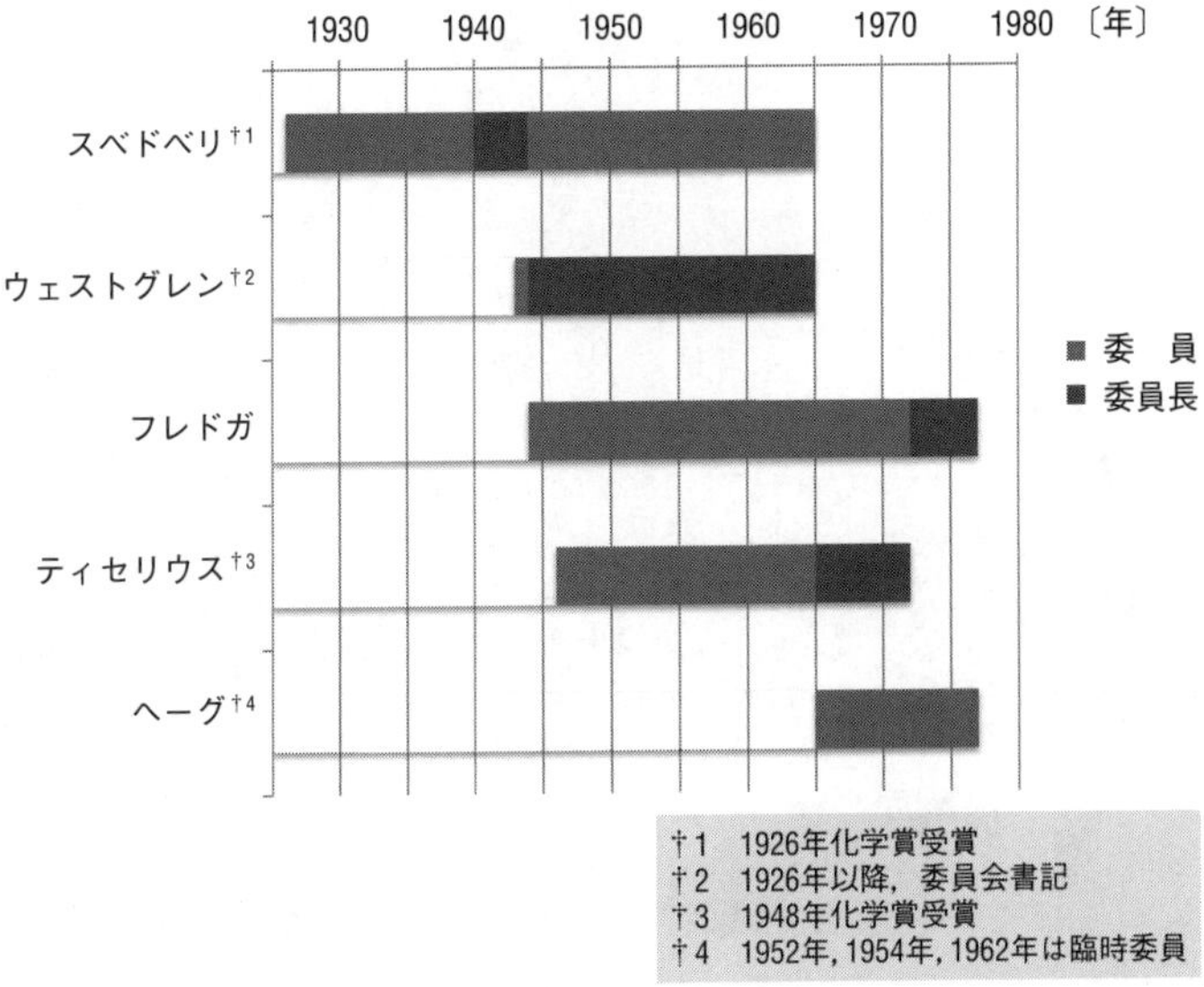

ノーベル化学賞委員会で1926〜1976年に長期在任した委員

は副議長（一九四七～五九年）を務めており、写真で左側の最奥に座っている。ウェストグレンは机右側の中央にいる。この十年後ティセリウスは理事会の議長となり、五年間務めた。彼のことは次章でより詳しく述べる。

ついでながら、化学賞委員会メンバーがのちに結晶学者をノーベル賞に推薦した英国のブラッグ（表5・1、表6・1）と交流があったことにふれておく。彼は長年にわたってスウェーデン科学者としばしば接触していたが、驚くことに第二次世界大戦中も続いた。これらの一部は、

1950年のノーベル財団理事会．議長を務めるのは王室式部官ビルガー・エクベリ閣下．彼から見て右隣がティセリウス，左側二人目がウェストグレン．

一九三四年に設立された英国のブリティッシュ・カウンシルが用意したものだ。この機関は英国文化が外国で認められることを促進するためにつくられ、その一環として科学者や文化人に講演旅行をさせることがあった。大戦中では、講演者を受入れる国はヨーロッパに四国のみ（スウェーデン、アイスランド、ポルトガル、スペイン）であった。一九四三年にブラッグはストックホルムに飛行機で訪れ、ウプサラで講演を行った。下の写真には、化学賞委員会の中心人物であるスベドベリ、フレドガ、ティセリウス、ヘーグと一緒にブラッグが写っている。

さて、一九五〇年のホジキンのペニシリン構造の研究をベテラン委員のウェストグレンが評価したことに戻ろう。彼自身が結晶学者だったので、彼女の仕事を十分に理解して彼女の忍耐と努力を称賛したが、得られた結果はその努力に値するかと疑問を呈した。ペニシリンの構造がわかっても、当時としてはそれを化学的に合成する方法につながらなかった。結論は「その研究はノーベル賞に値する十分な重要性がない」であった。

1943 年ウプサラでのユニークな会合．左からスベドベリ，フレドガ，ティセリウス，ブラッグ，ヘーグ，ウプサラ大学物理学者アクセル・E・リンド．〔イヴァール・オロフソン撮影〕

一九五六年、ホジキンは再び推薦された。その推薦は化学賞または物理学賞であったが、彼女は独立に意義のある方法論的貢献はしていないので物理学賞としての評価はしないことになった。今回の推薦者は高名な英国の結晶学者ロバート・ロビンソン卿であり、彼女のビタミンB_{12}構造の先駆的研究を対象にしていた。ウェストグレンがまた評価を行った。彼は再びホジキンの研究における努力に同意し、次のように書いた。

《ビタミンB_{12}分子の三次元構造の決定は称賛すべき立派な業績であり、まれな意志堅固さと大きな独創性を証明している。この業績は、同じX線結晶学を使った他のいかなる仕事よりも困難なものだ。》

評価者は、彼女の成功がどの程度他の研究者を同様の問題に取組むように刺激したか考えた。彼はそれが起こるかどうかを待つと結論した。最終の勧告は、特にビタミンB_{12}の構造研究はまだ終わっていないので待機するというものだった。ついでながら、一九五七年に医学校二年生だった私はビタミンB_{12}の構造の美しさに魅せられ、分子中心にコバルトがある構造式の図を私の書斎の扉に飾った。前述したようにビタミンB_{12}は一八一原子からなり、一五三個アミノ酸を含む全二六〇〇原子からなるミオグロビンと比べるとはるかに小さい。

一九五七年、バナールは、ホジキンを物理学賞に推薦する長さ四ページ半の文書を送り、彼女の数編の論文を引用した。ビタミンB_{12}の構造解析は前年に終わったことを強調した。物理学賞委員会は前の勧告に従って、この推薦状を化学賞委員会へ回した。この委員会は、同時に同様の推薦を別の三人からも受取った。その一つの推薦状は、アレクサンダー・R・トッドと賞を分けるというものだった。実際はトッドが単独で同年の化学賞を受賞したが、それはB_{12}ではなく「ヌクレオチドとヌクレオチド補酵素の研究」であった。ホジキンに対する評価は同年には行われなかった。

次に彼女が推薦されたのは一九五九年であった。バナールは再び彼女を物理学賞に推薦した。他にホジキンのみの化学賞への推薦が二通あり、もう一つのはケンドルーとペルーツの共同授賞であった（表5・1）。

ウェストグレンはホジキンの最近の研究を評価し、また、ケンドルーとペルーツを合わせる提案にも意見を述べた。ホジキンの推薦状況は三年前に彼が評価したときと変わっていない。B_{12}の構造解析はほぼ終わり、ホジキンはこの分野での有力候補である。この研究の進展によって他の結晶学者が刺激されて他の生物学的に重要な物質を調べることが期待されたが、三年経ってもその動きはなかった。その理由は、結晶学研究は非常に面倒で、負担のかかる作業を何年も続ける必要があるからだ。そのような犠牲を払おうという科学者はまれであり、ホジキンはその輝く例外といえよう。のちに書かれた化学賞の歴史に関する本は、(16)彼女の努力を「限りない忍耐と、異常なほどに想像力のある輝かしい直感とともにある」と称賛した。

のちに議論するように、ウェストグレンはこの年、ケンドルーとペルーツの研究はまだ十分に進展しておらず、決定は遅らせるのがベストと考えた。これと対照的にホジキンの仕事は熟成しており賞に値する。しかし彼はなお待とうとした。三人の候補者を一つの賞にする可能性に関して、次のように述べた。

《当然のことながら、オックスフォード〔ホジキン〕とケンブリッジ〔ペルーツ、ケンドルー〕で行われた複雑な有機分子のX線解析結果への共同授賞にそれほどの共通点はない。一つの賞を二人以上で分けることは、可能なら避けるべきである。》

最後の文章では「なお現時点ではノーベル委員会は授賞者を一人または二人にすべき」であると強調していた。

一九六〇年、結晶学のドンともいえるローレンス・ブラッグはある戦術をとった。彼は、ホジキン、ペルーツ、ケンドルーを物理学賞に推薦し（これはオックスフォードのシリル・N・ヒンシェルウッドにも支持された）、ワトソン、クリック、ウィルキンズを化学賞に推薦した。物理学賞推薦文では、結晶学の亜領域の発展の歴史を幅広く見渡し、さらに一九一四年のフォン・ラウエと一九一五年のブラッグ親子の物理学賞に言及した。物理学賞推薦は三人の共同授賞であるが、タンパク質結晶学者のペルーツとケンドルーはホジキンとは別にして議論した。ブラッグの推薦文は次のようであった。

表5・1　巨大タンパク質構造解明に関するノーベル賞推薦
＊は他の候補者とやや異なる対象の研究を行った学者を示す.

年	化学賞		生理学・医学賞	
	候補者	推薦者	候補者	推薦者
1951	ペルーツ	森野（東京）		
1959	ペルーツ, ケンドルー, ホジキン*	マルチウス (チューリッヒ)		
1960	ペルーツ, ケンドルー, ホジキン*	ブラッグ† (ケンブリッジ)	ペルーツ, ケンドルー, イングラム*	マクマイケル (ロンドン)
	ペルーツ, ケンドルー, ホジキン*	ヒンシェルウッド† (オックスフォード)	ペルーツ, クリック*	キング (ロンドン)
1961	ペルーツ, ケンドルー, ホジキン*	ブラッグ (ケンブリッジ)	ペルーツ, ケンドルー, ホジキン*	ステンハーゲン (ヨーテボリ)
	ペルーツ, ケンドルー, コーリー*	ポーリング (パサデナ)		
	ペルーツ, ケンドルー	サンガー (ケンブリッジ)		
	ペルーツ, ケンドルー	ツァーン (アーヘン)		
	ペルーツ, ケンドルー	新田（大阪）		
1962	ペルーツ	ブテナント (ミュンヘン)	ペルーツ, ケンドルー	テオレル (ストックホルム)
	ペルーツ, ケンドルー, コーリー*	ポーリング (パサデナ)		
	ペルーツ, ケンドルー	ロシュ (パリ)		
	ペルーツ, ケンドルー	ポメラト (ニューヨーク)		
	ペルーツ, ケンドルー	シェラガ (イサカ)		

†　物理学賞への推薦が化学賞へ回された.

《M・F・ペルーツ博士とJ・C・ケンドルー博士は、キャベンディッシュ研究所の分子生物学研究施設（英国医学研究評議会の支援を受けている）のリーダーで、彼らは非常に複雑な構造のタンパク質分子、すなわちヘモグロビンとミオグロビンの構造をX線解析で明らかにしました。数年前には数千個の原子からなる分子の構造を直接的に調べることはほとんど不可能でしたが、長年にわたる忍耐強い追究によって今や可能になったのです。私はその仕事の要約と論文を提出したいと思います。

他の突出する貢献は、ミセス・ドロシー・ホジキンによってなされたものです。複雑な有機分子であるビタミンB_{12}（$C_{63}H_{88}N_{14}O_{14}PCo$）の構造、および以前のペニシリン構造の決定であります。B_{12}の仕事はまさに妙技といえましょう。X線解析で確立された手法で行った偉業として卓越するものであります。ミセス・ホジキンは、この芸術の最高代表者として広く認められています。一方、タンパク質構造の解明は新しい方法で可能になりました。》

ブラッグの推薦文には、他のたくさんの支持資料も含まれていた。彼はいつもペルーツとケンドルーという順序を使った。彼はペルーツを代表者として考えており、アルファベット順を使わなかったのだ。この態度はノーベル委員会も採用し、授賞ではペルーツの名前が先であった。ブラッグのホジキンへの称賛は次の文章で強調されている。「ペニシリンとB_{12}の論文は、彼女の天分を表すものとして十分であると信じています。」ブラッグは一九六五年ストックホルムでの講演で、黒板に「B_{12}理解＝ドロシー・ホジキン」（201ページ写真）と書いている。

ブラッグとヒンシェルウッドの推薦のほか、ホジキンとペルーツそれぞれへの推薦もあった。化学賞委員会と物理学賞委員会との協議によって、前者が結晶学分野を扱うことになった。この年にはこれ以上の評価は行われず、候補者名が記録に残された。

ホジキンは、一九六〇年の生理学・医学賞にカロリンスカ研究所内科教授ヘンリク・ラーゲルレーフから推薦された。ビタミンB_{12}の分離と化学的分析をしたレスター・スミスとカール・フォルカースと一緒に推薦された。医学物理学教授で委員会の臨時委員であるアルネ・エングストレームがホジキンの中心的役割について評価した。彼はDNA構造の解明の評価に関し重要な役割があったので、次章で詳しく述べることにする。エングストレームは、B_{12}構造の解明には魅せられたが、この分子はペルーツらが調べたタンパク質よりは小さいと指摘した。B_{12}の構造を知るには、コバルト（重原子）を含む化学組成がわかっていたことが役に立っている。彼は「B_{12}の構造決定が賞に値することに疑問はないが、分子の化学組成を決定した化学者の名が入っていないことは疑問である」と結論した。

一九六一年、ブラッグはペルーツ、ケンドルー、ホジキンをまた推薦したが、今回は化学賞委員会へ直接宛てた（表5・1）。このうちのペルーツ、ケンドルーの推薦は他からも多くあった（後述）。ホジキンに関しては、委員会は前回の決定に従うことにしてさらなる評価は行わなかった。ヨーテボリ大学の生化学教授アイナー・ステンハーゲンはホジキンを生理学・医学賞に推薦した。その委員会の記録文書は矛盾する情報を与える。ホジキンに対する特別の検討を行うべきとなっているが、それが行われた様子はない。おそらくエングストレームは、前年の彼の評価に追加すべきものはないと議論したのだろう。委員会は、ホジキンは授賞に値すると結論しているので、それは前年の評価に従ったのだろう。

一九六二年、タンパク質とDNAの構造が授賞対象となったとき、ついに化学賞委員会はホジキンを脇に置いた。この年、外部からホジキンの推薦はなかったが、委員長のウェストグレンはホジキンを推薦した。委員長からの推薦は、外部推薦がない場合でも重要な候補者を議論の対象にするために現在でも行われている。

ホジキンは最終的に化学賞をもらうまでさらに二年待たねばならなかった。この間に生理学・医学賞授賞が真剣に検討されたかどうかはまだわからない。文書館記録が現時点では得られないので、委員会でどうなっていたのかは推測するのみである。化学賞委員会は彼女をペルーツ、ケンドルーと一緒に授賞するのに同意しなかったので、ブラッグがホジキンの推薦を繰返した可能性がある。さらにペルーツらが、輝く星である仲間の結晶学者ホジキンを化学賞に推薦した可能性がある。ペルーツ自身は、ホジキンの前に受賞するのは居心地が悪いと述べている。[17] 彼女はその分野に前からいて、さらに彼女の業績は彼以上のものだと（正しく？）考えたのではないだろうか。

ノーベル賞を受取るホジキン〔©Scanpix Sweden AB.〕

ビタミンB_{12}の三次元構造の基本情報は一九五九年にわかっていたが、ホジキンらは一九六一〜六二年に追加情報を発表したので、それが強い後押しになった可能性がある。それゆえ彼女の研究の進展に対して新たな評価があっただろう。授賞が一年でなく二年遅れた理由は、単純に化学賞委員会が二年連続で同分野に授賞するのをためらったと考えられる。一九六三年、化学賞はカール・チーグラーとジュリオ・ナッタ「高分子の技術と化学の分野における発見」に授与された。

一九六四年、五四歳のドロシー・ホジキンがノーベル賞受賞でストックホルムを訪れた。自然科学で女性一人だけが受賞したのは、ノーベル賞の長い歴史のなかで他に二回しかなく、例外的といえよう。一九一一年マリー・キュリーの二回目の受賞（化学賞）と、一九八三年バーバラ・マクリントックの生理学・医学賞「動く遺伝単位の発見」である。ホジキンは、科学全般で男性優位であった時代に女性科学者を元気づけるロールモデルであった。しかし次章でも明らかになるように、結晶学は相対的に多くの優秀な女性科学者をひきつけた分野であることも補足しなければならない。

ヘーグはノーベル賞授賞式で、一九五四年にポーリングに対し、一九六二年にはペルーツとケンドルーに対し賛辞を述べており、一九六四年の授賞式でもホジキンを紹介する演説[18]を行った。彼は有機分子の結晶学研究の歴史的背景を述べたが、二年前の授賞者には言及しなかった。代わりに演説の終わりに次のように述べた。

《ミセス・ホジキンと共同研究者は、八年間の仕事の末一九五六年にB_{12}の構造を明らかにしました。それまでそのような大きな分子の正確な構造を決定することは不可能でした。その結果はX線結晶学の技術の勝利とみなせるでしょう。しかしそれはまた、ミセス・ホジキンの勝利でもあります。彼女の能力と並外れた直感がなければ、そのゴールには現時点で達していないでしょう。》

ホジキンは二年余計に待たなくてはならなかったが、その甲斐《かい》はあった。賞金を三分の一ではなく全額をもらったのだ！　もちろん科学で認められることにお金は重要でない。それでも、なお…

タンパク質結晶学の成立

生命の二つの重要な分子、すなわちDNAとタンパク質の研究が一九六二年のノーベル賞になったのには特別な事情がある。デジタル情報をもつ分子とその情報によってつくられた分子との構造に関する劇的な新知見に対し同時に授賞する考えは捨てがたいものであった。タンパク質結晶学に授賞するという議論は、一九五一年に日本人、森野米三がペルーツを推薦したときに始まった。化学賞委員会は、近い過去にストックホルムで行われた国際結晶学会議でタンパク質のX線結晶学が脚光を浴びたことを確認した。会議の議論はバナール（その領域の父とよばれた）が主導し、彼のキャベンディッシュ研究所での他の研究者との関係を話した。そのなかではペルーツのウマ・ヘモグロビンの研究が注目を浴びた。しかし委員会は、彼の不完全な研究結果をノーベル賞候補として議論するには時期尚早と判断した。

一九五九年ペルーツ、ケンドルーと一緒にホジキンが評推薦された。前述のように委員長のウェストグレンが評価を行った。タンパク質研究は以前考えられていたより難しいことがわかったが、辛抱強く想像力のある研究の結果として重要な進歩があったとした。研究は進行中であり、さらなる結果が近い将来に発表されるはずなので、ノーベル賞の議論はまだ熟していないとされた。その事情は、翌年ブラッグとヒンシェルウッドがペルーツ、ケンドルー、ホジキンの三人を物理学賞候補として推薦したときも同じであった（前述）。ブラッグの伝記[2]によれば、彼はタンパク質結晶学の結果がノーベル賞に値するまで推薦を待ったという。これはDNA構造解明の同時推薦という結果になった。物理学賞でなく化学賞として議論することになり、化学賞委員会は「大きな進歩があったが、授賞の判断は待つ」と結論した。

化学賞委員会は、同年にブラッグから直接にワトソン、クリック、ウィルキンズを推薦されていたので（次章で詳述）、激しい議論の末に次のような要約をつくった。

《もう一つ考えるべき事情がある。ブラッグは、ペルーツ、ケンドルーのタンパク質とホジキンのペニシリンとビタミンB_{12}との仕事を強く推している。彼の意見によれば、これらの仕事は近年のX線結晶学のなかで最高水準のものである。それら研究者は物理学の手段を使ったので、物理学賞に推薦した。しかし結果の重要性は化学領域にあるので化学賞にすべきである。化学の視野からは、ペルーツ、ケンドルーの球状タンパク質の研究はワトソン、クリック、ウィルキンズのＤＮＡ研究と同様の重要性がある。しかしペルーツ、ケンドルー、ホジキンの貢献の方が、核酸やウイルスの研究よりランクが上である（傍点著者）。というのは、ウィルキンズ、フランクリン、ゴスリンらの核酸研究より実験材料が豊富で、結果がより完全である（著者注：この三人は結晶学者だが、名前が入っていなかったワトソンとクリックは結晶学者でも化学者でもないと考えたのだろう）。それゆえペルーツ、ケンドルー、ホジキンの研究がより確固たる結果であり、より同意できるものである。》

一九六〇年の化学賞委員会の結論は、「核酸研究の候補者を考える前にペルーツ、ケンドルー、ホジキンに授賞することを最終決定にする」であった。明らかに彼ら化学者は結晶学者への授賞を優先した。しかし「様子見」の姿勢は相変わらずであった。

一九六〇年にペルーツとケンドルーは、ヴァーノン・イングラムと一緒に生理学・医学賞に推薦された。さらにイングラムとペルーツ、クリックへの推薦があった。歴史的に重要な結晶学者アストベリーは以前に推薦されていた。エングストレームは、アストベリーとケンドルーを併せて予備的な評価を行った。一年前に彼はアストベリーに同様の評価を行い全面的な評価の必要はないと結論していたが、今回の結論は異なっていた。大きな進歩があったので、もっと十分な評価を行ってひき続き調査をすることを提言し、彼自身で予備的な評価を実施したのだ。その要約は、タンパク質構造の理解が大きく進歩し、タンパク質の一次構造から三次構造への折りたたみのレベルでの違いがわかった。そしてケラチンやミオシン、コラーゲンなどの繊維状タンパク質構造についてのアストベリーの先駆的研究を議論した。アストベリーは生体分子（エングストレームの命名）の分野での中心的役割を果たしたと彼は結論し、それゆえアストベリーの貢献はノーベル賞に値し、ケンドルー、ペルーツとの共同授賞もありうるとした。彼のこの予備評価のなかでアストベリーに関し全面的な評価を提言していたが、それは行われなかった。同年の生理学・医学賞委員会の最終決定は、エングストレームの提言に反してアストベリーは授賞候補者にならず、ペルーツ、ケンドルーに関してもコメントはなかった。

一九六一年には熱気が増して、タンパク質結晶学者への推薦が多かった。ブラッグはホジキンを含めた候補者の推薦を繰返したが、今回は物理学賞でなく化学賞委員会へ直接推薦した。ポーリングは前年のブラッグの推薦状を見ており、ペルーツ、ケンドルーを推薦したが、ホジキンの代わりに彼の共同研究者のコーリーを入れた。彼はコーリーを単独授賞者にしてもよいと書いた。ペルーツ、ケンドルーの推薦は他に三人からあった。その一つは上記二人の同僚であり名声の高いサンガーからであった。最後にペルーツのみの推薦が一つあった。このような広い支持があったにもかかわらず、次の引用のように委員会の結論は「様子見」であった。

《タンパク質構造解析に成功したペルーツとケンドルーを授賞するかについては、「委員会は期待をもって見守る」

である。近い将来にミオグロビンとヘモグロビンの構造がもっと完全に決定されて授賞問題が前面に出るとき、今年初めて推薦されたコーリーの初期の業績を含めた評価が行われるべきと思われる。》

一九六一年のノーベル化学賞はメルビン・カルビンの「植物での炭酸同化作用の研究」に与えられた。これは重要な応用化学である。カルビンの推薦者の一人はヘベシー〔一九四三年化学賞受賞〕であった。

生理学・医学賞委員会でも結晶学者授賞の議論があった。一九五九年にウプサラ大学からヨーテボリ大学に移り医学生化学教授になったスウェーデ・アイナー・ステンハーゲンからだった。彼はホジキン、ペルーツ、ケンドルーを医学的に重要な分子を研究したことで推薦した。前述のように、委員会はホジキンだけが授賞に値するとの結論で、他の二人についてのさらなる評価は行われず、委員会報告の要約にもそれらの名はなかった。

一九六二年、ノーベル賞受賞者である委員会メンバーA・H・F・テオレルが二つの推薦をした。一つはコンラド・ブロックとフェオドル・リネンで、彼らは二年後に生理学・医学賞を受賞した。もう一つはケンドルーとペルーツであった。なぜこの二人の研究者に対して外部から推薦がなかったのだろうか？　とにかく彼らが研究した分子は生理学的にも医学的にも重要なものであった。生理学が生化学へと発展するには時間がかかったようだ。

エングストレームはペルーツとケンドルーの包括的評価を依頼された。彼は生体分子の結晶学的研究の進展に関して読みやすい報告書を書いた。彼は分子サイズの順に複雑さが増すことを強調した。ビタミンB_{12}は九十原子、ミオグロビンは二六〇〇原子、ヘモグロビンは約一万原子。サイズ順に数理解析が複雑になることの重要性と、X線回折パターンから位相を推定し、単位格子を決定する際のより効率的なコンピュータの必要性を論評した。重原子同形置換法について議論し、またαヘリックスのような単位構造を同定する重要性について述べた。最後に、彼はタンパク質のアミノ酸配列が高分解能解析に重要であることも述べた。一例としてはアミノ酸プロリンの位置があげられ、そこでポリペプチドが折れ曲がる。ミオグロビン構造はヘモグロビンより単純なので、ケンドルーはペルーツより先に構造を解明できた。その一方で、ミオグロビン構造の知識がヘモグロビン研究を進展させた。一九六二年の評価の結論は、「ジョン・カウダリー・ケンドルーとマックス・フェルディナンド・ペルーツの貢献は最高クラスのものであり、ノーベル賞に格別に価値ある」であった。委員会はエングストレームに同意したが、最終的には同年の生理学・医学賞はDNA構造の解明（次章）に焦点を当てることになった。

ノーベル文書館の記録文書には、カロリンスカ研究所と王立スウェーデン科学アカデミーで一つ大きな違いがあることを述べておきたい。記録にすべての推薦文書と評価文書を含むのは両者で共通である。カロリンスカの文書は九月の最終委員会の議事録を含む。評価された候補者の名前と賞に値するかの結論を含み、最終的に授賞とみなす提案が載っている。意見が割れたときには、委員の数、候補者を推す委員の名前が記録される（第2章で例示）。現時点では、おそらく秘密保持の理由で委員会の議論に関する情報はない。委員会での議論の結果は、ノーベル議会に対し口頭で述べられる。

一方、アカデミーの文書は長い伝統に従って充実していて、科学史家にとってより重要である。年ごとのとじられた文書の最初には、推薦された候補者およびその推薦人のリストがある。その次にスウェーデン語でkapprok《カプロック》というものがくる。翻訳が難しい単語であるが、近い意味は「マント」か「外套《とう》」である。もともとは複数のマント様の襟が付いた男性用上着を意味した。英国の俳優、脚本家デイビッド・ガリック（一七一七～七九年）が御者を演じたときにそのような上着を着た。そこからその上着はときおりガリックとよばれた。時代とともに隠喩的に用いられるようになり、大きな文書の前につける提言などを要約した文書を示す。物理学賞・化学賞委員会のカプロックは、その年の多くの候補者についての議論を要約したものである。終わりに授賞候補者名がある。二〇一二年では化学賞委員会の要約は五十ページあり、物理学賞ではその約二倍あった。

それぞれの候補者はまずアカデミーの化学部会または物理部会で審議され、次にアカデミー全員の投票によって授賞者が決定される。カロリンスカの文書には残念ながらカプロックがない。私が委員になった一九七三年は委員長グスタフソン（113ページ）が個人的な見解を述べただけだった。その後任のリンドステンも同様だった。アカデミーと同様の文書（非公式のものではあるが）をつくり、将来の歴史家が使えるように文書館に保管する伝統をつくるべきであろう。

最終決着

注目の一九六二年、化学賞委員会の候補者に変わりはなかったが、異なる推薦者が出てきた（表5・1）。さらにポーリングは賞の半分をコーリーに与えるとの提案をした。ペルーツ単独授賞の推薦もあった。ブラッグは前年の推薦を繰返さなかった。ホジキンに外部からの推薦はなかった。委員会は臨時委員にヘーグを選び、新たにコーリーを含む候補者の評価をさせた。コーリーはすでに十年前にヘーグが評価しており、また一九五四年のポーリング授賞のときにも評価された。ヘーグは分析を進めαヘリックスの存在の認識に至る歴史を五ページで述べ、残りの五ページでキャベンディッシュ研究所でのタンパク質構造研究の歴史を述べた。

ヘーグは一九五九年のウェストグレンの前回の評価以来の進展に注目した。特にミオグロビン分子の分解能が増したこと、一九六一年にアミノ酸配列が決定されたことである。αヘリックス間の柔軟な構造部分で分子が折れ曲がり分子全体がコンパクトな構造をつくる。中心に鉄を含むヘムが、その立体構造のなかに位置する。初めて大きなタンパク質の三次元構造がわかったのだ。

ヘーグは、ミオグロビンの結晶構造がどの程度生理活性のある分子の構造と似ているか議論した。機能に関する情報が結晶という「凍った」分子の構造から推測できるという考えに賛成した。同時にペルーツらのグループは一九五九年以来ヘモグロビン研究をかなり進歩させていた。彼らはミオグロビンの四倍大きい分子を扱っているので、ケンドルーらほど速く進めない。しかしミオグロビンの研究はヘモグロビン構造の研究への大きな助けとなった。ミオグロビン同様に、ヘモグロビンの二つのポリペプチドのアミノ酸配列が一九六一年に他のグループによって決定された。

ヘーグは、ペルーツとケンドルーのノーベル賞授賞は大いに意義があると結論し、評価書を次のように締めくくった。

《ヘモグロビン構造解明をミオグロビンと同程度に行うことに制限はあるが、ペルーツの貢献は大きく、ケンドルーの仕事にも明らかに重要であり、ペルーツを授賞者から外すわけにはいかない。このような状況ではペルーツの研究結果がより完全になるまで授賞を一年待つという選択肢もある。しかしそのような遅れは不必要だろう。》

ヘーグは最後に、二人の候補者は新規の方法論を開発したわけではない（傍点筆者）と追加した。しかし彼らは巧みな仕事をし、分子を重原子で標識したことは決定的な進展となった。第3章で述べたように、メダワーは分解的発見と合成的発見を区別した。分子の結晶構造解析は分解的発見である。ノーベル化学賞は発見または改良に授与されるものであり、ペルーツとケンドルーの感銘を与える新知見は、合成的発見とみなされたのだった。次章でより詳細に議論するが、一九六二年の化学賞委員会はDNA二重らせん構造の「発見」に対し授賞する可能性もあったので、ジレンマがあった。化学賞委員会がタンパク質研究を優先した事実は、ある程度の保守性を反映している。委員会は候補者選定の要約に次のように書いている。

《さらに、クリック、ワトソン、ウィルキンズの論文が、関連する多くの研究にきわめて明白で重要な直接的、間接的影響を与えたことも追加しておく。しかしケンドルーとペルーツの称賛すべき仕事に匹敵する研究はない。》

委員会はヘーグの評価を引用した後、コーリーの貢献については次のように書いた。

《ポーリングはコーリーを推薦しているが、それは共同研究者としての評価である。そしてポーリングが、コーリーを気高い気持ちで過大評価しているという疑いを禁じえない。ポーリングは、コーリーがポリペプチドの正確な構造に関しての基礎研究を行っていなければ、ケンドルーらはミオグロビンのαヘリックス構造にたどり着けなかっただろうと述べている。しかし、これは誇張である。》

1962年のノーベル賞受賞者6人．左からウィルキンズ，スタインベック，ケンドルー，ペルーツ，クリック，ワトソン．〔©Scanpix Sweden AB.〕

ペルーツとケンドルーを第一候補にするとの委員会全員の保守的な結論は、長年にわたってうまく動いていた委員会の調和的な議論の結果である。結論は次のようであった。

《この二人の貢献は、約五十年前フォン・ラウエとブラッグ親子が考案したX線回折法によって得られた最も重要な結果の一つである。この期間、化学領域にあるこの重要な分野はノーベル賞の授与がなく注目されなかった。現在X線解析は急速に効率が良くなっているので、生物学的に重要で、より複雑な分子の構造も明らかになるだろう。この分野では、ノーベル賞になる新しい重要な結果が生まれることが期待される。》

この啓示的な陳述は、のちに正しいことがわかる。そして一九六四年のホジキン授賞へと進んだ後、驚くほど複雑な巨大分子の結晶学研究にたくさんのノーベル賞が授与された。本書執筆時、二〇一二年のノーベル化学賞は、ロバート・J・レフコウィッツとブライアン・K・コビルカの「Gタンパク質関連受容体構造の研究」に関し授与が決定された。二〇一一年までにコビルカは、Gタンパク質（細胞膜内部にあり外部からの信号を細胞内へ伝達する）および膜貫通受容体（細胞膜の脂質二重層を七回通るポリペプチド鎖）の三次元構造を明らかにした。結晶学研究は分子生物学の分野に革命を起こした。その進歩は、一九六五年の物理学賞受賞者である著名なリチャード・ファインマンの言葉を思い起こさせる。彼は「私に見えない（構築できない）物は、私には理解できない」と語っていた。

　一九六二年の授賞者には他の著名なグループもいた（その三人については次章で述べる）。ペルーツとケンドルーは、授賞式でヘーグの演説で紹介された[19]。彼は受賞者の骨折り仕事の背景を述べ、一九五三年にペルーツがヘモグロビン分子を重原子で標識したことの重要性を強調した。彼はやや誇張して演説を終えた。

《生物に必須のこれらの物質に関して得られた知識は、生命の工程を理解するのに大きな一歩となります。それゆえ今年の化学賞受賞者がアルフレッド・ノーベルの遺志に書かれた条件を成就したことは明白であります。彼らは人類に最大の利益を与えたのです。》

ペルーツはノーベル賞講演[4]で、最終ゴールにはまだ達していないと述べた。

《このような偉大な機会に、まだ途中の結果しか述べられないことをお許しください。しかし、まぶしい日光は人を疲れさせますが、人は夕方の微光で、また曙光《しょこう》を待つとき、元気づけられるのです。》

彼は、アイザック・ニュートンの言葉を思い浮かべたのだろう。ニュートンがどうして発見をするのかと尋ねられたとき、「いつも考えていて、主題を私の前に置き、最初の曙光が少しずつ丸い太陽になるのを待ちます」と答えていた。

　科学の努力は終わらない旅である。以前に閉じられていた部屋の一つの扉を開けると、次に開けるべき二つまたはそれ以上の扉が現れる。もちろん、ある扉は他より重要で広い部屋へ導き、さらに多数の新しい扉を開く可能性が生まれる。大発見とは、その衝撃度で評価される。新しい研究分野が拓かれたかどうかは、期待もしていなかった分野での発表論文の急激な増加でわかる。

受賞後の人生

ノーベル賞受賞後の三人は異なる人生を歩んだ。科学に残った人もいれば、科学行政やヒューマニズムに携わった人もいる。

女性科学者かつヒューマニスト

ホジキンは受賞後も科学界にとどまり、実験を続けた。悲しいことに関節に問題が生じ、手から足へと広がり、関節リウマチと診断された。車椅子を使わざるをえなくなったが仕事を続けた。最も重要な仕事はインスリンの構造解析であった。これはバナールと一緒に一九三四年に始めたものだ。三五年後にこのホルモンの完全な三次元構造を発表できた。

一九七六年に王立協会から最も権威あるコプリ・メダルを女性で初めて授与され、一九八二年にはロモノーソフ金メダルをもらった。一九六五年には英国王室からメリット勲章をもらった。女性の最初の受章者は一九〇七年のフローレンス・ナイチンゲールで、ホジキンは二番目であった。一九九四年に八四歳で亡くなった後、二度も記念切手が発行された。一九九六年に英国の五人の「業績をあげた女性」の一人に選ばれた。二〇一〇年には王立協会設立三五〇年を記念する切手の十人の最も輝かしい科学者の一人に選ばれた。

彼女は両親から非利己の倫理と人類への義務を学んだ。フェリーによる伝記[7]によれば、「国境を問題としない人類愛をもった典型的な英国人女性」であった。この領域での彼女の主たる貢献はパグウォッシュ運動であった。一九七六年から一九八八年までこの組織の委員長を務め重要な活動を指導した。その一例は、すべての存命のノーベル賞化学者に核兵器廃絶のパグウォッシュ宣言の署名を求めたことだった。最終的に一一一人の署名をもらうことができた。一九八七年にはレーニン賞を受賞した。左翼的行動への関わりのために米国へのビザなしの入国はできなかった。

偉大な科学行政家

ケンドルーとペルーツは受賞直後から異なる道を歩んだ。ケンドルーは、すでに一九五〇年代から科学組織の設立に能力を発揮していた。キャベンディッシュ研究所内に医学研究評議会の分子生物学研究施設が設立されたとき、彼はペルーツと一緒に大チームを立ち上げた。一九六〇年に王立協会の会員に選ばれたが、ノーベル賞受賞後は実験研究を辞めて行政面で活躍した。一九五九年には『*Journal of Molecular Biology*』を設立し、長年にわたり編集長を務めた。このジャーナルは現在もその領域での主導的な学術誌である。一九六三年の欧州分子生物学機関の設立者の一人であり、一九七四年には欧州の政府を説得して欧州分子生物学研究所をハイデルベルクに設立させ、初代の所長を務めた。仲間のペルーツはその会議の最初の委員長となったが、これは彼が関係した数少ない委員会の仕事であった。この研究所はなおも偉大で、ケンドルーの献身の記念碑といえる。国際科学連合会議にも十五年以上関わり理事長も務めた。八十歳のとき前立腺癌で亡くなった。

広い領域の科学者

ペルーツは、ケンドルーとは対照的に研究を続けた。彼はオキシ、デオキシーヘモグロビンの構造が酸素運搬の際どのように変化するかを研究し、一九七〇年にそれを解明した後、神経変性疾患でのタンパク質凝集体について調べた。皮膚由来メルケル細胞癌で二〇〇二年に亡くなる人生の最後の週に、ハンチントン病でのタンパク質凝集体の論文を投稿している。これだけではなく他の多くの業績を残した。

ペルーツは一九四七年、新しくつくられた分子生物学研究施設の所長になった。この施設は、はじめ一九三八年以来ブラッグが所長をしていたキャベンディッシュ研究所内にあった。ペルーツのヘモグロビン研究に対してブラッグが重要な役割を果たしたことは、これまで何度も述べてきたが言いすぎることはない。ペルーツはノーベル賞講演でまずブラッグをたたえた。彼が受賞したことにブラッグの推薦があったことを知っていたのかもしれない。残念なことにブラッグは前立腺癌の手術を受けており、ノーベル賞授賞式には出席できなかった。

しかしブラッグにはよい出来事がたくさんあった。

一九六五年、彼はストックホルムに戻り、五十年前に親子一緒に物理学賞を受賞したことへのお祝いに出席した。講演では彼の豊かな人生[2]からの物語を話した。受賞五十周年記念祝いに出席できる受賞者は少ない（次章でもう一つの例を述べる）。ブラッグは一九七一年に亡くなった。ペルーツが書いた次の追悼文は引用の価値がある。

《他人の科学研究を論評するとき、私はその論文の文章内容を言い換えます。しかしブラッグ先生の論文を言い換えようとすると、先生はすでに私よりもよい表現をしていることに気づかされました。簡潔な表現に力強さ、熱情、活気、魅力を結合させていました。それと講演での美的な仕草が重なり合い、先生は最良の科学講演者でした。科学への取組みは芸術的であり想像力に満ちていました。皮肉屋は「今どきの科学者は名声とお金のためだけに働く」とわれわれを信じ込ませようとします。しかしブラッグ先生は難しい問題に対し追われるように働いてノーベル賞を受賞し、今は余裕のある生活を送っています。天才と一緒の生活はしばしば不快です。しかし先生は温和な性格で、その創造性は幸福な家庭に支えられ

ブラッグが自身のノーベル賞受賞五十周年記念式典（1965年）にストックホルムを訪問したときの講義の風景〔文献1〕

ていました。》

分子生物学研究施設では、はじめはペルーツ、ケンドルーと実験技術者だけであったが、徐々に数が増えて九十人規模になった。異常ともいえる数の優秀な研究者を受入れ、そのうちの十四人ものちにノーベル賞を授与された。その前にはいろいろな出来事があった。一つは、一九六二年に独立の分子生物学研究の建物ができたことだ。その時点ですでにハイクラスの研究者―プリマドンナといわれた―がたくさん揃っていた（それら研究者は次章で紹介する）。自尊心の高い研究者が多数いる施設をどのように運営していくか懸念もあったが、腰の低いペルーツはそのような場所に適しており、十七年間も所長を務めた。一人で決めたことがらも多いが、重要な決定の際は評議委員会で話し合った。委員は彼以外にはクリック、ケンドルー、サンガーなどが務め、ノーベル賞級の知恵を集めたのだ。彼の野心は、科学者間で切磋琢磨し合う環境をつくることであった。研究者同士を交流させるために、お茶やセミナーの時間をもうけた。マックスの妻ギゼラは二十年以上も喫茶室を運営した。まさに家族ぐるみであった。ペルーツの伝記[8]を書いたフェリーはある章全体を研究所の印象的な雰囲気について述べ、研究所の驚くべき業績は別の本[20]にした。ペルーツはしばしば研究所の成功の秘訣は何かと聞かれた。回答はさまざまだったが、次に例を示す。

《科学における創造は、芸術と同じように組織化できるものではない。それは個人の才能から自発的に生じるものだ。うまくいっている研究所はそれを育てる。しかし階層のある組織、固定した官僚的な規則、山のような書類はそれを潰す。》

ペルーツが研究所長を引退するとき、王立協会は最高のコプリ・メダルを授与した。そのときの文書は…

《王立協会は、分子生物学への彼の際立つ貢献を評価する。彼は血液中で酸素を運ぶヘモグロビンの構造と生理活性の研究をした。彼の指導のもとに、その研究施設はこの分野で世界をリードする研究センターとして認められた。》

彼は一九七九年のコプリ・メダルのほか多数の名誉を受けた。一九六三年には大英帝国三等勲士（英国人のみで二四人に限られる）に指名され、一九六七年オーストリア学術芸術勲章、一九七一年英国勲章、一九七五年名誉勲位、一九八九年ついにメリット勲章を授与された。

ペルーツには著述家としての才能もあった。『ニューヨーク書評』に書評やエッセーを寄稿した。これらエッセーをまとめて一九九八年に『もっと早く怒らせておけば[14]』を出版した。もう一つのエッセー集は『科学は必要か？[21]』であった。この本の導入部を次に示す。

《科学においては他の努力分野と同様に、聖人も山師も、戦士も隠者も、天才も変人も、暴君も奴隷も、施与者も守銭奴もいる。しかし彼らのトップ皆がもち、そして大作家、大音楽家、大芸術家も共通してもつ特質は、創造性である。芸術と科学における創造（それは一つの文化である）においては、まず想像力である。芸術家は自分に課した方針と周りの環

国際アカデミー・学術団体人権ネットワークの4人の創始者．左からピーター・ヤン・ディク，フランソワ・ジャコブ，エドアルド・ヴァセンティノ（イタリア国立科学アカデミー会長．創始者ではない），トシテン・ウィーセル，マックス・ペルーツ．この写真は王立スウェーデン科学アカデミー正面階段で1999年キャロル・コリロンによって撮影された．

境によってのみ拘束されるが、科学者は自然の中にいて、周りには自分をいつも見張っている同僚がいる。》

最後に、彼がヒューマニストであることにもふれておきたい。彼は情け深い実際主義者であった。ホジキンと同様に核兵器をはじめとする兵器の使用に反対した。一九九三年、彼は仲間のノーベル賞受賞者であるスウェーデン人（当時米国在住）の神経科学者トシテン・ウィーセル、フランス人分子生物学者フランソワ・ジャコブ、弁護士であるオランダ人ピーター・ヤン・ディクとともに国際アカデミー・学術団体人権ネットワークを設立した。その執行部委員会は一九九九年にストックホルムの王立スウェーデン科学アカデミーで会合を開き、私はその事務局長としてホストの役を果たした。スウェーデン女王が特別名誉ゲストとして招かれた。この人権組織はペルーツの死後も活動した。投獄されたり、人権を侵害されて困っている科学者を助けている。問題のある事例を確認するのは、キャロル・コリオンが率いる米国科学アカデミーの事務局である。各国のアカデミーは、不正義の事例がある国の首長にそれを指摘する手紙を書く。このネットワークの最近の会合は、台北で二〇一二年五月に開かれた。私はスウェーデンの三つのアカデミー（王立科学アカデミー、文書・歴史・考古アカデミー、文学アカデミー）を代表する人権委員会委員長として参加した。その会合の要約を次に示す。この三年間に二十のアカデミーから全九一五の文書を受取り、それは十三カ国における五二人の（ある場合は集団の）囚人に関してであった。結果は期待以上に早期に現れ、十一カ国で三六人が解放された。それゆえペルーツは科学者としてだけでなく、ヒューマニストとして長く残る足跡を残したのである。彼が好んだ引用句「科学において真実はいつも勝つ」で本章を終わりたい。そして望むらくは、この文章が科学だけでなく他の分野にも適用されることである。ついでながらアムネスティ・インターナショナルが一九六一年に設立されたときのスローガンは、「真実はあなたを開放する」であった。

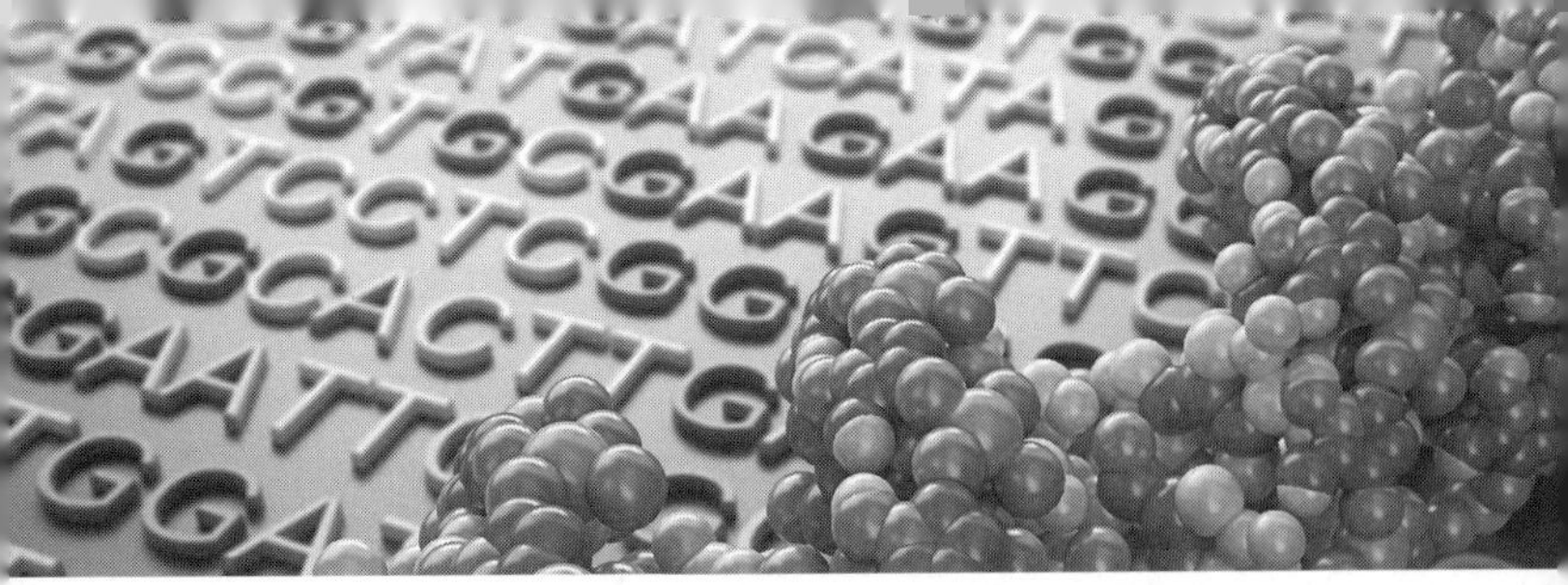

第 6 章

美しい、じつに美しい

THE DOU·BLE HE·LIX
E·TER·NI·TY IN A STRING
SYM·ME·TRY WELL USED

二重らせん
糸のなかの永遠
対称性の美

クリックは自叙伝『What Mad Pursuit』[1]〔『熱き探求の日々』中村桂子訳、TBSブリタニカ社〕で、ワトソンについて次のようなエピソードを書いている。ケンブリッジの若い生物物理学者の集まり、ハーディ・クラブ〔コロイド学教室の教授の名にちなむ〕に招待されたワトソンは、おいしい夕食の後会員にDNAについて話した。酒をしこたま飲まされており、二重らせん構造については説明できたが、要約するときに酔いが回り呂律《ろれつ》が回らなくなってしまった。なんとか出てきた言葉は「うつくし〜い、じつ〜に、うつくしい!」クリックはそのエピソード紹介の最後につけ加えた。「もちろん、それは美しかった。」

彼はその本の他の場所で「二重らせんの発見は終わりでなく始まりである」と強調した。一九五三年の発見に続く十年間で、遺伝子の複製およびその機能と遺伝子のタンパク質合成での役割に関して新発見が続き、その量は驚くべきものとなった。

DNAの二重らせん構造の発見は、間違いなく生物学における二十世紀最大の革命といえよう。この発見が桁違いに重要なのは、デジタル情報を蓄える単純な構造が明らかになったことだけでなく、DNAに含まれる遺伝言語が生物に普遍的なもので、三十億年以上前の生命誕生から続いてきたことである。この画期的な発見は、すみやかにノーベル化学賞または生理学・医学賞の対象になるべきであった。

しかし、王立スウェーデン科学アカデミーおよびカロリンスカ研究所のノーベル文書館の記録を見ると、授賞は一筋縄ではいかなかったようだ。遺伝情報がタンパク質でなく核酸にあるというパラダイムシフトを受入れることの困難さを物語っている。これはノーベル委員会だけが直面した問題ではなく、科学界全体の問題でもあった。基本的に正しいDNA構造は一九五三年四月[2]に発表されていたが、ワトソンとクリック(ウィルキンズも含む)へのノーベル賞推薦があったのは一九六〇年だったのだ!

DNAの偉大な発見

DNA二重らせん構造解明の物語は、幾度となく語られてきた。生物学の画期的発見のなかで、塩基対が水素結合で引き合って二重らせんを形成する話ほど詳細に調べられたものはない。そのクライマックスの瞬間はほとんど時間単位で追うことができる。その出来事を描写したロバート・オルビー[3]とホレース・フリーランド・ジャドソン[4]の本が有名である。さらにノーベル賞を受賞した三人の科学者がそれぞれの自叙伝を書いている[1,5,6]。ワトソンの『二重らせん』〔江上不二夫・中村桂子訳、講談社文庫〕は一九六八年の出版と同時に有名になった。科学者の「人間的」側面を過激に小説的に扱い、非常に主観的に書かれていて索引もない、今までにない本である。それはノンフィクション小説の先駆けとなった。その本の出版の前でも後でも、ワトソンがロザリンド・フランクリン（書中では「ロージー」とよばれた）を犠牲にしたことへの批判があった。出版前からの批判を考慮して、ワトソンは彼女の科学者としての優秀さへの賛辞を入れたエピローグを追加した。また彼は出版社を変えざるをえなかった。この本についてはのちに戻ることにする。

キングズ・カレッジでの生物物理学

一九五三年二月の画期的な出来事への序奏となる、DNA構造をX線結晶学で調べる動きは、一九三〇年代以降に始まった。一九三〇年代の半ば、アストベリーとバナールは巨大生体分子の構造解析の分野を分担しようと考え、非晶質物質はアストベリーが、結晶構造をもつ物質はバナールが扱うこととした。長いあいだ核酸は高分子で、その溶液は繊細な糸になることがわかっていた。化学者の一般的な意見は、「そのような物質は不均一な性質をもち、それほど興奮させる対象ではない」であった。ロックフェラー研究所のフィーバス・レヴィーン〔一九二九年に核酸にDNAとRNAとがあることを発見〕は、四種のヌクレオチドを等分子数ずつ含むと予想した。

核酸は三つの成分からなる。①窒素を含む塩基（ピリミジンおよびプリン）、②五炭糖（RNAはD-リボースで、DNAは2-デオキシ-D-リボース）、③リン酸基である。アストベリーは、長く伸びたDNA分子ではプリンとピリミジンの板状の分子が積み重なっていて、五炭糖は伸びた糸の軸に対し垂直に位置すると予想した。彼はヌクレオチドがらせん構造をとる可能性まで考えたが、このアイデアを捨ててしまった。アストベ

ジョン・T・ランダル（1905〜1984年）

リーの仮説を一歩進めたのは、ノルウェーの科学者スヴェン・フルベリの重要な発見であった。彼がバークベック・カレッジのバナール研究室で作成した一九四九年の理学博士論文は、ピリミジン塩基の一種シトシンに関わるものである。彼はX線を使った研究で、シトシンが連続して積み重なった一本鎖の部分がらせん状になり、シトシンと五炭糖の環は互いに垂直であり同一平面にはないことを証明した。リン酸は、一本鎖らせんの外側か、内側を向いているとした。彼はX線結晶学の研究をしばらく続けたのち方向を変え、一九六六年にオスロ大学で理論化学の教授になった。

DNA構造をX線結晶学でさらに調べる試みは、ウィルキンズが始めた。彼は一九四六年にロンドン大学キングズ・カレッジのジョン・ランダルに加わり、生物物理学部門をつくった。彼は一九一六年に生まれた[6]。ケンブリッジ大学の聖ジョーンズ・カレッジで物理学を学び、そこでバナール（迫力はあるが気まぐれな教師とみなされていた）から結晶学の基礎を学んだ。ウィルキンズは物理学者ランダルの助手となり、博士論文の指導を受けた。そしてランダルはローレンス・ブラッグの指導を受けていた。

第二次世界大戦中、ウィルキンズは多くの科学者と一緒にカリフォルニアのバークレーでマンハッタン計画に従事した。同時期にランダルは英国で他の仕事に従事しており、空洞マグネトロンを大幅に改良して有名になった。これはセンチメートル波長レーダーに必須の部品であり、連合国の勝利に大きな役割を果たした。戦後、ランダルはスコットランドの聖アンドルーズ大学に生物物理学チームをつくり、ウィルキンズもその一員となった。一年後にこのチームはキングズ・カレッジへ移った。この動きは医学研究評議会（MRC）の支援を受けていた。MRCはまた、もう一つの生物物理学研究部門をケンブリッジ大学のキャベンディッシュ研究所につくった。その所長はランダルの博士論文を指導したブラッグであった。ケンブリッジではタンパク質構造の研究（前述）、ロンドンでは核酸構造を中心に研究するという紳士協定が結ばれた。

ウィルキンズが研究を始めてすぐに、クリックがキングズ・カレッジを訪問した。二人とも物理学者で、生物学に興味をもっていた。しかしクリックは生物学の研究ができる職場におらず、それができる場所を探していた。ウィルキンズは、クリックに職を提供するようにランダルに頼んだが、ランダルは乗り気でなかった。クリックに対して粗野でおしゃべりな印象を抱いたのだ。そこでクリックはキャベンディッシュ研究所に当たってみた。ウィルキンズの自叙伝によれば、「私とクリックは同年生まれで、固い絆の友となった。」二人の性格の違いを考えると、驚く人もいるだろう。

DNAの結晶学研究をキングズ・カレッジで進められるかどうかは、よい出発材料の入手、技術開発、データを数学的に評価する手段にかかっていた。高品質のDNAはスイス、ベルンのルドルフ・ジグナーから提供された。彼はドイツの偉大な化学者ヘルマン・シュタウディンガーのもとで勉強した。シュタウディンガーは一九三〇年代、巨大分子研究の先駆者であった。彼はこの種の研究を行うことで仲間の化学者から批判を受けた。しかし一九五三年、「巨大分子化学の分野での発見」でノーベル化学賞を受賞した。ウィルキンズは一九五〇年五月のロンドンでの会議でジグナーから乾燥した精製DNAが入った小瓶をもらった。このDNAは仔ウシ胸腺―グルメには「シビレ」として知られる―から調製した品質のよいものであった。水に濡らすとDNAは細い糸のように伸びる。ウィルキンズは、X線結晶学に詳しいレイモンド・ゴスリンと一緒に、もらったDNAのX線回折写真を撮った。以前にアストベリーが撮った写真よりもよいものであった。しかし研究はなかなか進まなかった。この状況は一九五一年にロザリンド・E・フランクリンがグループに加わって一変した。異なる水和条件でDNAを注意深く調べると、A形とB形の二つに区別できることがわかった。B形はより水和されたもので

ロザリンド・E・フランクリン（1920～1958年）〔Jewish Chronicle Archives/Heritage Images〕とモーリス・H・F・ウィルキンズ（1916～2004年）〔1962年ノーベル賞年鑑〕

細い糸である。フランクリンは理学博士論文を指導したゴスリンと一緒に鮮明な像を得た。この写真はのちの研究の進展に決定的役割を果たす。

ワトソンの到来が紳士協定を乱す

キャベンディッシュ研究所ではDNA研究を行わないという約束は、ワトソンが来て変化した。ワトソンは一九二八年に生まれ、シカゴ大学を卒業しブルーミントンのインディアナ大学のサルヴァドル・E・ルリアのもとで理学博士号を取得した。ルリアはファージ研究の主導的学者の一人で、アルフレッド・D・ハーシーとマックス・デルブリュックとともに、一九六九年「ウイルスの遺伝構造と複製メカニズムに関する発見」でノーベル生理学・医学賞を受賞している。それゆえワトソンは、ファージと当時最新の遺伝学について学んでいた。

また、ワトソンは遺伝学者のハーマン・J・ミュラー（一九四六年「X線照射による突然変異作製の発見」でノーベル賞受賞）とトレーシー・ソネボーン〔ゾウリムシ繊毛の研究者〕からも感化され、遺伝物質の化学的性質を明らかにすることを目標にした。エルヴィン・シュレーディンガーの本『生命とは何か』[7]〔岡 小天、鎮目恭夫訳、岩波文庫〕から刺激を受け、理由ははっきりしないものの、DNAこそが研究対象であると考えた。シュレーディンガーの本はすでに多数の物理学者（クリックやウィルキンズを含む）を刺激して、彼らを生物学研究へと導いた。

ワトソンは一九五〇～五一年、コペンハーゲンで一年間ファージと感染時のDNAの動きについて博士号取得後（ポスドク）研究を行った。一九五一年五月にナポリの動物学研究所での会議に出席する機会があった。そこでウィルキンズと出会い、DNAのX線結晶学についての話を聞いた。その年の夏、コペンハーゲンでブラッグの講義を聴き、ケンブリッジへ行くことを決めた。ルリアは、彼のために国立小児麻痺財団からの奨学金を取ってくれた。彼はケンドルーのもとで研究することになった。キャベンディッシュ研究所に着いてすぐにクリックと出会い、二人ともDNAに共通の興味をもっていることを確認した。それは驚くべき心の出会いであった。二人は、その研究所がDNAでなくタンパク質の構造を扱う場であることなど気に留めなかった。

クリックの人生は、オルビーによる伝記[8]に詳しく記されている。彼はロンドン大学で物理学を学び、そこで博士課程の研究を始めた。一九三九年には戦争のため、この計画を中断しなくてはならなかった。戦争中は海軍本部で働き、一九四七年に辞めて生物学を始めた。ケンブリッジのストレンジウェイズ研究所で二、三年過ごした後、ペルーツのグループに参加した。一九五〇年に博士論文研究を再開した。よく引用されるブラッグの言葉によると、「彼は他人がクロスワードパズルを解いているときに口を挟む傾向があった。」実際、ブラッグはクリックの研究に進展がないことを気にしていた。

ワトソンとクリックが各自の広い知識で互いに切磋琢磨するユニークな絆については多くが語られている。ワトソンは二三歳で、クリックは十二歳年上であった。物理学の基礎があるクリックは、ワトソンと相互作用することで二十世紀最大の卓越した理論生物学者になったといえるだろう。クリックは、タンパク質αヘリックスのX線回折の一般理論に特別な洞察をしており、他の二人の共同研究者とともにその理論を構築した。この主題に関する重要な論文[9]は一九五二年に出版された。

DNA構造解明のときのフランシス・クリック（1916〜2004年）とジェームズ・ワトソン〔A. Barrington Brown/Photo Researchers.〕

ワトソンとクリックはDNA構造の推測を始めた。まず限られたデータからモデルを構築した。リン酸が内側、塩基が外側にくる三重らせんモデルを考えた。このモデルをウィルキンズとフランクリンに見せたところ、多くの欠陥を指摘された。フランクリンの評価はそっけなかった。この時点からブラッグは公式にワトソンとクリックにDNA研究を続けることを禁じた。あまり語られていないが、クリックは一九五四年に博士論文「X線回折―ポリペプチドとタンパク質」を書きあげた。しかしそれ以上に重要な進展があった。タンパク質と並行してDNAのことも考えており、一九五二年夏の彼のノートを見ると（J・クレイグ・ヴェンター研究所保管文書）、暇を見つけては四種の塩基のなかで互いに引き合う組合わせがあるかどうか考えていたようだ。結論は出なかったようだが、「悪くはない」というメモもあった。

ワトソンとクリックは、DNA禁止令が出たにもかかわらずDNAを頭から排除できなかった。一九五二年の春、二人はケンブリッジを訪れていたエルヴィン・シャルガフに会った。シャルガフは「知識が少ないのに、やる気満々の二人」と辛辣に評価した。二人は、らせんとそのピッチ（らせん一回転で進む距離）に関する話が止まらなかった。ポーリングのタンパク質αヘリックスの研究についても幾度となく話した。その会話の後シャルガフは、ノートに「ヘリックスを探している二人のピッチマン（大道商人）」と記した。

一九五二年七月、ポーリングはヨーロッパを再訪した。彼の共産主義への共感が非難されて、旅券の発行が数カ月遅れたのだ。パリでは英雄視され、パリ郊外の数世紀の歴史をもつロワイヨモン修道院で行われた国際ファージ討論会に出席した。ワトソンもその会場にいて、ポーリングがDNA構造の解明に興味を示していることを知った。ポーリングは、αヘリックスの存在を証明してタンパク質の構造原理のパイオニアになるだけでなく、同等に重要であるDNA構造も明らかにしようとしていた。ワトソンは注意深く聴いた。ワトソンとクリックは、その構造解明の競争で何ができるのだろうか？

その年の秋、ポーリングの第二子である二一歳のピーターが、ケンドルーと仕事をするためにケンブリッジに着いた。ここでケンブリッジ‐パサデナ（カルテック）間のホットライン（電話）がつながった。ワトソン、クリック、ピーター、ポーリング、ジェリー・ドナヒュー（米国への移住者でカルテック所属）が直に話せるようになったのだ。十一月の終わりに向けてポーリングはDNA構造解明に真剣に取組み始めた。問題は、彼がアストベリーの一九四七年のX線回折写真に頼ったことだ。その材料は異なる形のDNAを含むことがのちに判明した。六カ月前にフランクリンはポーリングの共同研究者コーリーに鮮明な写真を見せていたが、それはポーリングの手元には渡らなかった。もしポーリングを招待する王立協会の五月の会合への旅券発行が遅れなければ、彼はもっとよい出発材料を入手し、ワトソンとクリックに勝てたかもしれないという憶測もある。とにかくポーリングは入手できた材料を使って最善を尽くした。しかし、彼は最終結論を出す際タンパク質αヘリックスほど慎重、厳密にならなかった。十二月三一日に学術誌『*ProNAS*《プロナス》』へコーリーとの共著で論文「核酸構造の一提案」を投稿した。

ピーターからポーリングの論文が掲載されると聞いて、ワトソンとクリックは落ち込んだ。ケンブリッジにその論文が届いたのは二月初めであった。おそるおそる見たところ、驚いたことに提案されていた三重らせん構造はワトソンとクリックが一年前に捨てたアイデアと似ていたのだ。ポーリングとコーリーの考えでは、糸様の全体構造は三本のらせんからなり、リン酸基は中心にあり核酸塩基は外側を向いていた。その提案は明らかに不正確であり、ポーリングほどの人物がいかにしてそのような間違いを犯したのか、研究室で話題になった。ポーリングの伝記[10]によれば、理由は「思いあがりと急ぎ過ぎ」であった。フランクリンもまたランダルから論文のコピーをもらった。彼女もすぐに欠陥に気づいた。彼女は率直な人物であり、ポーリングに「化学の象徴ともいうべき人が間違っている」という内容の手紙を書いた。

　ブラッグは、彼の競争相手（αヘリックスのことでキャベンディッシュ研究所は負かされていた）がそのような大失敗をした事実について考え込んだ。そしてワトソン、クリックへのＤＮＡ研究禁止令を解くことを決意した。のちに彼はワトソン著『二重らせん』の序文に次のように書いている。

《画期的な新アイデアが、真にある人独自の考えなのか、あるいは他の人との会話で生まれたものを無意識に自分のものにしたのか、どちらであるかを断言することは簡単ではない。これが困難であることは理解されているので、科学者間では漠然とした不文律があり、〔競合する領域で〕一連の研究を行うことの主張はある程度は（傍点著者）認められている。複数グループ間で競争があるときには、その主張を差し控えるわけにはいかない。》

ワトソンとクリックはＤＮＡの研究に戻ることができた。止まっていた時計が時を刻み始めた。

一九五三年二月の急展開

ワトソンはポーリングの間違いをウィルキンズに伝え、ＤＮＡのらせん構造の議論を再開した。ワトソンは思いがけない報酬を得た。ゴスリンは、フランクリンが撮ったＢ形ＤＮＡの最もはっきりした写真をウィルキンズにすでに渡していた。この写真は数カ月前に撮られており、「写真51」とよばれた。その写真を見たワトソンは驚きのあまり口がきけなかった。写真の十字パターン

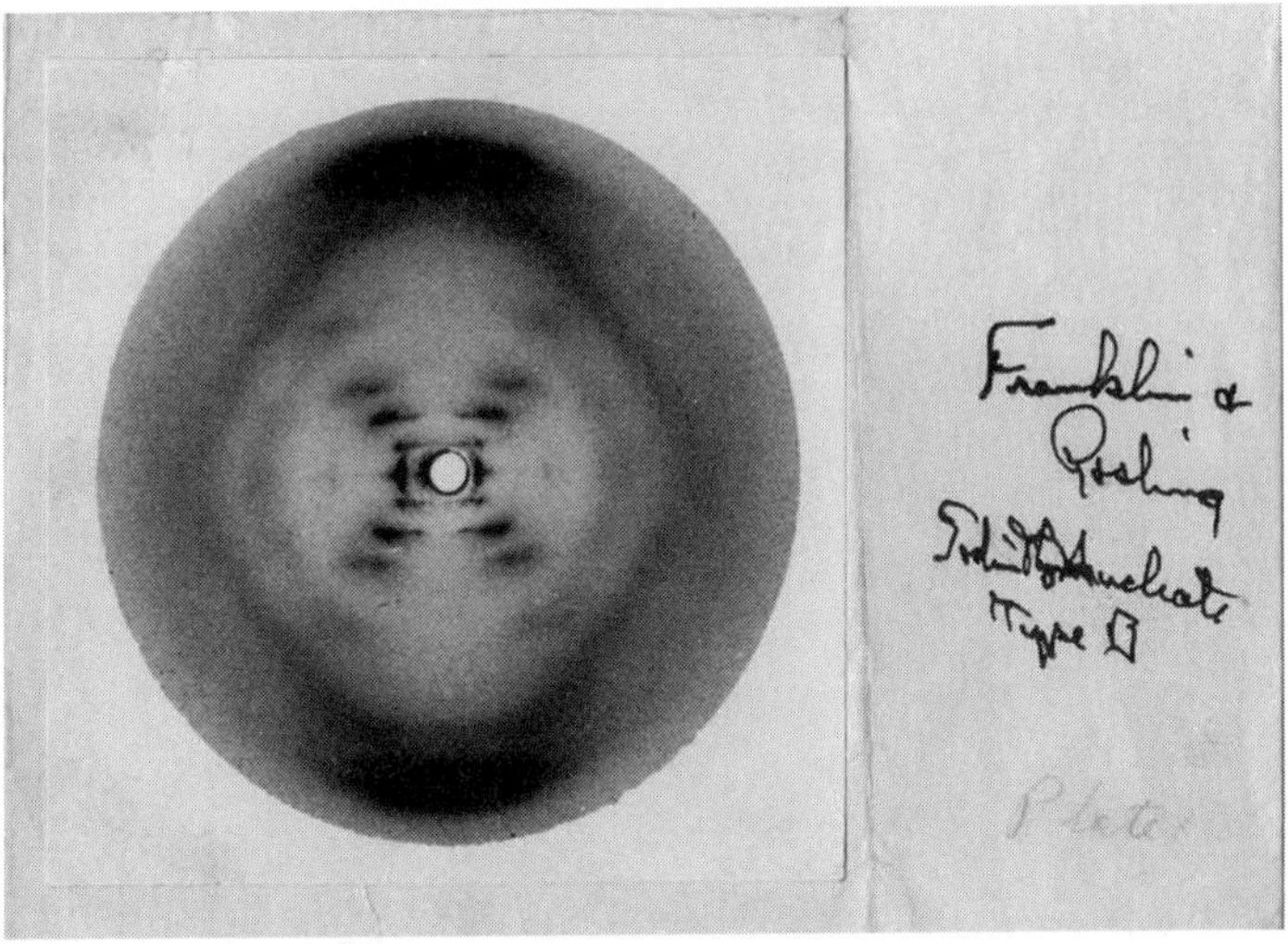

ロザリンド・フランクリンとレイモンド・ゴスリンが撮影した「写真 51」〔J・クレイグ・ヴェンター研究所文書館〕

はＤＮＡがらせん構造をとることを強く示唆していた。ワトソンは推測されるらせん構造をウィルキンズに話した。一回転のピッチは三四・四オングストロームで、塩基間の距離三・四オングストロームの十倍であった。ワトソンはその情報をクリックに伝え、模型作成の再開に向けて新しい塩基形の金属板を発注した。これは二月四日に始まった。激しい議論の末、二重らせんモデルで進め、リン酸をらせん外側に置くことにした（フランクリンの初期のモデルでは内側）。どうしたら核酸塩基が水素結合で互いに引き合うか、まだわかりかねていた。二、三日後、彼らはペルーツから助けをもらった。生物物理学委員会からの医学研究評議会への報告書を二人に見せたのだ。この報告書は、委員会が前年十二月のキングズ・カレッジへの訪問後に作成したものだった。二人に有利となる情報を見せることは法にふれないが、倫理の問題として報告書（秘密文書ではない）を見せるのに十分な考慮が必要なことは明らかである。ペルーツ自身、一九六九年『サイエンス』で彼の行動について次のように述べた。「私は管理面では経験不足のためのん気であり、報告書は秘密文書でなかったのでそれを隠す理由がなかった。」

　クリックは「底心単斜格子」であることを確かめたとき、すぐに空間群*C*２に属すると判断した。これは構造が二つ一組の性質であり、二つのらせんは逆平行に走っていることを示す。らせんは核酸塩基同士の水素結合で引き合っているに違いない。問題は、二つのプリン塩基（アデニンＡとグアニンＧ）と二つのピリミジン塩基（シトシンＣとチミンＴ）は異なるサイズであるということである。論理的に考えてワトソンは最初同じもの同士、Ａ－Ａ、Ｇ－Ｇ等を対合させようとしたが、プリン同士の距離はピリミジン同士よりもはるかに大きい。Ａ－Ｔ、Ｇ－Ｃを対合させてもうまくいかなかった。これには思いがけない理由があった。セレンディピティー[11]〔思いがけない発見〕といわれるように、同じ部屋で働くもう一人のカルテックからの研究者ドナヒューが口を挟んだ。彼はワトソンに、核酸塩基は互変異性体の二つの形（エノール、ケト）をとることを教えた。当時使われていたデビッドソン化学教科書にはエノール形しか載っていなかったため、ワトソンはそれを使っていた。ドナヒューは、ワトソンにケト形を使うべきだと助言した。ワトソンは模型作成になおボール紙を使っていた。金属板のものは到着が遅れるからだった。そこでワトソンはすぐにケト形の塩基をボール紙で作り始めた。

　運命の二月二八日の朝、ワトソンが新しい塩基形を使ってＤＮＡらせん模型を作ると、驚いたことにＡ－Ｔ、Ｃ－Ｇはぴったりの大きさだった。ワトソンは叫んだ。「ユリーカ（わかったぞ）！」シャルガフは以前にＤＮＡのＣとＧの割合は同じこと（ＡとＴも同様）を見つけていたが、理由は説明されていなかった。それが今わかったのだ。なぜ、今まで誰も考えてみなかったのだろうか？　このＤＮＡ構造モデルは「シャルガフ経験則」を説明するだけでなく、この「生命の分子」の基本となる二つの疑問にエレガントな解答を与えてくれる。

　一つ目の解答は、この化学的足場は安定な構造をつくり出し、その構造を保ちながら自身を複製することである。一つのプラス鎖とマイナス鎖それぞれを複製すれば、同一のマイナス鎖とプラス鎖からなる二重らせんとなる。もとの構造がつねに保存されるのだ。もう一つの疑問への解答は、ＤＮＡ分子が情報を運ぶ性質である。ある塩基対は隣の塩基対とは独立であるので、二～四塩基を組合わせて多数種の情報をつくることができる。一つの構造を解明したことで、数々の重要な疑問に対し一挙に解答が生まれることはまれである。

クリックは十時ごろオフィスに到着し、即座にワトソンの塩基対の考えから生まれる大躍進を理解した。最終版の模型を作るときが来たのだ。その日の遅く、クリックがなじみのバー「イーグル」へ行く時刻になった。この日の目的はビールを飲むだけでなく、すべての客に「われわれは生命の神秘を見つけた」と告げるためでもあった――という神話めかした話もある。[5] クリック自身はそのような状況を覚えていない。彼の妻オディールも、彼が帰宅したとき特別なことがあったかどうか覚えていない。帰宅時に何かに夢中な素振りがあったかもしれないが、それは彼にとっては日常茶飯事であった。クリックの素晴らしい知能、あふれんばかりの活力や魅力に加えて、彼が放つ熱意は人をひきつけるものだった。それでもなお一九五三年二月二八日は記念すべき日である。ワトソンとクリックは高い目標を達成し、人々を驚かせたのだ！

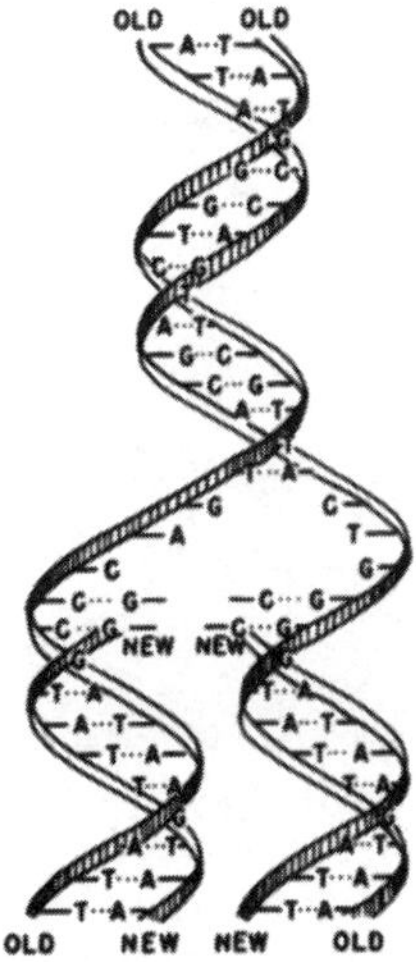

DNAの半保存的複製

圧倒される訪問者たち

金属板を使った模型は二、三日ほどで完成した。見物客が来始め、誰もが感心した。ブラッグはトッドを呼び模型を見せた。彼は、模型は化学的に適合していることを確認した。三月十二日、なんとウィルキンズがケンドルーに招かれて到着した。ワトソンもクリックも、個人的にウィルキンズを招待する勇気はなかった。ウィルキンズがその模型を見たとき感情がどうであったか、誰にもわからない。キングズ・カレッジのグループは出し抜かれたのだ！　オックスフォード大学化学研究室からの優秀な見学者は、シドニー・ブレンナー、ジャック・D・ダニッツ、ホジキン、レズリー・E・オーゲル、ベ

最初に作られたワトソン-クリックモデル

リル・Ｍ・オートンであった。彼らは全員その模型に感動した。その全員は、のちに生命科学の進展に重要な役割を果たしている。ブレンナーはクリックの貴重な共同研究者の一人になり、独立でも重要な業績をあげた。ダニッツはチューリッヒ工科大学で研究を続け、偉大な結晶学者となった。ホジキンについては前章を参照されたい。オートンは女性結晶学者で、ホジキンと一緒に抗生物質に関する重要な仕事をした。オーゲルは化学進化学者で、一九六四年に米国ラホヤのソーク研究所へ移った。私はラホヤの快適なアレニウス館でオーゲル、ダニッツ、ブレンナーと一緒に食事をしたことがある。

　フランクリンとゴスリンもまた模型を見に来た。彼女は冷静にコメントした。「美しい。でもどうやって証明するの？」彼女のＤＮＡ研究についてはのちほど議論する。彼女が当時すでにＤＮＡ構造解明を目指して相当のところまで進んでいたことを考えると、これは彼女の本音だったのだろうか。彼女は落胆したのだろうか？　それとも、問題はすでに解決され、後少し修正するだけであるという事実を素直に受入れたのだろうか。のちに述べるが、フランクリンは彼女自身の結論を守って強く主張することができただろう。しかしまた真実の探求のなかでは、個人的な感情や野心を超越した位置に自分を置くこともできたであろう。

　四月の初め、ポーリングはベルギーで行われたソルベー会議へ行く途中ケンブリッジに立寄った。息子に会うのはもちろんのこと、ワトソン-クリックモデルを見たかったのだ。そのモデルが正しいと認めるのにためらいはなかったが、彼にとっては簡単なことではなかっただろう。彼とコーリーの論文は急ぎ仕事で自己に甘かったと痛感したに違いない。その一年後のノーベル化学賞受賞はよき慰めであっただろう。彼がその時代で最も偉大な化学者であったことに変わりはない。

論文発表

ワトソンとクリックはすぐに論文投稿の準備をした。その際ウィルキンズを共著者に含めるかどうか議論した。長く友人関係にあるクリックの示唆であったのだろう。ウィルキンズは賢くも辞退した。彼の伝記には次のようにある。「ワトソン-クリック-ウィルキンズモデルという名になったら困惑する。」しかし彼は原稿を見た際に最終パラグラフを修正し、キングズ・カレッジからの貢献を小さく評価した。これは驚きである。ウィルキンズの代わりにフランクリンを共著者にした方が適切であっただろうが、そうはならなかったのだ。

九百余りの単語からなる原稿を四月初めに投稿し、四月二八日発行の『ネイチャー』に掲載された(2)。校正段階ではほとんど修正はなかった。本文のある部分、特に最後の四パラグラフ分の文章は慎重に書かれている。終わりから四番目のパラグラフでは随伴論文への引用がなされている。「われわれが本構造を考えた時点では、その随伴論文の詳細を知らなかった。本構造は、全部ではないが主として公表されている実験データによっている。」MRC報告書の件はどうなったのか？　これは最終パラグラフの謝辞とどう符合するのか？　謝辞に「われわれはまたキングズ・カレッジのM・H・F・ウィルキンズ博士、およびR・E・フランクリン博士と共同研究者の実験結果ならびに彼らのアイデアに刺激された」とある。同じパラグラフのなかで、この謝辞より先にドナヒューの手助けへの謝辞がある。「われわれは、ジェリー・ドナヒュー博士にアドバイスと口添え、特に原子間距離に関し大きく負うところがある。」これは比較的強い表現であるが、ドナヒューは完全には満足していなかったとのちに述べている。

最後から三番目のパラグラフは、よく引用されてきた控えめな表現である。「われわれが仮定した特異塩基対結合は遺伝物質の複製メカニズムを示唆することに注目したい」〔この文章のみで一パラグラフになっている〕。

この論文は、短いことが美しいことの例となっている。もちろんトーマス・ジェファーソンの独立宣言の二倍以上、アブラハム・リンカーンのゲティスバーグ演説

（米国の新民主制を定義し、米国と世界の歴史的発展を変えた）の三倍以上の長さではあるが。まれにワトソン-クリック論文より短い科学論文もある。エーデルマン（第3章）は、免疫グロブリンの成分についての萌芽的データを含む論文をたった三八四語に収めたのだ！

『ネイチャー』四月二八日号は、合意によってワトソン-クリック論文の次にウィルキンズらの論文、[12] フランクリン-ゴスリン論文[13]を随伴論文として載せた。ウィルキンズらの随伴論文は細菌DNAのX線回折写真を載せたが、フランクリンとゴスリン論文にあるもっとシャープな写真

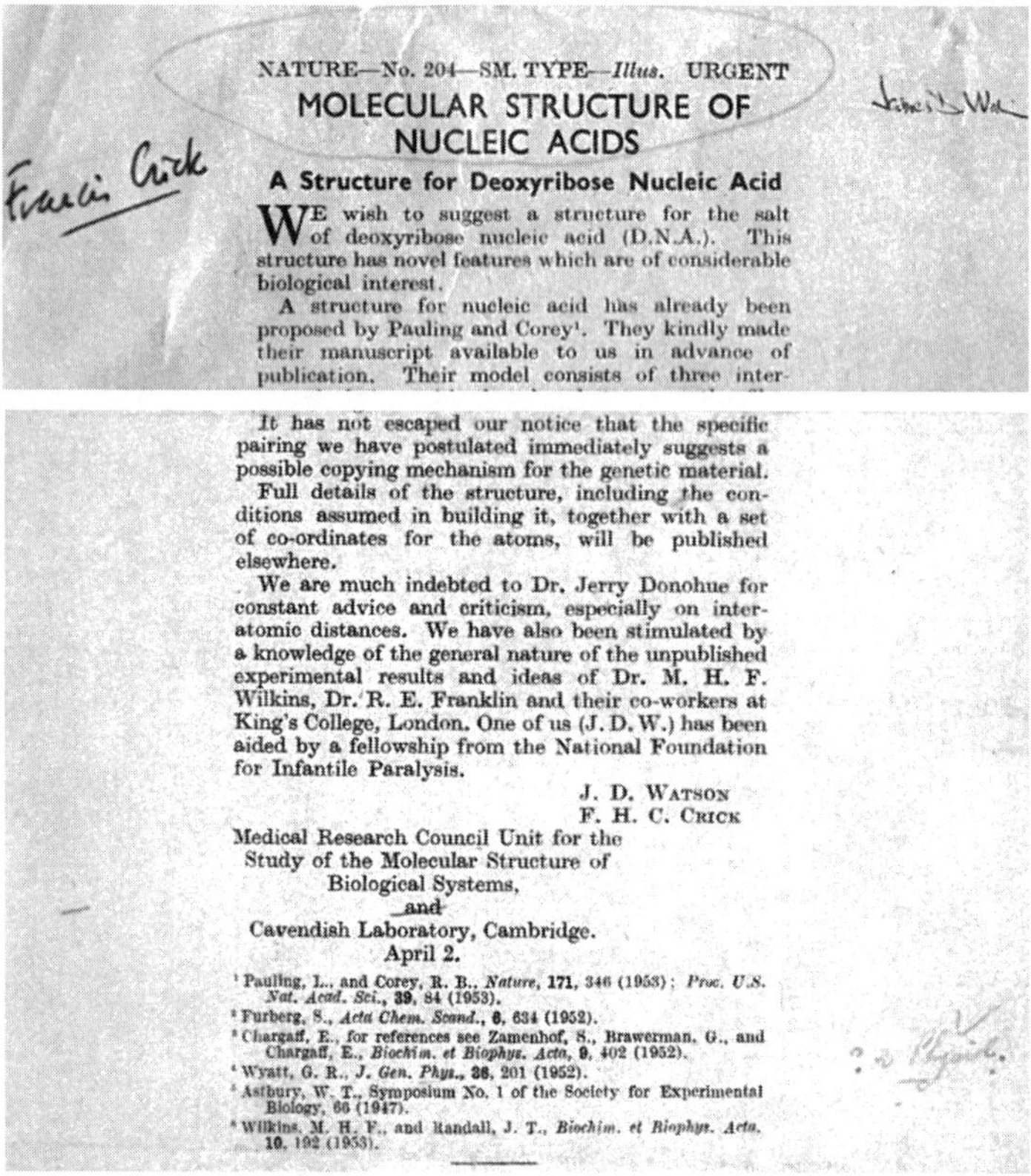
NATURE—No. 204—SM. TYPE—*Illus.* URGENT

MOLECULAR STRUCTURE OF NUCLEIC ACIDS

A Structure for Deoxyribose Nucleic Acid

WE wish to suggest a structure for the salt of deoxyribose nucleic acid (D.N.A.). This structure has novel features which are of considerable biological interest.

A structure for nucleic acid has already been proposed by Pauling and Corey[1]. They kindly made their manuscript available to us in advance of publication. Their model consists of three inter-

It has not escaped our notice that the specific pairing we have postulated immediately suggests a possible copying mechanism for the genetic material.

Full details of the structure, including the conditions assumed in building it, together with a set of co-ordinates for the atoms, will be published elsewhere.

We are much indebted to Dr. Jerry Donohue for constant advice and criticism, especially on inter-atomic distances. We have also been stimulated by a knowledge of the general nature of the unpublished experimental results and ideas of Dr. M. H. F. Wilkins, Dr. R. E. Franklin and their co-workers at King's College, London. One of us (J. D. W.) has been aided by a fellowship from the National Foundation for Infantile Paralysis.

J. D. WATSON
F. H. C. CRICK

Medical Research Council Unit for the Study of the Molecular Structure of Biological Systems, ~~and~~ Cavendish Laboratory, Cambridge.
April 2.

[1] Pauling, L., and Corey, R. B., *Nature*, **171**, 346 (1953); *Proc. U.S. Nat. Acad. Sci.*, **39**, 84 (1953).
[2] Furberg, S., *Acta Chem. Scand.*, **6**, 634 (1952).
[3] Chargaff, E., for references see Zamenhof, S., Brawerman, G., and Chargaff, E., *Biochim. et Biophys. Acta*, **9**, 402 (1952).
[4] Wyatt, G. R., *J. Gen. Physiol.*, **36**, 201 (1952).
[5] Astbury, W. T., Symposium No. 1 of the Society for Experimental Biology, 66 (1947).
[6] Wilkins, M. H. F., and Randall, J. T., *Biochim. et Biophys. Acta*, **10**, 192 (1953).

ワトソンとクリックが『ネイチャー』に投稿した初めてのDNA論文の校正刷のはじめと終わりの部分〔J・クレイグ・ヴェンター研究所文書館〕

にも言及していた。そしてらせんのX線回折パターンの解釈を議論し、アレック・ストークスの未発表データに言及した。後者のデータはクリックを含むキャヤベンディッシュ研究所のグループが一九五二年に発表[9]したものとかなり似ていた。その次の随伴論文はフランクリンとゴスリンによるもので、仔ウシ胸腺B形DNAの重要な「写真51」であった。キングズ・カレッジが二編の論文をワトソン-クリック論文と一緒に載せることをもちかけたとき、フランクリンはすでに別誌への投稿論文の原稿を書いていて、彼女は適切な引用文献を追加するだけで投稿できた。

DNAの二重らせんモデルの生物学的な意味は、ワトソンとクリックによって二、三週間後の『ネイチャー』で議論された[14]。複製時の構造の安定性と、塩基配列による情報の保管能力であった。二人はポリペプチド鎖との関係の推測もした。

《この構造は開いている。二本のDNA鎖のあいだには空間があり、ポリペプチド鎖がらせん軸のまわりに巻付くことができる。隣り合うリン酸の原子間距離は七・一オングストロームであり、ポリペプチド鎖を伸ばした繰返し単位の長さに近いことは意味があろう。精子の頭や人工の核タンパク質では、ポリペプチド鎖はこの位置に存在する可能性が高いと考える。》

この二人は本当に推測が好きだった。のちに多くのことがわかり、実際はもっと複雑である。たとえばヒトDNAはヒストンタンパク質で覆われており、一個の細胞には合計で長さ二メートルのDNAが含まれ、これが肉眼では見られない四六本の染色体のなかに詰込まれている。

クリックとワトソンは、DNAモデルの意義をさらに詳しく説明する論文[15]を発表した。クリックは、『*Scientific American*』からDNA構造を一般向けに説明するよう依頼された。その論文は一九五四年十月号に掲載され、フランクリンのB形DNAのX線回折写真も入っていた。彼女とクリックらとの交流をみるかぎり、彼女が相手に失望した様子はなかった。彼女は状況をそのままに受入れたようだった。むしろ彼女は、自分の写真の重要性に高い誇りをもっていたようである。

DNA構造に関する情報とそのモデルが遺伝学の基本的観点を説明する驚くべき力は、じわじわと広がったと思うかもしれないが、実際そうはいかなかった。ネイチャー論文は初めほとんど引用されなかったのだ。

一九五三年の夏、バナールはバークベック・カレッジを訪問中のフルベリ（ノルウェー人化学者、208ページ）をフランクリンに紹介した。彼は自分の仕事にフランクリンが興味をもっていることに驚いた。フランクリンが、彼にワトソン-クリックモデルをどのように思っているのか尋ねたところ、彼はネイチャー論文を読んでいなかったそうだ。ましてや彼の論文がネイチャー論文で六つの引用文献の一つになっていることも知らなかった。

核酸の役割が認められる

私の前著[16]では一九五九年までのノーベル文書館資料を使い、遺伝情報は核酸にあることがわかってきたことに一章「ノーベル賞と核酸―五幕のドラマ」を割いた。劇的な変化は一九五〇年代中ごろの数年間に起こった。核酸が中心的役割をもっていることが徐々に理解されていく動きは、多くの本に[3,4]詳細に述べられている。本書では、ノーベル化学賞および生理学・医学賞委員会の記録文書を使って状況の変化を追跡したい。

一九五七年、トッドは「ヌクレオチドおよびヌクレオチド補酵素の研究」でノーベル化学賞を受賞した。これは、授賞候補の推薦者とノーベル化学委員会が核酸の化学に興味を示したことを反映している。トッドは一九四九年以来、先駆的研究で推薦されていた。化学賞委員会で長期間委員を務めたアルネ・フレドガ（一九四四〜七六年は委員、一九七二〜七六年は委員長）は四回評価を行っている。これらの評価は基本的に核酸を構成する単位構造であるヌクレオチドの化学に関するもので、一九五三年七月の評価報告書には「多くの研究者、特にポーリングは核酸のらせん構造を提案しようとしている」という注釈を加えた。この評価者は同年のワトソン-クリック論文を読んだのだろうか？　一九五五年に状況はやや変化した。トッドの推薦者は次のように書いた。「トッドと彼の学派の目覚ましい業績を評価できる。彼らは外部の研究を刺激した。ワトソンとクリックが示したDNA

構造は、トッドが発展させたヌクレオチド構造原則に基づいている。」トッドの研究室はキャベンディッシュ研究所前の道路を一本隔てただけであったが、彼はワトソン-クリックモデル作成には何らの個人的影響も及ぼしていない。彼は最終モデルができあがった後に、初めてブラッグの要請で見たのである。

トッド授賞の一九五七年、フレドガの最終評価書のパラグラフを引用する。

《すでに知られているように、多くの研究者がトッドのヌクレオチド構造に基づきDNA構造に関して興味深い理論をつくってきた。最も目を見張らせる展望のあるモデルはワトソンとクリック（文献引用）のものだ。これは共通の軸のまわりに二本のDNA鎖がある二重らせんである。このモデルでは窒素を含む塩基（AとT、GとC）が等分子数存在する。これはDNA鎖の複製をうまく説明する。DNAは染色体中で役を果たし、生物学での中心課題である。トッドは一九五五年に「DNAは単なる憶測の話ではない」と述べ、翌年には「DNAが生物の真の本質であることは間違いない」と述べた。》

一九五七年に化学賞委員会がDNAを遺伝物質であると受入れた証拠はほかにもある。委員会は、オズワルド・T・エイブリー（コリン・M・マクラウド、マクリン・マッカーティを含む）を死後に評価したのである。[16] 一九四六年のノーベル化学賞受賞者ジョン・H・ノースロップが、エイブリーの死後に彼を推薦したので行われたのだ。彼の推薦文の一部を引用する。

《核酸は生命の物質です。多くの人が長い年月をかけて探し求めてきました。私は、核酸が化学および生物学での最大の発見の一つとして考えられるようになってきたと信じます。》

エイブリーを評価したティセリウスは、肺炎球菌の形質転換因子はDNAであるという発見はノーベル賞に値すると結論づけた。しかし彼はすでに亡くなっているので、賞は与えることができなかった。

生理学・医学賞委員会でも、化学賞委員会よりもゆっくりとではあったが同様の評価があった。[16] エイブリーらの業績を認めなかった失敗を反省して、分子遺伝学への興味は急激に増した。ジョージ・W・ビードル、エドワード・L・テータム、レーダーバーグへの一九五八年の授賞にも表れている。テータムはノーベル賞講演[17]で「DNA遺伝変異」や「DNA、RNA、酵素の関係」という言葉を使った。同じ機会にレーダーバーグは、自分の業績を要約するのでなく未来を考えたいと次のようにコメントした[18]。

《遺伝学は今認知されるべきだという考えは時宜を得ています。遺伝学は生物学の概念構造の中心軸であり、医学の理論と実践を成熟させるものです。しかし今、実験遺伝学が生化学と融合してその最大の力を発揮しています（傍点著者）。原則的に、すべての表現型はタンパク質の厳密なアミノ酸配列として示され、遺伝子型はDNAの対応するヌクレオチド配列で示されます。》

アミノ酸変異が病気を起こす

レーダーバーグが右記の提案をした少し前に、科学者たちは遺伝学への鍵はタンパク質とDNAとの関係を研究することだと認識していた。クリックは一九五〇年代中ごろに分子生物学の理論の指導者になっていたが、彼はこのことを理解しイングラム（前章）と共同研究を始めた。ハーヴェイ・イタノとポーリングは、健常人のヘモグロビンと鎌状赤血球貧血患者のヘモグロビンでは電気泳動度の違いにより電荷が異なることを明らかにしたが、その違いの理由がわからなかった。当時の粗い技術では、正常のヘモグロビンと鎌状のヘモグロビンとのアミノ酸組成のわずかな違いがわからなかったのだ。ペルーツは両方のヘモグロビンを研究室に入手して、イングラムがサンガーのフィンガープリント法で調べた。この方法では、タンパク質を特異酵素で部分消化してできたペプチド断片を電気泳動で調べる。イングラムはヘモグロビンのポリペプチド鎖の一箇所のアミノ酸が変化したことを見つけた。このたった一つのアミノ酸変化が、遺伝病である鎌状赤血球貧血の原因であった。

ついでながら、マラリアが蔓延している熱帯や亜熱帯地方では、鎌状赤血球貧血はまれではない。異常遺伝子を二本の染色体のうちの一つだけにもつ人（ヘテロ接合体）は症状を起こさず、マラリアに抵抗性になるためだ。〔赤血球中で増殖するマラリア原虫は、赤血球中のヘモグロビンの半分が異常ヘモグロビンであると増殖しにくい。〕しかしこの遺伝的に有利な集団には、異常遺伝子を二個もつ人（ホモ接合体）が貧血になるという代償がある。正常の丸い赤血球でなく鎌状の赤血球をもつ人は、赤血球が壊れやすく貧血になるのだ。

イングラムの発見は、一個のアミノ酸変化（この場合、グルタミン酸からバリンへの変化）が病気を起こすことを初めて示した。そのため彼は「分子医学の父」ともよばれた。彼は一九六〇年ノーベル生理学・医学賞候補者として推薦されて、スウェーデン人でノーベル受賞者であるA・フーゴ・テオレルが評価を行った。彼は他の研究者（特にイタノ）も含めるべきと考え、委員会に「様子見」を勧めた。結局イングラムは受賞できなかったが、彼の独創的な発見は今も意義あるものだ。現在、一遺伝子の変化がタンパク質の機能を変化させて起こる病気は一万種以上にのぼると推定されている。もちろん二個以上の遺伝子変化で起こる病気（多遺伝子病）はもっと多い。

賞選考に影響力があった生化学者

ティセリウスは、一九四六年にウェンデル・M・スタンリーがノーベル化学賞を受賞したときの主要な評価者であった（文献16 第3章）。彼はのちに新興の分子生物学の候補者に関する評価者になった。そこで彼について述べたい。彼自身は一九四八年、「電気泳動と吸着分析の研究、特に血清タンパク質の複雑な性質に関する研究」でノーベル化学賞を受賞している。彼は人に好かれる性格で、スウェーデンの科学の進歩に大きな影響を与えた。一九三九年に王立スウェーデン科学アカデミー会員に選ばれてから、長年にわたってノーベル賞選考に携わった。ウプサラ大学生化学教授を八年間務め、四四歳のとき（一九四六年）、指導者であるスベドベリがいるノーベル化学賞委員会委員となった。亡くなる一九七一年まで委員会メンバーであり、一九五〇年代と六〇年代を通して安定した委員会での一つの柱であった（181ページ図参照）。委員会と並行して一九四七年以降ノーベル財団の副理事長を務め、一九六〇〜六四年には理事長となった。これらの多くの役を通じて大きな影響力を発揮した。

私はティセリウスに会えて光栄であった。私がウイルスの研究を始めたときに、ポリオウイルス改良ワクチン作成のためのウイルス濃縮に取組んだ。その際、ティセリウスの博士論文生のペルオーケ・アルバートソンが開発した水性二層分配法を試した。この方法でポリオウイルスを効率良く濃縮し、私の最初の科学論文となり『ネイチャー』に掲載された[19]。一九六〇年十一月、アルバートソンの公開論文審査会の後の夕食会で、私は初めてティセリウスに会った。バーネットは私が会った最初の外国人ノーベル受賞者であるが、ティセリウスにはその二年前に会っている。二人の受賞者は、ウイルス学を始めたばかりの若い学生の私を励ましてくれた。

感染性ウイルス核酸

一九五六年ノーベル化学賞に推薦されたのは、カリフォルニア大学バークレー校のウイルス研究室（スタンリーが一九四八年に設立）のハインツ・L・フレンケル=コンラートとロブリー・ウィリアムズであった。ティセリウスはすでにスタンリーの評価を行っており、タバコモザイクウイルス（TMV）の化学的性質の知識があるので今回も評価者に選ばれたのだ。彼は以前のノーベル賞の仕事から、ウイルスは遺伝子がタンパク質で包まれたもので、細胞に寄生して自分自身の合成を指令することを知っていた。TMVの組成はほとんどがタンパク質で、これに核酸RNAが加わる。フレンケル=コンラートとウィリアムズは、タンパク質と核酸を分離してからその二つを混ぜて粒子が再構成される技術を開発した。性質の異なるウイルス株を使って再構成させたウイルス粒子の性質を調べると、タンパク質ではなく核酸によって決まることがわかった。並行してゲルハルト・シュラムらがドイツのテュービンゲンで行った研究（アルフレッド・ギーラーがおもに行った）で、分離した核酸そのものが感染性をもつことがわかった。核酸のみを入れた細胞内で完全なウイルス粒子がつくられたのだ。ギーラーとシュラムは一九五六年のノーベル賞に推薦されていなかったので、ティセリウスは委員会に「様子見」を提案した。当時の彼の見解は次の言葉に反映されている。「RNAが感染性の主役で、タンパク質は促進役あるいは特異性決定役、また不安定なRNAを安定化させる役をするのだろう。」

一九六〇年にノースロップは活発に推薦し、賞をハーシー、マルサ・チェイス、フレンケル＝コンラート、ギーラー、シュラムに授与する提案をした。

《私は一九五一年に、核酸がウイルス粒子（著者注：原文のまま）の本質であると予測しました。これは一九五二年にハーシーとチェイスによって確認されました。しかし彼らは核酸を分離しなかったので、その結果はフレンケル＝コンラート、ギーラー、シュラムらの結果ほど決定的ではありません。ギーラーとシュラムの方法は一般的応用ができ、それゆえ彼らの論文が最も重要であると考えます。》

一九五二年ロワイヨモン修道院での会議（前述）で、ハーシーはマルサ・チェイスとともに重要な実験結果を初めて発表した。ファージのタンパク質と核酸ＤＮＡを異なる放射性同位体で標識し、それを細菌に感染させたところ核酸のみが細胞内に入り感染が始まった。この実験はノーベル生理学・医学賞委員会で検討され（文献16第3章）、ずっとのちの一九六九年にハーシーを含むファージ遺伝学学派の始祖たちはノーベル賞を受賞した（前述）。

化学賞委員会メンバーはこの実験の意義をよく知っていたが、一九六〇年に推薦された候補者の評価を始めなかった。五人も推薦されていたからだ。化学賞委員会がハーシーとチェイスの仕事を評価したかどうかを調べる必要があろう。その発見は化学的というより生物学的意義があると化学賞委員会が考えた可能性がある。ティセリウスはなお、その実験に言及した（後述）。

一九六一年には再度フレンケル＝コンラートのみがスタンリーによって推薦された。ティセリウスはもう一度評価を行い、その文章のかなりの部分が委員会の要約に入れられた。それを議論する前に、四ページ半の委員会による要約の一部を引用したい。

《フレンケル＝コンラートの貢献をノーベル賞の観点から判断すると、考慮すべき状況がある。一九五六年の発見時、すでに他の科学者が核酸のみが遺伝形質の運び屋で複製能力があることを示していた。この場合ＤＮＡの話でありＲＮＡではなかった。しかし一般的視点からは状況は同じである。第一に、エイブリーらの細菌の形質転換の研究にふれなくてはならない。一九四四年、肺炎球菌での形質転換因子はDNAであることがすでにわかっていた。最近ではハーシーらのファージT2での注目すべき結果が発表されている。再度、DNAが遺伝情報を運び宿主細胞内でウイルスを増殖させることがわかった。》

ティセリウスの入念な評価を要約した委員会のコメントを次に示す。

《フレンケル＝コンラートはR・C・ウィリアムズとともに、タバコモザイクウイルス（TMV）の不活性のRNA（当時は不活性と考えられていた）とタンパク質とからウイルスを再構成することで、一九五六年の授賞に推薦された。ティセリウス氏（著者注：アカデミーでは肩書きを使わない）は論文を審査し、この分野での研究に「様子見」の態度をとることを提案した（これはのちに正しい判断と考えられた）。今年一九六一年、彼は新規な評価を行って提案をした。以下は彼の評価である。

ウイルスRNAの役割について授賞するには、賞を二つに分けて考える必要がある（すなわちフレンケル＝コンラートとシュラム-ギーラーに）。後二者は今年推薦されていない。化学賞であることを考慮すると、ウイルスの分子がわかっていることが重要であり、現在ではウイルスタンパク質の構造もかなり明らかになっている。一方、ティセリウス氏の意見では、ハーシーのファージDNAの役割についての研究は現在の視点でも進んだものであり、生化学・遺伝学の観点から意義がある。その基本となる発見は早期に行われ、フレンケル＝コンラートおよびシュラム-ギーラーの両者に大きな影響を与えたと判断できる。概してそれは、きわめて関連し徹底的な研究が行われている領域、すなわち分子生物学のことがらである。すでにトッド、ビードル、テータム、オチョア、コーンバーグ、レーダーバーグは化学賞または生理学・医学賞を授与されている。そして将来ハーシーのほかにフレンケル＝コンラート、ギーラー、シュラムや、さらに他の研究者（たとえばクリック、ワトソン、ウィルキンズ）が推薦される可能性があり、化学賞委員会と生理学・医学賞委員会が緊急に相談すべき領域である。》

一九六二年、ティセリウスはギーラーを含む推薦を評価するよう依頼された。再びノースロップがギーラーをK・W・マンドリーと一緒に推薦したのだった。推薦の主題は「核酸の化学変化が突然変異を起こし、性質を変える」という発見であった。これは *in vitro* 突然変異誘発とよばれた。この発見はTMVの研究で行われ、ノースロップによれば「この発見はTMVの発見から約六十年後にウイルスの謎を解いた」ことで重要であった。ティセリウスはこの発見について注意深く検討し、この領域のさらなる進展を議論した。結論として、彼はマンドリーとギーラーに授賞するという提案を支持しなかった。その理由を次に示す。

《*in vitro* 突然変異誘発ができるという発見は非常に重要で、タンパク質生合成と生化学的遺伝学の中心課題を研究する新しく価値ある方法ではあるが、私は推薦者の見解に賛成するのは難しいと考える。なぜなら推薦者は次のように書いているからだ。「遺伝的性質は核酸の構造によって決定されることが証明された。それゆえ古典的な遺伝子は、今初めて核酸と定義される。」この発見は疑いなく現時点で最も重要な発見の一つといえるが、他の多くの研究者の貢献の結果であり、ギーラーとマンドリーの貢献は、他のノーベル賞を認められなかった科学者の研究から予想できる結果である、と考えるのがより正しいのではないだろうか。》

感染性核酸の研究が化学賞委員会で検討されているのと同時に、生理学・医学賞委員会でもこの分野の候補者の審査が行われていた。一九五九年にはフレンケル＝コンラートとシュラムはハーシーと一緒に推薦され、その翌年にはハーシーの代わりにギーラーが入った推薦があった。評価はゲオルク・クライン（一九五九年）とガード（一九六〇年）が行った。ガードの評価報告の一部を引用する。

《クライン教授と同様に、私はこの発見が疑いなく賞に値するという意見である。RNA遺伝学はまったく新しい領域である。DNA二重らせんには厳密な相補性があり、これによる安定性があるので、化学者ははっきりと定義した変異を導入することなど考えない。これと異なり

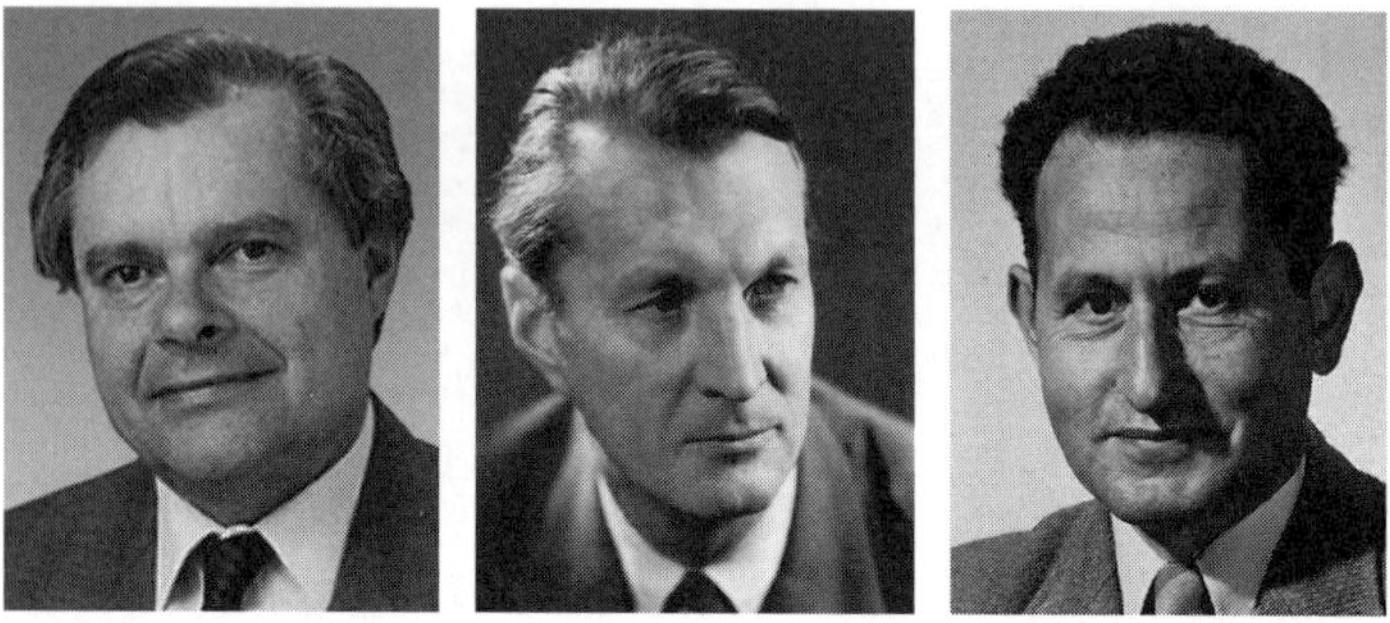

左からアルフレッド・ギーラー，ゲルハルト・シュラム（1910～1969年），ハインツ・フレンケル=コンラート（1910～1999年）〔文献52〕

RNA鎖は操作できる。もしマンドリーやギーラー、シーゲルの観察と解釈が正しいならば、その重要性はいくら評価してもしきれない。

前年の提案では、ハーシーはフレンケル=コンラートとシュラムと一緒であった。私はこれは適切ではないと考える。ハーシーは、ファージDNAはウイルス増殖に必要な情報を含むことを間接的に示した。しかしDNAのほかに成分があり、それが増殖に必要である可能性を除外することはできなかった。逆に彼はDNAのほかにタンパク質も細胞に注入されたことを明確に示した。

もし類似のものを探すならば、肺炎球菌の形質転換因子の論文が出てくる。これはDNAが遺伝情報を運搬するという最初の間接的な証拠である。しかしエイブリーはすでに亡くなっているので、授賞の対象にならない。》

ガードは、授賞するならばフレンケル=コンラート、ギーラー、シュラムへの共同授賞にすると結論した。一九六二年の候補者であることを確実にするために、彼自身がこの三人を同年一月三一日に推薦した。ギーラーも入れたのだ。それまでにシュラムは、H・シュタウディンガー、K・フォシュルテそれぞれから推薦されており（二人ともギーセン大学）、さらにマインツの十五人のグループからも推薦されていた。マインツからの推薦にはフレンケル=コンラートも含まれていた。ガードは簡潔な評価を行い、「ウイルスRNAが感染性をもつという発見がノーベル賞に値することは、私には日を追うごとに明らかになっている」と書いた。しかしこの発見はノーベル賞にならなかった。分子遺伝学領域で当時、進展があまりにも多く、競合があったからだ。なおハーシーの貢献は、一九六二年にレーダーバーグから推薦がありながら評価されなかったが、一九六九年にデルブリュック、ルリアと共同授賞となった（前述）。

一九五〇年代後半の急速に広がった分子生物学領域での進展を考慮に入れると、きわめて重要なDNA二重らせん構造の解明がなぜ一九六〇年までノーベル賞に推薦されなかったのか理解に苦しむ。なぜ科学界全体がこの革命的な発見に反応しなかったのだろうか？

ブラッグの戦略的な推薦

一九五〇年代と六〇年代初期、化学賞の委員長はウェストグレン（180ページ）で、メンバーに入れ替わりがなくまとまっていた。常任委員はスベドベリとティセリウスのノーベル賞受賞者二人、それにアルネ・フレドガ、カール・ミュルベックと臨時委員のヘーグであった。一九六〇年に委員会は大きな問題に直面した。

ペルーツとケンドルーによる巨大タンパク質分子構造の研究が進展し、ブラッグがこの二人を一九六〇年一月にノーベル賞に推薦した（前章）。彼はこの二人とホジキンを物理学賞に、ワトソン、クリック、ウィルキンズを化学賞に推薦した。最終的には化学賞委員会が、両方の提案を扱うことになった。これは葛藤を生んだ（後述）。ウェストグレンがDNA関係の評価も行うことになった。ただしブラッグは、DNA構造の研究は遺伝学の理解に意義があるので生理学・医学賞でもよいと述べた。さらにブラッグは、ウイルス粒子の構築原理に関する貢献での補助的な推薦としてワトソンとクリックを入れていた。

結晶学者による評価

ウェストグレンの評価書は十四ページあった。彼は結晶学の研究をしたことがあったが、無機物質についてであった。しかし彼は長年委員会に関与していたので、有機化学を含む化学全体を広くカバーする洞察力をもっていた。彼はヘベシー〔物理化学者で一九四三年に化学賞受賞〕のよき友人であり、一緒に長く歩くのが好きであった。歩きながら、二人とも深く関わった生物学に関する考えを交わした。基礎教育をまったく異なる分野（無機化学と物理学）で受けたので、二人の視点は異なっていた。

DNA結晶学の歴史

ウェストグレンの広範な評価報告書には多くの重要な文献が引用されていた。評価書は核酸の結晶学研究の歴史から始まっていた。アストベリーやフルベリの初期の研究と、ポーリングとコーリーの一九五三年のDNAモデルにもふれた。後者のモデルに対する強い批判に関して、フランクリンとゴスリンによるDNAナトリウム塩のA形およびB形の同定を引用して議論した。この二つの形は水和度が異なり、塩が水を吸収する能力があるためリン酸基を表面に露出させることを強調した。

ここからウェストグレンは、ワトソン-クリックモデルについて議論した。二人は、逆平行らせんの内側へ向けて塩基を置き、リン酸基を外側に置いた。彼らの推測にあたっては、まずフルベリが得て、次にフランクリンが発展させた情報がヒントになった。ウェストグレンは、ポーリング-コーリー論文の二カ月後に発行された二月二八日刊『ネイチャー』に掲載された最終モデル[2]と、それを支持するウィルキンズら[12]とフランクリンとゴスリン[13]の随伴論文を引用した。次に、塩基対合の決定的発見とシャルガフ経験則について議論した。ワトソンとクリックのアプローチは理論的であり、モデルは彼ら自身の実験データを使ったものでないという事実を強調した。それは完全に他の研究グループの所見に基づいており、ウィルキンズら、特にフランクリンとゴスリンのデータに依存している。

ウィルキンズの初期の貢献に関してはブラッグの推薦を引用した。ウィルキンズはよいX線回折写真を得て、データの解釈にも貢献した。しかしそのデータから決定的な結論を得るのには問題があった。フランクリンとゴスリンのデータについてはもっと詳しく議論した。その年に『*Acta Crystallographica*』に発表された結果を引用した（この論文はワトソン-クリック論文よりも前に投稿されていた）。らせん一回転あたりのピッチ（長さ）と塩基の数が計算されており、ワトソン-クリック仮説を支持するものであった。フランクリンは一九五三年三月にキングズ・カレッジからバークベック・カレッジのバナールのいる部署へ移動したことが、簡単に述べられていた。一九五〇年代後期にウィルキンズらがDNA構造をより詳しく調べた研究が一ページを使って述べられた。この追加のデータはワトソン-クリックモデルを確認するものであると結論されていた。

ウェストグレンは、別の副題のもとにワトソンとクリックによる「生命の分子」発見の遺伝学的重要性を議論した。彼は、一九五九年五月二八日『*New Scientist*』にペルーツが書いた文章（ブラッグからの推薦文に添付されていた）を引用した。ペルーツは「遺伝の分子的基礎」との題名で次のように記していた。

《六年前ケンブリッジの医学研究評議会（MRC）分子生物学研究施設のJ・D・ワトソンとF・H・C・クリックが発表した二つの短報は、遺伝に関する革命的な考えであり、生化学に新概念を導入した。今はこれらの結果に注目し、その意味を受入れるときだ。それは現代の生物学の基本になるものだからだ。六十年前、量子論が物理学に対しそうであったように。》

そのモデルの重要性は、二つの点でさらに議論されていた。一つ目は、塩基対の配列が遺伝暗号の役をする可能性、二つ目は、二本鎖の複製が遺伝情報を持続させること。突然変異の出現の可能性も考慮された。オチョアとコーンバーグによって開発された生合成技術を使って調べることができる（これは、前年の化学賞委員会でミュルベックによって評価されていた）。さらにウェストグレンは、安定同位体を使う実験（マシュー・S・メセルソンとフランクリン・W・スタールによるDNAの半保存的複製の実験[22]を含む）についても議論した。

ウイルス構造の世界に立寄る

ブラッグはワトソンとクリックをＤＮＡ構造発見だけでなく、ウイルス構造分野での貢献でも推薦したので、ウェストグレンはウイルスについてもページを割き、「ワトソンは一九五三年に論文を多産した」と述べている。ワトソンはＤＮＡ構造だけでなく、ＴＭＶのＸ線回折の研究も行った。ＴＭＶの写真はすでに一九四一年バナールらによって報告されている。クリックらのらせん状構造体のＸ線回折の理論[9]を使って、棒状ウイルス粒子はウイルスＲＮＡを取囲む大きなタンパク質のらせんであるとワトソンは結論した。ウイルス特異タンパク質は規則的に繰返し使われる。彼はそのタンパク質成分のサイズとらせん一回転あたりの数を推測した。分子量は三万五千と考えたが、のちに実際の二倍であることがわかった。これらのデータは、一九五〇年代中ごろのフランクリンのより詳細なＴＭＶ構造の研究にとって重要であった。

一九五三年三月にフランクリンはバークベック・カレッジへ移り、研究対象をＤＮＡからＴＭＶへ変えた。彼女は熟練のＸ線結晶学の技術を使って生物学試料の研究を続けたのである。のちに述べるが、彼女は人生に残された四年間に大きな業績をあげた。ＴＭＶに関して、この分野で最も著名な研究者と一緒に十五の科学論文を書きその分野の中心人物となった。その論文の一つでは、らせん一回転あたりのタンパク質の数とピッチに関するワトソンの推測に確証を与える実験データを提供した[23]とウェストグレンは指摘した。ワトソンとフランクリンの科学での歩みは数回交差しているのである。

フランクリンがウイルスＲＮＡとタンパク質らせんの関係に関して集めたデータについても、ウェストグレンは議論している。核酸の入った粒子と入っていない粒子を比較してタンパク質らせんの内部での核酸の位置を明らかにしたシュラムらとの共同研究について、ウェストグレンは簡単に議論した。

一九五六年、ワトソンとクリックは、ウイルス粒子の対称性全般に関する予言的な考えを発表した[24]。これは棒状のらせん対称の粒子と球状の粒子の両方に関するもので、のちにウイルス分類の基本となった。これに関しては後述する。

二重らせんに戻る

ウェストグレンは、ウイルス構造に関するワトソン‐クリックの予言を称賛したが、当然ながら授賞内容はDNA構造と判断した。以下がその部分で、引用の価値がある。

《彼らのDNA研究は、重要で画期的な進展を導いた。疑いもなくノーベル賞に値する。多数の貢献者がいる場合には評価が困難である。賞に値する研究の展開で、多数の研究者のなかで誰が決定的な役割を果たしたのか決めるのは難しいことだ。単一の研究業績が他より秀でており、内容が充実して一つの形になっており、それのみが賞に値するということはない。

ワトソン‐クリックのDNA構造と遺伝子複製の機能に関する仮説は創意に富むものである。その領域でのちに続く研究で決定的な役割を果たし、遺伝理論に重要なものとなった。それを評価しすぎることはない。しかしこの二人の科学者は、自分らの仮説が正当であることを示すデータをもっていなかった。実験研究をしておらず、仮説のテストは他人に任せていた。

この点において最も信頼できる人たちは、ウィルキンズらのグループや、フランクリンとゴスリンである。ワトソン‐クリック仮説を実験的に確認した研究者を無視して、ワトソンとクリックのみへ授賞すべきでない。そのなかではウィルキンズを第一に推したい。次はロザリンド・フランクリンとゴスリンであるが、フランクリンは亡くなっている。もし彼女が生きていれば、自分は賞の一部をもらうべきと主張をするだろう（傍点著者）。この領域の研究に詳しいブラッグはゴスリンを推薦していないので、ゴスリンの貢献はフランクリンとゴスリンの仕事において決定的な重要性はないように思われる。

ブラッグのよく考えられた意見―賞がこの研究に対し授与されるならば、それはワトソン、クリック、ウィルキンズで等分すべきである―に対し疑いの余地はない（傍点著者）》。

ブラッグは、賞は化学賞と生理学・医学賞のどちらかと考えているが、化学賞がよいだろう。構造の同定は間違いなく化学的な重要性をもつからだ。しかしこの業績

の主要な重要性は遺伝学の領域にあるので、生理学・医学賞も魅力的である。》

この後の議論は前章で述べたように、化学賞はまずペルーツとケンドルーの研究を優先し、次がワトソン、クリック、ウィルキンズの研究となった。

ポーリングがDNA構造の推薦に意見する

一九六一年、驚くべきことに化学賞へのDNA二重らせん構造発見の推薦はなかった（表6・1）。

ポーリングは、ブラッグから一九六〇年の推薦状のコピーをもらっていた。それは、タンパク質結晶学者（ペルーツ、ケンドルー）およびホジキンに物理学賞を、ワトソン、クリック、ウィルキンズに化学賞を与えるという提案だった。それを見たポーリングは一九六一年の化学賞の半分をペルーツ、ケンドルーに、残り半分をコーリーに与えるという推薦をした（前章）。

彼はまたノーベル化学賞委員会宛の別の手紙で、ワトソン、クリック、ウィルキンズへの授賞提案（ブラッグ、一九六〇年）に対し差出がましいコメントをしている。その手紙の一部を示す。

《ワトソンとクリック両氏の水素結合による二重らせんモデルは、遺伝学者や他の生物学者の考えに多大な影響を与えました。私はそのアイデアは価値あるものと考えます。核酸分子が一般的な性質としてワトソン-クリックモデルに似た相補的構造をもち、その相補性が水素結合形成によって決められているという考えにほとんど疑問を抱きません。ただし、タンパク質のポリペプチド鎖の構造は今や明らかになりましたが、DNA構造の詳細は不明な点が多いと考えます。

核酸の構造について最初に提案されたものは、水素結合が塩基間でなくリン酸基間にある三重らせん構造でありました。この構造はロバート・B・コーリー教授と私の論文『*ProNAS*』三九巻、八四～九七ページに掲載されています。ワトソン氏とクリック氏はこの論文の原稿を印刷前に見ており、彼らの二重らせん構造を考えるのに、ウィルキンズ氏のX線回折写真だけでなく、われわれの提案にもある程度は刺激されたと考えられます。》

表6・1　DNA二重らせん構造解明に関するノーベル賞推薦
＊は他の候補者とはやや異なる対象の研究を行った学者を示す.

年	化学賞		生理学・医学賞	
	候補者	推薦者	候補者	推薦者
1960	ワトソン，クリック，ウィルキンズ	ブラッグ（ケンブリッジ）	クリック，ワトソン	ストーカー（グラスゴー）
			ペルーツ*，クリック	キング（ロンドン）
1961			ワトソン，クリック	セント=ジェルジ（ウッズホール）
			ワトソン，クリック	ビードル（パサデナ）
			ウィルキンズ，ワトソン，クリック	ヘリオット（ボルチモア）
1962	ワトソン，クリック	キャンベル（パサデナ）	ワトソン，クリック	マッジ（ボルチモア）
	ワトソン，クリック	スタイン（ニューヨーク）	ワトソン，クリック，ウィルキンズ	ビードル（パサデナ）
	ワトソン，クリック	ユーリー（ラホヤ）	クリック，ワトソン，ウィルキンズ	スチュアート=ハリス（シェフィールド）
	ワトソン，クリック	コックロフト（ケンブリッジ）	ベンザー*，クリック	ゲイラード（ライデン）
	ワトソン，クリック	ムーア（ニューヨーク）	ベンザー*，クリック	ソーベルス（ライデン）
	ワトソン，クリック，ウィルキンズ	モノー（パリ）		

それからポーリングは塩基間の水素結合モデルについて議論を進めた。そして繰返しタンパク質構造に関してコーリーをノーベル賞に推薦した。この後の文章は…

《一方、ワトソンとクリック両氏への授賞はまだ機が熟していないと考えます（著者注：一九六一年なのに！）。核酸の詳細構造についてはまだ不確実性が残っているからです。私は、ワトソン－クリック構造の一般的性質は正当なものですが、詳細に関しては疑問が残るように感じます。

ウィルキンズ氏に関しては、彼が他よりもよいDNA繊維の結晶をつくり（著者注：使ったDNAは外部から提供されたもの）、昔よりもよいX線回折写真を撮ったという技巧を認めますが、ノーベル化学賞に値する十分な貢献であるか私は疑問です。》

モノーの強力な推薦

一九六二年の化学賞委員会ではワトソンとクリックは複数人から推薦された。数通は簡潔なものだったが、パリのパスツール研究所のモノーからのものは圧倒的だった。モノーだけがウィルキンズを加えていた（表6・1）。モノーは、一九六二年以降、分子遺伝学でのノーベル賞授賞待ちの科学者であり、一九六五年にフランソワ・ジャコブ、アンドレ・ルウォッフとともに「酵素の遺伝的制御とウイルス合成に関する発見」で生理学・医学賞を受賞した。

推薦にウィルキンズを入れるべきかについて、モノーとクリックとのやりとりが記録に残っている。ちなみに当時フランス人科学者は公式には自国語を使うことが期待されていたのだが、モノーの推薦状は完璧な英語で書かれていた。ティセリウスが、この三人の候補者の審査を行うことになった。ウェストグレンは無機物質の結晶学者としての意見を一九六〇年に述べたが、ティセリウスは結晶学の経験のない有機化学者であった。それゆえ彼は化学だけでなく生物学の視点からのより広い視野をもっていた。モノーの包括的な推薦文とティセリウスの評価文を参照することによって、ＤＮＡ発見に関する一九六二年時点での考え方がわかる。最初にモノーの推薦文の論点をみよう。

ＤＮＡ二重らせんの概念は、構造と機能のさらなる研究によってすでに確固たるものになっていた。モノーはまずワトソンとクリックの二つの論文に言及した。そのネイチャー論文は、ウィルキンズらとフランクリン-ゴスリンによる随伴論文で支持されていた。ＤＮＡ発見当時の知識は次のように要約される。

一、塩基の化学式とその骨格構造の性質はすでによくわかっていた。塩基と結合する糖はβ（アノマー）構造と考えられることは、トッドからワトソンとクリックに個人的に知らされていた。

二、塩基が互変異性体のどの形をとるか、確立されていなかった。当時の教科書の図はしばしば間違っていた。同じ研究室にいたドナヒューの「ケト形である」という知識が不可欠であった。

三、塩基AとT、GとCが等分子数ずつ存在するというシャルガフの知見に関し、誰も適切な結論を出していなかった。
四、DNAの滴定曲線は履歴を示した。これは、塩基は水素結合を形成することを示唆する。
五、アストベリーの初期のX線回折による研究で、塩基は一つずつ積み重なっていると解釈されていた。
六、フルベリが行ったシチジンのX線結晶学研究で、塩基と糖の正しい立体関係がわかっていた。

ジャック・モノー(1910〜1976年)〔1965年ノーベル賞年鑑〕

モノーはこの後次のように述べた。

《一九五三年までのDNAの入念なX線回折による研究はウィルキンズらとフランクリン-ゴスリンによるもので、彼らはロンドンのキングズ・カレッジで同じ研究室に所属していました。その研究はウィルキンズが始め、一部はフランクリンが同研究室に来てから行ったものです。一九五三年にフランクリンはバークベックのバナールの研究室に移り、その後の研究はほとんど全部がウィルキンズの研究室で行われました（文献十編を引用）。》

この後モノーは、キングズ・カレッジで得られたX線回折写真の解釈について議論した。写真の濃度から考えて一本鎖はありえず、二本鎖または三本鎖が考えられるが、ポーリングとコーリーの提案した三本鎖構造は間違っていた。その後モノーは、らせん構造を調べる動機を考えた。それがポーリングとコーリーのαヘリックスに触発されたとは彼は信じなかったが、αヘリックスは価値あるヒントになったとクリックは認めた。モノーの途中要約を次に示す。

《塩基相補性のDNA二重らせん構造は、完全に独創的、新奇な理論的発見です。それはウィルキンズら（傍点著者）の実験的（X線）研究に直接基づき正当化されたものです。このことに疑いはなく、異論も出ていません。

クリック、ワトソン、ウィルキンズの貢献がきわめて重要であることは、巨大分子構造分野の研究者や生物学者がすぐに（著者注：本当か？）認めたことですが、提案された構造の化学的妥当性が種々の方法によって最終的に認められるのに長い年月を要しました。同時に、この構造の生化学および遺伝学の理論への重要性はますます明らかになっています。今日、それは生命の化学的解釈に必須な鍵の一つとして受入られています。》

さらにモノーは言う。

《ワトソン-クリックモデルで最も独創的でかつ最も意義のある特徴は、二重らせん分子のなかの水素結合を介する塩基の相補性であります。この仮説が最初に公表されたとき、見事な推測だと感じられました。最近の進展のすべてはその推測が正しいだけでなく、さらなる発見に役立つ大きな価値があり、論文著者が示した奥深い化学および生物学的洞察を強調しています。これら新事実および確認されたことは次のように分類されます。

一、自然状態でのDNA二重らせんの存在の直接的（物理的、化学的）確認

二、DNA複製に関係する生化学的証拠

三、細胞内でのDNAの化学的機能に関する証拠》

モノーは次にDNA二重らせんを確認した実験を引用した。それらは、ジュリウス・マルムールとポール・ドーティのDNA変性、再生実験、コーンバーグとオチョアの核酸複製の研究、メセルソンとスタールの鮮やかな実験（後述）、クリックや他の研究者による遺伝暗号の同定などを含む。モノーはまた核酸の塩基配列とタンパク質の一次構造との関連や、一塩基の変化がアミノ酸を変化させることについて議論した。ヘモグロビンタンパク質に関するイングラムの研究も引用した。

驚くことではないが、モノーは転写およびメッセンジャーRNAとリボソームの役割（モノーらが萌芽的な発見をした領域）を強調した。

推薦文の最後の二パラグラフはフランス流機知に富んでおり、その全文を次に示す。

《最近の研究の進展に伴い、われわれは今生物の化学的構造とその解釈へと向かう根本的な進歩を目の当たりにしているという確信を述べさせていただきます。そのような広く影響を及ぼす科学の進歩の創始者として特定の個人や団体を突きとめるのは難しいことですが、クリック、ワトソン、ウィルキンズによるDNA構造の解明が、その出発点、主たる誘因であるだけでなく、実際にこれらすべての新展開の基礎、直接要件であることは疑いありません。そこから新たにわかった事実がすぐに彼らの研究の妥当性とその無限の重要性を証明したのです。

ノーベル委員会が、世界中から尊敬されているこの賞をこれら発見者に授与することは、私の心からの願いです。そしてこの基礎領域に従事しているすべての科学者は、受賞者に名声が与えられることだけでなく、彼らの協働の努力による成功と価値の印としてそのような決定を快く受入れるでしょう、という私の気持ちをあえて表明させていただきます。》

化学賞委員会がこのような推薦に抵抗することは苦しかったに違いない。委員会がペルーツとケンドルーのタンパク質研究か、クリックらのDNA二重らせん発見のどちらかを選ばなければならないジレンマは、ティセリウスによる九ページに及ぶ評価報告の結論部分の主題となった。

ティセリウスの最終判断

ティセリウスは最初に化学賞委員会が受取った種々の推薦状、特にモノーによる念入りな提案について要約した。次に、前年のウェストグレンの評価が終わったところから始めた。彼はウィルキンズらの直近の三つの論文を入念に調べ、一九六〇年九月にストックホルムであったシンポジウム「生物学的構造と機能」でウィルキンズが行った講演に言及した。その結論は「ウィルキンズらの論文は、ワトソン-クリックモデルの生化学的正しさを証明する重要なものである」であった。

ティセリウスは次に、特異的塩基対合の現象を証明する証拠が蓄積されたことを議論した。マルムールとドーティが調べた、異なる起源と特異性をもつDNA鎖のあいだでの解離と再結合の実験についてやや詳しく述べた。注意深く再結合させた「形質転換因子」が生物活性を回復することの重要性を述べた。ハイブリッド形成は、遺伝的および分類学的に近い関係にある生物からのDNA間でのみ起こった。合成のポリAとポリUを混合すると二重らせんが生じる発見についても述べた。コーンバーグ酵素を使って一本鎖DNAから塩基対合に依存して新しいDNAが合成されたことにもふれた。

　あるパラグラフでは、当時すでに古典となっていたメセルソンとスタールの実験[22]について述べた。その実験では、窒素の^{15}N安定同位体（^{14}Nより質量数が大きい）存在下で増殖させた大腸菌のDNAの密度変化を追跡した。どちらかの窒素で標識されたDNAの密度は異なり、平衡密度勾配超遠心で分けられる。一世代の複製後にできたDNAの密度が増して^{14}N培養でのDNA密度と^{15}N培養でのDNA密度の中間にくる。二本鎖のうち一本が交換された〔半保存的複製〕ということだ。実は、このティセリウスの紹介説明には小さな間違いがあった。彼は研究対象が細菌でなく、バクテリオファージであると言ったのだ。しかし二分裂で増殖し、一本の鎖が標識され他の鎖が非標識であるDNAが検出されるのは、細菌や他の細胞生物であり、ウイルス（ファージ）ではない。

　ティセリウスは、細胞内でのタンパク質合成を制御するDNAの役割を論じた。彼は次のように述べた。

《DNAの機能は、それ自身の複製だけでなく、（まだメカニズムはわかっていないが）個々のタンパク質の特異的アミノ酸配列をも決定する。この洞察は一九四〇年代のカスパーソンとブラシェットの研究に遡り（著者注：原文のまま）、決定的かつ特異的な重要性が明らかになったのは、エイブリー、ハーシー、フレンケル=コンラート、シュラムらの一連の研究によってである。》

　評価報告書は、次にアミノ酸コード問題の重要な研究に言及し、リボソームとメッセンジャーRNAの重要性を紹介した。セントラルドグマ（DNA→RNA→タンパク質という遺伝情報の流れ）にふれずに、重ならない三個の塩基によるコードの存在の可能性を議論した。マーシャル・ニーレンバーグ研究室からの目を見張るデータ（ポリウリジンRNAがフェニルアラニンのポリマーをつくらせた）を引用した。

評価の終わりにかけて次の文章が記されていた。「この領域での急速な研究の進展により、新しい重要なノーベル賞候補者がすぐに出現するだろう。そこでDNA二重らせんの発見に一刻も早く授賞することが重要である。…ワトソン、クリック、ウィルキンズへの賞は、（推薦者モノーが言うように）皆が満足すると信じる。少なくとも私の意見では、自然科学と医学で最も豊かな成果であるこの分野に授賞するならば、この三人のうちの誰も外すことはできない。」

最後のパラグラフで、彼はケンドルーとペルーツへの授賞を真剣に考慮しなければならない委員会のジレンマに言及した。前章で述べたように委員会の化学者たちは「この二人の研究のインパクトはDNA構造の解明ほどではないが、まずこの二人に授賞しなければ」と考えていた。当時ノーベル賞全体に大きな影響力をもっていたティセリウスは次のように結論した。

《状況は複雑に込み入っている。これらの候補者に同じ年に授賞するのが最もよいだろう。彼らの研究が互いに関係し合っていることも適切である理由だ。私は次のように提案したい。もしノーベル化学賞委員会がヘーグ氏の評価を取入れてケンドルーとペルーツを第一の授賞者と考えるならば、医学賞委員会が今年ワトソン、クリック、ウィルキンズに授賞することを考慮してくれるようにお願いしたい。医学賞委員会には、化学賞委員会のこの件での評価書と記録文書を提供する。すべてを考慮すると、ワトソン、クリック、ウィルキンズが現在の候補者のなかで最も賞にふさわしいように思われる。〔ティセリウスは生理学・医学賞を医学賞と呼んでいる。〕》

この権威者の発言で、一九六二年の化学賞および生理学・医学賞の授賞者が決まったようだ。

カロリンスカ研究所—遅く出発して優勝杯

カロリンスカ研究所のノーベル文書館の記録文書によると、ワトソンとクリックが最初に推薦されたのは一九六〇年であった（表6・1）。推薦者は、グラスゴー大学で一九五八年ウイルス学教授になったマイケル・G・P・ストーカーであった。彼は英国での最初のウイルス学教授である。ストーカーは主として腫瘍ウイルスの研究で知られていた。ロンドンのE・J・キングからのもう一つの推薦があり、ペルーツと一緒にクリックを「X線結晶学と、DNAおよびタンパク質（ミオグロビン）のらせん構造を支持する実験的証拠に関する研究」で推薦した。委員会はこれらの推薦を重要視したが、自身での評価は行わないで化学賞委員会が行った評価から情報を集めることにした。一九六〇年のカロリンスカ研究所ノーベル文書館の評価記録文書には、ワトソンとクリックの名前はない。

一九六一年には、DNA構造発見に関し三つの推薦があった。うち二つは、ノーベル受賞者であるジョージ・W・ビードルとアルバート・N・セント＝ジェルジによるもので、ワトソンとクリックを推薦していた。三つ目は、ジョン・ホプキンス大学のファージ遺伝学者であるロジャー・ヘリオットからで、候補者としてウィルキンズも含んでいた。ヘリオットの推薦文はやや誤解を招くもので「ウィルキンズ博士らはDNAのX線回折に時間をかけて正確な測定を行い、この物質が二重らせん構造をとることを発見した（二文献を引用）。その文献はワトソンとクリックのネイチャー論文に随伴したもので、[12]もう一つは一九五六年のコールドスプリングハーバー・シンポジウムでのものであった。」フランクリン－ゴスリン論文に言及はなかった。この後ワトソン－クリックモデルについて議論していた。

委員会は、医学物理学教授のアルネ・エングストレームに評価を依頼した。彼はカロリンスカ研究所細胞研究部門教授カスパーソンのもとで研究の手ほどきを受けていた。当時その分野での技術開発のメッカであった場所

アルネ・エングストレーム（1920～1996年）〔カロリンスカ研究所のご厚意による〕

である。エングストレームは、一九四六年に博士論文「レントゲン線分光法による微量定量および組織化学的元素分析」を提出した。この論文には多くの先駆的技術が含まれていた。五十年後、彼は病末期でホスピスに入っていた。当時カロリンスカ研究所の医学校長であった私は、そこで彼に「ジュビリー博士（博士号取得後五十周年記念）」の称号を授与する特別な学術的儀式を執り行った。その二カ月後に彼は亡くなった。

エングストレームは、一九五二年にわずか三二歳で研究所の教授になった。当初、彼の研究室は物質的細胞研究室とよばれたが、四年後に医学物理学研究室に変更となった。一九六一年にストックホルムで第一回国際生物物理学会議を開いた。彼はこの会合で一九六二年のノーベル受賞者五人のうちの四人と知り合った（ウィルキンズを含む）。エングストレームの息子ウィルヘルム（細胞生物学研究者）に残された遺品から、彼は一九五六年以来ウィルキンズと交流を重ねていたことがわかる。カロリンスカ研究所の新しい教授（クラインやベルイストレームら）と協力して、彼はノーベル賞の権威と新鮮さを高めることに貢献した。

DNA構造解明についての最初の評価

エングストレームの評価は十六ページ以上に及んだ。彼はフリードリヒ・ミーシャーのDNAの最初の発見と、その後の二種の核酸の化学に関する知識の進展について簡単に述べ、次のようにコメントした。

《大げさでなく次のことがいえよう。一九五三年の『ネイチャー』の複数の論文で、DNA分子構造の新モデルをワトソン、クリックとウィルキンズらが発表したとき（著者注：フランクリンの論文を入れていない）、核酸に関連するすべての研究領域は強い刺激を受け、その影響は多くの分野に及んだ。遺伝学、ウイルス学、免疫学、情報理論、細胞生物学などその一部である。》

DNA構造の最新知識を述べる前に、エングストレームは次のように強調した。

《遺伝形質を運ぶ、生きている分子（？　著者）をはっきりさせることは、定量生物学、医学の確立に重要であり、また今後もそうであろう。》

彼は、最近のノーベル賞受賞者ビードル、コーンバーグ、オチョアによる研究を引用し、さらに前述のメセルソン-スタールの実験に簡単に言及した。彼は自分の指導者への賛辞として、歴史を次のように書き換えた〔カスパーソンを過大評価した〕。

《過去を振返ると、一九三九～四五年にカスパーソンが提案した、タンパク質合成における核酸の役割に関するアイデアは全体として正しく、いくつかの面で証明されることは、最高の称賛と尊敬をもって認められるだろう。》

カスパーソンはこのような提案をしたが、悲しいことに彼は自分の発見の意義を理解していなかった。クラインによれば、生物学研究における大失敗（この例だけではないが）であったという。ちなみにカスパーソンは何度もノーベル賞に推薦された。[16] 一九六二年に再び（今回は）化学賞に推薦され、ティセリウスがブラシェット、アルフレッド・マースキーと一緒に彼を評価した。その最終パラグラフを引用する。

《カスパーソンとブラシェットの発見はすぐに評価されるべきであった。その発見から長い期間が経っているがその貢献は賞に値すると私は迷いながらも考える。しかしこの二人の研究の先駆的性格を考慮に入れても、この十年間にこの領域で大きな進展があり、他の候補者の方が賞により近いと私には思える。》

エングストレームは、アストベリー、ベル、フルベリの貢献と、ポーリングとコーリーの間違ったモデルについて簡単に述べ、DNA構造についての最近の知識を議論して評価を続けた。

ワトソンとクリックの一九五三年の発見に関する評価の残りの部分で、彼はウィルキンズの仕事の重要性を異常に強調した。ウィルキンズの名前はワトソン、クリックの名前の一・五倍も引用された。エングストレームは、フランクリンの萌芽となる研究を誤解して彼女をウィルキンズのグループの一員だと考えていた。一方で「特にロザリンド・フランクリンのきわめて美しい論文のことは言っておくべきだ」とも述べている。ワトソンとクリックのDNA構造の正しさを確認するウィルキンズらの一九五〇年代後半の論文を長々と引用した。この仕事は価値があるが、何も新規なことを加えていないものである。彼はウィルキンズの研究に特別な敬意を払い、「その仕事が行われたときのことを個人的に知っており…」という表現があり、そのモデルはウィルキンズ-ワトソン-クリックモデルとよぶべきだと提案した。まさにウィルキンズが自叙伝で「そうすべきでない」と言っていることなのに！　彼（そしてティセリウス）の見解は、ウィルキンズ本人（そしてブラッグ）との接触によるのではないだろうか。エングストレームは、一九六〇年のラスカー賞がこの三人に授与されたことにもふれている。

　エングストレームは次にDNAのA形とB形の違いを述べたが、それらの性質の理解は基本的にフランクリンの研究に基づいていることを強調しなかった。ワトソン-クリックモデルはウィルキンズのX線回折データから推論されたと説明している。DNA構造の最終結論に至る経緯を説明するとき、のちに物議を醸す陳述が多くあった。その構造はB形DNAのX線回折パターン（フランクリンの写真なのに！）から推論されたと説明した。らせん構造のアイデアは一九五二～五三年のウィルキンズの仕事から生まれたとも述べている。形式上はコクラン、クリック、ヴァンドの一九五二年の論文[9]が最初であると二ページ以上にわたって議論した。生体物質のX線回折データは限られており、立体構造に関するさらなる情報が必要であると述べた。書いているなかでDNAモデルはだんだん「ウィルキンズモデル」になっていき、三ページ分が一九五〇年代後半のウィルキンズの続行研究の記述に費やされていた。

　評価報告書は、次にオチョアらの合成ポリヌクレオチドの重要性を評価した。ポリAとポリUの混合物が二重らせんをつくること、またアレックス・リッチの研究、ポリAとポリI（イノシン酸）の複合体がB形DNAに似たX線回折パターンを与えることについて述べた。

　エングストレームは「DNA二重らせん構造の生物学的重要性」という節でDNAの複製を論じ、メセルソンとスタールの研究について再度称賛した。同じ節で遺伝子の構成を解釈するためにこのDNA構造の発見が重要であることも議論した。彼は次のように記した。

《詳細な遺伝子地図をつくった近代遺伝学の進歩によって、DNA鎖中の塩基間の距離に対応する、突然変異を起こす遺伝単位が明らかになった。これらの条件を確認することで合理的な遺伝子概念が生まれる。遺伝暗号を解くことはDNAの特定の部位での塩基配列を分析することになるだろう。それゆえわれわれは遺伝学のロゼッタ石を見つけ、A、T、G、Cで書かれたヒエログリフ（象形文字）をタンパク質構造の言語に翻訳できると楽観的になれる。

話はそれるが、ウイルス核酸はそれ自身が感染性をもち、抗原性がなくウイルス抗体は反応しないので、臨床ウイルス学および病気全般に関する分野のなかに、新しい魅惑的な観点と研究領域が生まれるだろう。》

最終パラグラフは次のようであった。

《ウィルキンズ、ワトソン、クリック（著者注：書かれた名前の順）がDNAの分子構造を明らかにして、生命で最も基本的な過程を理解するためにすばらしい科学的貢献をしたことは明白である。M・H・F・ウィルキンズ、J・D・ワトソン、F・H・C・クリックによるDNA構造の解明は賞として並外れた価値がある。》

一九六一年のノーベル生理学・医学賞は、聴覚生理学研究のベケシーに授与された。

決定の年

一九六二年の生理学・医学賞委員会には、ワトソンとクリックへの三人の推薦、クリックとセイモア・ベンザーを合わせた推薦がライデンの二人からあった（表6・1）。右記三人のうち二人はウィルキンズを含めていた。ウィルキンズを含めることに特別な表現は使われていなかった。ビードルの推薦状にあった次の意見は興味深い。「化学賞委員会がDNA構造を生物学（生理学・医学）とみなし、生理学・医学賞委員会が化学とみなすのを私は恐れます。この発見は生物学における今世紀で最も重要な発見の一つであることを私は疑いません。」

ベンザーは分子生物学分野での影響力のある科学者であったがノーベル賞を受賞したことはない。彼は一九五〇年代の終わりにT偶数系ファージの研究で詳細な遺伝子地図をつくった。ライデンからの推薦は、彼が一九五〇年代終わりにブレンナーらと一緒に三塩基コドン〔塩基三つで一つのアミノ酸に対応〕に関する先駆的貢献に対し、クリックとの共同授賞を提案していた。

エングストレームは、再び前記三人の候補者の追加評価を依頼された。評価報告書は五ページ分と短く、新しい情報はほとんど含まれていなかった。まず遺伝暗号を解くことが現在の主たる焦点になっていると述べた。次にDNAの二本鎖構造はRNAにも適合するかどうか議論した。一九六二年のウィルキンズらの転移RNAの結晶を使った予備的データでは、RNAもまた二本鎖が基本構造となっていると推論された。（著者注：当初の予想よりも複雑であることがのちに明らかになった。RNAがらせん構造をとるのは確かだが、転移RNAはクローバー葉のような形をしており二本鎖部分は一部のみであることがわかった。ウイルスにはすべての組合わせがある。すなわち一本鎖RNA（多くのウイルス）、二本鎖RNA、一本鎖DNA、二本鎖DNAである。）

エングストレームは、電子顕微鏡を使った初期の核酸の研究にも言及した。DNA鎖の幅はウィルキンズ-ワトソン-クリックモデル（著者注：今回もこの順）から期待されるものに符合していた。評価書の最後で、クリックらの三塩基コドンの縮重に関する先駆的研究に言及した。結論は次の通りであった。

《DNA構造発見の先取権は、昨年議論したようにクリック、ワトソン、ウィルキンズにある。ウィルキンズの研究グループにはたくさんの人がいて、最初の論文の共著者として、たとえばストークスやゴスリン、フランクリンが含まれる（著者注：フランクリン-ウィルキンズの共著論文はない）。ミス・フランクリンは亡くなっており、他の二人はウィルキンズの指導のもとにあった。》

委員会は、クリック、ワトソン、ウィルキンズの三人が授賞に最もふさわしいと結論し、九月二四日にこの結論を賞への推薦なしとして教授会に提出した。王立科学アカデミーの化学賞授賞の討論の結果を待つためであった。アカデミーは十月十一日にケンドルーとペルーツに授賞することを決定した。この後生理学・医学賞委員会が委員全員の賛成で、十月十七日に教授会へ三人を正式に推薦した。その二年前の委員会ではエックルズの推薦は少なかったが、一年前は多数になり教授会に推薦され、結局教授会で却下されるという経緯があった。しかし一九六二年にはこの状況は繰返されなかった。エックルズはもう一年待たねばならなかった。

正直ジムと二重らせん

ワトソンが『二重らせん』として出版した自叙伝の原稿を書いたとき、付き合いがあり尊敬していた大勢の科学者にそのコピーを送った。彼自身の言葉によれば、自分の人生におけるこの大仕事に高い目標を置きたいということだった。科学を出発点として使い、科学も人間が追及する目的の一つであるとして、彼はスコット・フィッツジェラルド〔一八九六～一九四〇年〕の『偉大なるギャッツビー』〔一九二五年、野崎 孝訳、研究社出版〕に匹敵するノンフィクション小説を創作しようとした。最初の題名は『正直ジム』であった。この人目を引く題名は、あるエピソードに由来する。一九五五年の夏スイスアルプスで徒歩旅行したとき、彼はウィルキンズの昔の共同研究者とすれ違った。その人はワトソンに「正直ジム」と声をかけて去っていった。それは、ワトソンとクリックが歴史に残る発見をしたとき無意識に他人のデータを使った事実を皮肉った言葉だった。

原稿へのワトソンの同僚の反応はさまざまであったが、多くが批判的であった。特にクリックとウィルキンズは強く反発した。ウィルキンズがワトソン原稿のコピーの縁に書き込みをしたものと、彼がワトソンへ送った論評文が、米国メリーランド州ロックヴィルのJ・クレイグ・ヴェンター研究所のノーマン・コレクションに保管されており、読み応えがある。原稿のいくつかの箇所に対する個々の論評が十一ページにわたって書かれ、一九六六年七月二五日付の手紙に同封された。おもしろいことに、手紙のカーボンコピーの上部には「若いな、彼は」との手書きがある。手紙の最後には「ロザリンドが亡くなっていることを本に書いていないのか？」とある。その後、十月六日付の手紙を書いた（投函されたのは十一日後）。最初のパラグラフの最後には、「この本は私に不公平であり、いてもたってもいられない。」後半のパラグラフでは、「君にそのつもりはないのだろうが、トップ研究者の多くはかなり洗練されているのに、フランシス（クリック）はおバカな甲状腺機能亢進症で、私は超紳士面したマヌケで、君は未熟な自己顕示屋という印象を多くの人がもってしまうではないか！」と記されていた。ウィルキンズにはユーモアのセンスがないと誰が批判できようか？

ワトソンの本は最初ハーバード大学出版局が発行することになっていたが、批判や中傷で訴訟になることを恐れ、出版を諦めた—そしてベストセラー本を失った。ワトソンは最終原稿で、既述のようにフランクリンを科学者として部分的に復活させたエピローグを追加した。

献身的科学者の短い人生

一九五三年三月、ウィルキンズはクリックに手紙を書いた。「われわれの暗いレディーが来週ここを辞めることになりました。…ついに床のゴミがなくなり、洗水のポンプを動かせます！」この手紙を書いたとき、皮肉なことに、すべては終わっていたことを当時ウィルキンズは知らなかったのだ。DNA構造モデルはすでにできあがっており、彼はそれをケンドルーの招待で見ることになった。

「DNAの暗いレディー」という表現は、二〇〇二年に出版されたブレンダ・マドックス著『ロザリンド・フランクリン』[25]の副題に使われた。この本はフランクリンの生涯についてよく書かれており、その二七年前フランクリンの友人アン・セイヤーによる『ロザリンド・フランクリンとDNA』[26]とともに、フランクリンの複雑な人格への洞察を与えてくれる。セイヤーの夫は結晶学者で、一九四〇年代の終わりにパリで彼女と同じ研究室で働いていた。セイヤー夫妻とフランクリンは、結晶学会議（一九五一年、ストックホルムで開催）で親しくなった。一九五〇年代中ごろに米国へ二度長期の旅行をした際、米国へ移住していたセイヤー家に滞在した。セイヤーは執筆を通して『二重らせん』でフランクリンのことがよく書かれなかったことに対抗したかったのだ。フランクリンの生涯を簡単に述べよう。

生い立ち

フランクリンは一九二〇年に英国の裕福で影響力のあ

ロザリンド・フランクリン〔1950年，ヴィットリオ・ルザッチ撮影，国立肖像美術館〕

るユダヤ人家庭に生まれた。小さいころから学校で優秀な能力を発揮し、他人に依存しない性格で宗教の伝統に縛られなかった。十五歳のとき科学者になろうと決心し、一九三八年にケンブリッジのニューナム・カレッジに入学した。これはフランクリン一家の伝統とは異なっていた。裕福な家庭の女性は慈善活動に立派に従事するのが一般的であった。ユダヤ教に縛られなかったが、家族とうまくいっていた。

ニューナム・カレッジで三年過ごした後、学士号と同等のものを得た。ケンブリッジでは一九四七年まで女性にそのような称号は授与しなかったが、のちに遡って授与した。多くの男性教師は戦争中の特別任務のために大学にいなかった。卒業後、研究奨学金を得てロナルド・G・W・ノリッシュ（高速化学反応に関して一九六七年ノーベル化学賞受賞）の研究室で一年間働き、次に英国石炭利用研究協会へ移った。この協会は、戦争開始時に工業会社間での非営利協力を促進するためにつくられたものだ。フランクリンの研究はうまくいき、一九四五年には石炭中の有機化合物に関する理学博士論文をケンブリッジ大学に提出できた。

パリ—よい科学とよい生活

石炭の専門知識を身につけた彼女は、パリの国立中央化学研究所で働くようになった。この研究所で彼女はジャック・メランと共同で成果をあげた。彼は石炭中の非晶質物質について多くの観点を教えてくれた。彼女は特に同僚のヴィットリオ・ルザッチと妻デニスと仲良くなった。フランクリンは、パリで生産的な日々を送り多数の科学論文を書いた。パリの文化に触れ、人々と交流してその街が好きになった。しかし彼女は、ロンドンへ帰り家族の近くにいる必要性を感じた。彼女はX線結晶学の技術を上達させたので、ロンドンのキングズ・カレッジの医学研究評議会所轄の生物物理学研究施設のランダル研究室へ応募した。三年間のターナー&ニューアル研究基金を得て自分の研究ができるようになった。最初は溶液中のタンパク質と脂質の研究をする予定であったが、到着後変更になった。

石炭からDNAへ

ランダルはフランクリンの結晶学者としての資質を認め、フランクリンにDNA繊維についての研究テーマを与え、また大学院生ゴスリンを指導するように命じた。ランダルは以前、キングズ・カレッジで結晶学に従事していた唯一の研究者であった。一九五一年一月に彼女がランダルのもとで仕事を始めたとき、ランダルはDNAプロジェクトで独立して研究をするように勧めた。彼女はランダルが研究プロジェクトを変更した理由（ウィルキンズは、のちに彼のアイデアだと主張した）を知らされていなかった。その理由とは、その前年にウィルキンズとゴスリンが出した結果のためだった。この二人はアストベリーのDNAの最初のX線回折写真よりもはるかに鮮明なものを得ていた。フランクリンはすぐに研究を進めた。これによりウィルキンズとの関係に摩擦が生じ、さらに二人の性格の違いによって増幅した。このことについてはすでに多数の本で論じられていて、ウィルキンズとフランクリンとの対照的な性格はさまざまな表現でなされている。本書ではそれを繰返さないが、二人は共同研究をしなかったことを言っておく必要がある。フランクリンはさらにDNAの回折パターンを改善し、特に湿度で異なる二つの形のDNAの重要性を明確にした。A形DNAは乾燥状態で短く厚い構造で、B形は湿潤状態で長く薄い構造をとる。高品質のX線回折パターンが記録され、B形DNAのらせん構造は疑いのないものだった。前述の有名な「写真51」は美しい仕事の例である。この写真は一九五三年四月のワトソン-クリック論文が掲載された『ネイチャー』に随伴したフランクリン-ゴスリン論文[13]に載ったもので、一年後にクリックが『*Scientific American*』に再使用したものだ（前述）。

ランダルは、キングズ・カレッジ内に協働でDNA研究を行う環境をつくらなかった。彼はウィルキンズとフランクリンのあいだに高まる緊張を和らげようと、フランクリンはA形に、ウィルキンズはB形に絞るように命じた。フランクリン自身がA形に取組む決断をしたのだろうが、もしB形に集中したならばどうなっていたことか。ランダルの決定はウィルキンズが先へ進むのを妨げた。フランクリンだけがジグナーから提供された高品質DNAを使い、ウィルキンズはシャルガフからのDNAを使ったのだ。シャルガフの材料はのちに低品質であることがわかり、ウィルキンズの研究目的に合わず、仕事は立往生した。キングズ・カレッジで誰がDNAの仕分けを決めていたのだろうか。

フランクリンは仕事場での緊張感からそこを辞めようと決心し、バークベック・カレッジのバナール研究室へ移った。当初の予定では一九五三年一月からであったが、三カ月遅れた。キングズ・カレッジ滞在は合計で二七カ月となったが、何という人間騒動と科学創造に満ちていたことか！

彼女は核心に近づいていた

アーロン・クルーグはフランクリンのノートを注意深く分析した。五編のDNA論文を精査して彼女のDNA構造解析の概念化の段階を追跡した[27,28]。クルーグはフランクリンの共同研究者として密接に関わるだけでなく、彼女の短い人生の最後の数年間、特別な友人となっていた。彼は一九八二年のノーベル化学賞「結晶学的電子顕微鏡法の開発と生物学的に重要な核酸-タンパク質複合体の構造解明」を受賞した（前著[16]で簡単にふれている）。

彼女がDNAプロジェクトを開始したときの最初の足掛かりは、ウィルキンズとゴスリンが撮っていた、ジグナーの高品質DNAの長く細い繊維のX線回折写真であった。研究上の最初の主要な貢献は、DNA構造にお

アーロン・クルーグ〔1982年ノーベル賞年鑑〕

ける湿度の重要性を注意深く評価したことだった。結晶構造はA形から湿潤状態で副結晶構造のB形へと変化し、それが可逆的であることを彼女は明らかにした。最初の段階でB形はらせん状であると解釈した—X線回折パターンはのちに「らせん十字」とよばれる美しい写真（215ページ）であった。しかしらせんを構成する鎖の数は明確でなかった。一九五三年三月には二重らせんと考えた。クルーグは、三月十七日付（彼女がワトソン-クリックモデルを見る前日）の論文原稿を発見した。『ネイチャー』のワトソン-クリック論文に随伴したフランクリン-ゴスリン論文は、この原稿をわずかに変更しただけのものだった。彼女はその随伴論文に「したがって、われわれのアイデア全体はクリックとワトソンが提案したモデルと一致している」とつけ加えた。

一九五二年の後半を通して、フランクリンとゴスリンはA形DNAの研究に集中していた。別の構造も考えたが、二人にとってB形とA形との関係は明確でなかった。それが同じらせんの異なる形であると推測しなかったことは残念である。データを二つの論文にまとめて、『*Acta Crystallographica*』[20,21]に一九五三年三月六日に投稿した—これはワトソン-クリック論文が公表される前である。一つ目の論文では、A形とB形を確認しB形が二重らせんである可能性が高いことを示した。その論文の投稿時にフランクリンは模型を作り、A形にも二本の鎖があるとの結論を出したが、それがらせんであるとは述べなかった。しかし一九五三年の『ネイチャー』での二番目の論文[29]（しばしば見逃されているのだが）で、A形もまた二重らせんであると結論した。一九五四年の第五の（かつ最後の）論文[30]にA形に関する追加データを載せたが、彼女自身はこの結果に完全には満足していなかっ

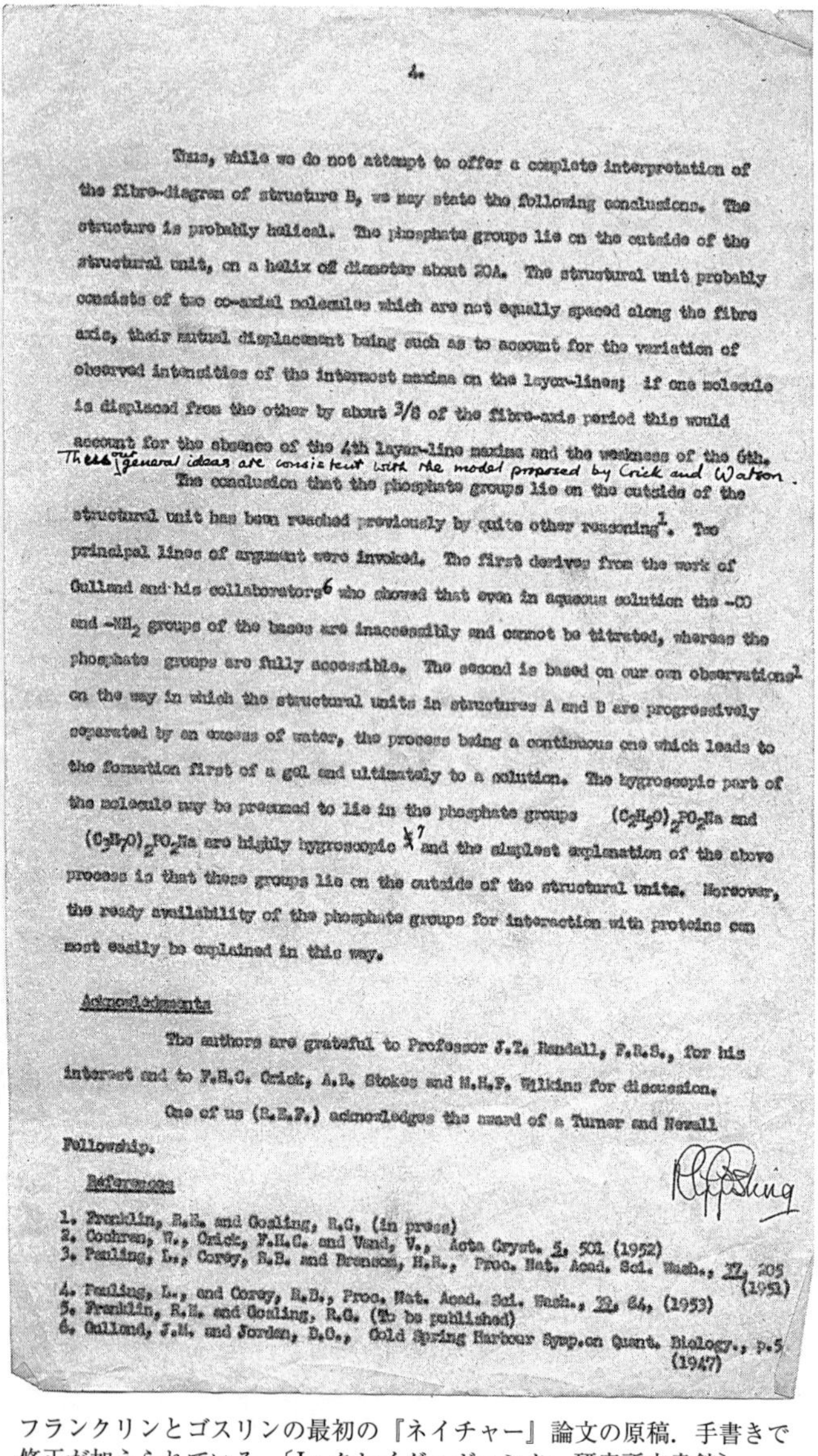

4.

Thus, while we do not attempt to offer a complete interpretation of the fibre-diagram of structure B, we may state the following conclusions. The structure is probably helical. The phosphate groups lie on the outside of the structural unit, on a helix of diameter about 20A. The structural unit probably consists of two co-axial molecules which are not equally spaced along the fibre axis, their mutual displacement being such as to account for the variation of observed intensities of the innermost maxima on the layer-lines; if one molecule is displaced from the other by about 3/8 of the fibre-axis period this would account for the absence of the 4th layer-line maxima and the weakness of the 6th. Thus our general ideas are consistent with the model proposed by Crick and Watson.

The conclusion that the phosphate groups lie on the outside of the structural unit has been reached previously by quite other reasoning[1]. Two principal lines of argument were invoked. The first derives from the work of Gulland and his collaborators[6] who showed that even in aqueous solution the -CO and $-NH_2$ groups of the bases are inaccessible and cannot be titrated, whereas the phosphate groups are fully accessible. The second is based on our own observations[1] on the way in which the structural units in structures A and B are progressively separated by an excess of water, the process being a continuous one which leads to the formation first of a gel and ultimately to a solution. The hygroscopic part of the molecule may be presumed to lie in the phosphate groups $(C_2H_5O)_2PO_2Na$ and $(C_3H_7O)_2PO_2Na$ are highly hygroscopic[7] and the simplest explanation of the above process is that these groups lie on the outside of the structural units. Moreover, the ready availability of the phosphate groups for interaction with proteins can most easily be explained in this way.

Acknowledgements

The authors are grateful to Professor J.T. Randall, F.R.S., for his interest and to F.H.C. Crick, A.R. Stokes and M.H.F. Wilkins for discussion.

One of us (R.E.F.) acknowledges the award of a Turner and Newall Fellowship.

RGGosling

References

1. Franklin, R.E. and Gosling, R.G. (in press)
2. Cochran, W., Crick, F.H.C. and Vand, V., Acta Cryst. 5, 501 (1952)
3. Pauling, L., Corey, R.B. and Branson, H.R., Proc. Nat. Acad. Sci. Wash., 37, 205 (1951)
4. Pauling, L., and Corey, R.B., Proc. Nat. Acad. Sci. Wash., 39, 84, (1953)
5. Franklin, R.E. and Gosling, R.G. (To be published)
6. Gulland, J.M. and Jordan, D.O., Cold Spring Harbour Symp.on Quant. Biology., p.5 (1947)

フランクリンとゴスリンの最初の『ネイチャー』論文の原稿. 手書きで修正が加えられている. 〔J・クレイグ・ヴェンター研究所文書館〕

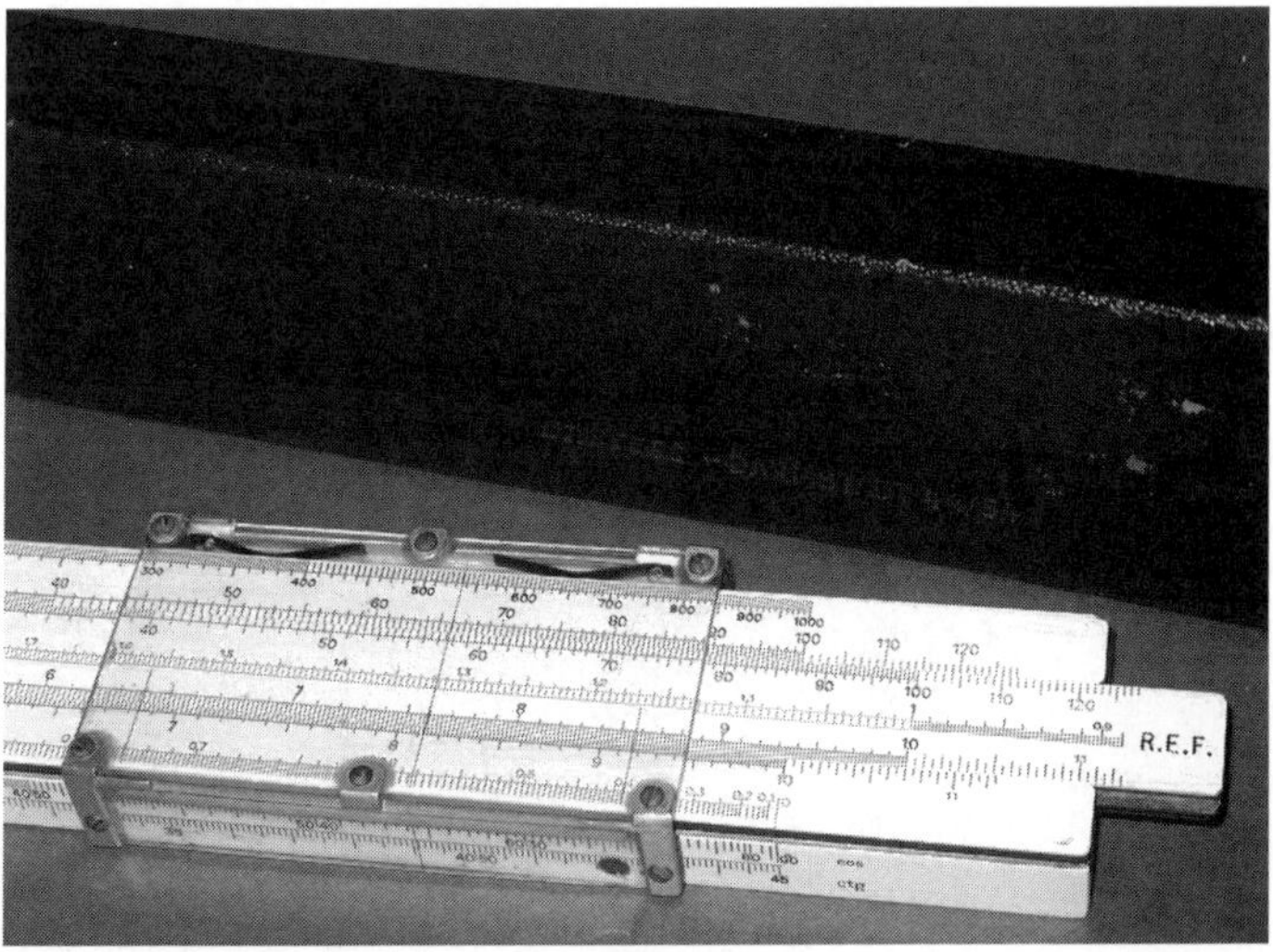

ロザリンド・フランクリンの計算尺．彼女のイニシャルR. E. F. が刻まれている．
〔J・クレイグ・ヴェンター研究所文書館〕

た。

フランクリンとゴスリンは、夜遅くまで研究室に残り長い時間をかけて結晶の空間群を計算した。この仕事では、アストベリーと女性結晶学者キャスリーン・ロンズデール（第5章）がつくった空間群の表がきわめて重要であった。当時、彼らはコンピュータを使えなかったのでフランクリンの計算尺がフルに使われた。

B形に関するの彼女の分析には限界があった。空間群$C2$に属することを理解しなかったからだ。クリックはそれを認識していた。フランクリンは「結晶学の正式な訓練を受けていなかった」とクルーグは言う。フランクリンは$C2$の特徴を知らなかったので、X線回折パターンが二つの逆平行らせんを示すと同定できなかった。しかし彼女はA形は逆平行かもしれないと思った。もし彼女がB形は逆平行であると知っていたら、答えにもっと近づけただろう。しかし、もう一つの非常に重要な概念の跳躍が必要だった。それは塩基対合である。彼女はリン酸基が外側で、塩基は内側で水素結合によってつながっていることは理解していた。彼女はまた二つのプリン塩基またはピリミジン塩基は塩基対のなかで交換可能であると考えたが、そこから先へ進みプリン-ピリミジン対合がつくられる可能性を認識するまでには長い道のりがあった。シャルガフ経験則のことはノートに記載されていたが、塩基の互変異性体のことは知らなかった。彼女は生物学者ではなかったため、解答を見つけられなかったが、どの程度、遺伝子の化学と情報の収納問題を熟考できたのだろうか。

ウイルス構造にひかれる

フランクリンがバークベック・カレッジに移ったとき、ランダルはDNA研究を続けることを禁じた。彼女は完璧を求める献身的な科学者だったので、もちろんこの命令には従わなかった。ゴスリンと接触を保ち彼の博士論文の研究を指導した。バークベックに腰を落ち着けると、タバコモザイクウイルス（TMV）についての先駆的な研究を始めた。

彼女はTMVは均一な長さであると論文発表したが、当時の指導的ウイルス学者とは違う主張であった。この分野での主たる権威ノーマン・W・ピリーと争ったのだ。彼はフレデリック・C・ボーデンとともに一九三六年、TMV粒子はかなりの量のRNAを含むという重要な発見をしていた[16]。ピリーはTMV粒子の長さはさまざまで、核酸はそれほど重要ではないと信じていた。彼はウイルス学におけるカスパーソンのようだった。核酸が主要な役をすることを認めるのを最後まで躊躇していた。一九五〇年代中ごろの会議で、クリックはピリーに「TMVタンパク質は感染性があるか」と単刀直入に質問した。ピリーは、タンパク質と核酸との相互作用の可能性に言及して、どっちつかずの回答をした。そのような回答は当時の多くの科学者の態度を代表していたといえよう。

フランクリンは、高品質のTMVのX線回折写真の撮影に成功し、それをクルーグに見せた。彼は当時のことを「自分の運命が決まった」と振返っている[31]。TMVの研究はうまくいき、彼女のグループに新たな研究者が加わった。フランクリンはすぐにこの分野での世界的権威になり、フレンケル＝コンラート、シュラムらとたくさんの国際的共同研究を行った。TMV研究での彼女の影響力のある役割は、スヴェン・ガードによるフレンケル＝コンラート、ギーラー、シュラムのノーベル賞の評価書にも記されている。

《最後にロザリンド・フランクリン（一九五七～五八年の二文献引用）はX線解析と分光測定を行い、あらゆる点で最も完全で正確な粒子構造の写真を得た。彼女によれば、粒子はらせん状の中空の円筒で、タンパク質らせんの中に核酸の鎖が埋まっている。らせん一回転あたりに一六・三個のタンパク質サブユニットがある。内側と外側の直径はそれぞれ二十オングストロームと七五オングストロームであり、核酸らせんの直径は四十オングストロームである。》

この時点でフランクリンはらせん構造をいかに解決すべきかを知っていたのだ！　核酸が棒状粒子の中心に分離して存在するのでなく、タンパク質構造の中に埋込まれていることは重要な発見であった。この仕事は米国人科学者ドン・カスパーとの共同研究であり、クルーグらも協力した。前述のようにノーベル賞委員会は、ギーラーとシュラムがTMVから抽出したRNAに感染性があるという発見を主要な業績とみなした。これは、エイ

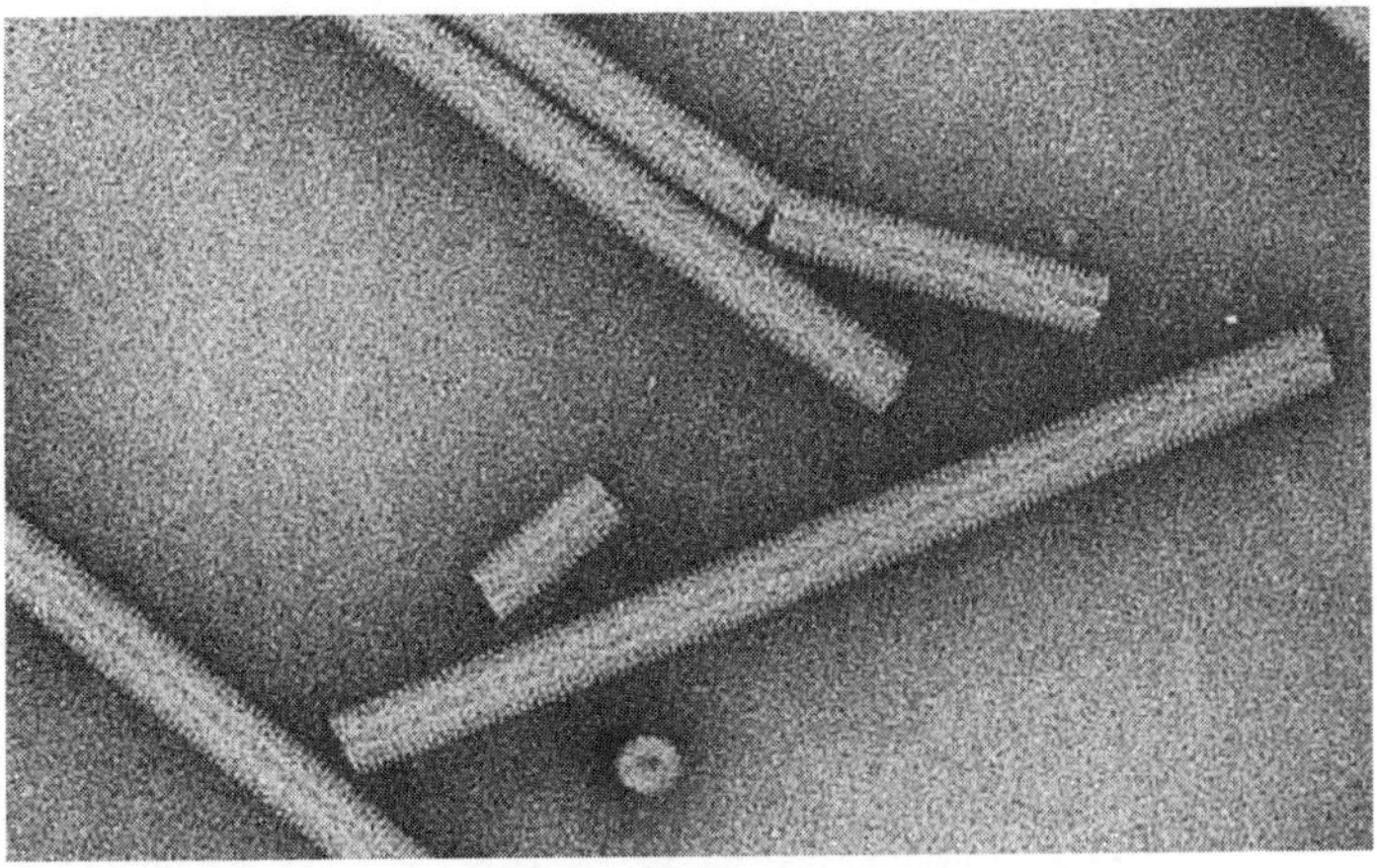

タバコモザイクウイルスの電子顕微鏡写真〔文献52〕

ブリーのユニークな先駆的発見からの重要な進展であった。もしその発見がノーベル賞に選ばれていたならば、フランクリンもその賞に入ったと推測できる。

フランクリンがバークベック・カレッジにつくった研究グループへの研究費は、農学研究評議会（ARC）から取得していた。のちに彼女は米国からも研究費を獲得した。ブラッグは彼女の研究の進歩を称賛し、彼女が援助を受けられるよう助力した。そのウイルスのモデルを一九五八年のブリュッセルでの国際展示会に出すよう招待した一九五六年六月の手紙で、「私の研究所の若い人たちは、講義であなたのウイルスモデルを見て感銘を受けました」と書いた。科学における彼女の生活はさらに充実した。彼女の研究グループは球状の植物ウイルスの研究も始めた。一九五七年半ば、ポリオウイルス（球形の動物ウイルス）の構造を調べる共同研究も始めた。ウイルス材料はカリフォルニア大学バークレー校から提供を受け、それが到着したときは安全性の理由から近くのロンドン衛生学熱帯医学校に預けられた。フランクリンにはそのデータをとり始める機会がなかった。彼女はこのプロジェクトをどのように考えていたのだろうか？クルーグは予備的なデータを得た。[32] しかしポリオウイルス粒子タンパク質の分子構造が発表されたのは一九八〇年代の初期になってからだ。[33] そのときにはX線結晶学で微細構造を調べる技術が非常に進展しており、コンピュータの解析能力は何倍にも増強していた。

国境を越えた交流

フランクリンは旅行が好きだった。研究が進むにつれて学会やセミナーで外国の研究者と会う機会が増えた。一九五一年六月には第二回国際結晶学連合会議に出席するためストックホルムを訪れた。ストックホルムまでの船では一流の女性結晶学者のホジキンと同室だった。悲しいことにホジキンは船酔いしてしまい、深く交流する機会はなかった。しかし、のちに会う機会が増えた。フランクリンがDNAの最初の鮮明なX線回折写真を得たとき、何枚かを持ってオックスフォードへ行きホジキンに見せたところ、その質のよさを褒められた。

前述のように、結晶は二三〇種類の空間群のいずれかに属す。フランクリンは自身が撮った写真は三つの空間群のどれか一つに属すと考えていた。ホジキンは、その

ロザリンド・フランクリン，1951年国際結晶学連合会議時にストックホルム群島を訪れた際の写真〔米国微生物学会保管，アン・セイヤーの収集品〕

三つのうちの一つだけが正しいもので他の二つはフランクリンが見落とした理由で除外できると指摘した。臨席していたダニッツがフランクリンに糖の右旋性と左旋性を考えると空間群は一つに絞られる理由を説明した。彼女は一人前の結晶学者になろうといつも勉強していた。

ストックホルム会議では、ポーリングは発見したばかりのαヘリックスのデータを発表し、バナールは複雑なタンパク質の構造解析へのX線回折の応用について講義を行った。徐々にフランクリンは生物学の課題を知るようになった。その機会に彼女は美しいストックホルム列島への遠足に参加し、のちに友人となるルザッチとセイヤー夫妻と出会った。

彼女が初めて米国を訪れたのは、DNA研究者ではなく石炭研究の権威としてであった。ニューハンプシャーで行われたゴードン研究会議での「石炭および関連物質」集会へ招待されたのだ。滞在を延長して米国東海岸のいくつかの場所を訪れた。ボストンでリッチ夫妻に招待されたとき、夫人の実家に泊まらせてもらった。このようなことは研究者仲間ではよくある。彼らのあいだで同士愛が生まれるのだ。科学者は好奇心や強迫観念で行動し、この態度を共有する同士に出会う。職業的なアイデアの交換がしばしばプライベートでの友情に発展する。それゆえ、とりわけ米国やカナダでは、招待した科学者の家に訪問科学者が招かれることがある。家族ぐるみの交流によって、スポーツや文化などでの楽しみを共有し、科学者間の友情に発展する。このような観点からみると、彼らのいつもきつい仕事は天職ともみなすことができるだろう。フランクリンは近寄りがたい人物といわれていたが、旅のあいだに科学者の同士愛の豊かさをしばしば経験していたのだ。おそらく生涯で最後となった手書きの手紙は、一九五八年三月十六日付でカスパーに宛てて書かれている。「あなたのお母さんと妹さんがこちらへ来られたとき、お会いしたいです――いつになるかお知らせください。」

米国滞在時に彼女はカリフォルニアを訪問する機会があった。これはワトソンとクリックの努力によるものだ。実際ワトソンはウッズホールで会ったとき、彼とブレンナーと一緒に車で米国を横断することを提案した。しかし彼女は行きたい場所が多く、スケジュールが合わなかった。西海岸ではカルテックのポーリング、バークレーのスタンリーとフレンケル=コンラートを訪ねた。バークレーへの訪問は、のちのＴＭＶの仕事に重要であった。

彼女は毎週両親に手紙を書いた。これらの手紙を見ると、彼女は好奇心旺盛かつ詮索好きなことがわかる。最初は米国文化全般に関して懐疑的であったが徐々に好きになり、彼女が接した学問環境に印象づけられていく経過も読み取れる。手紙にはアレクシ・ド・トクヴィル〔十九世紀フランスの歴史家で、二十代後半に米国を旅行〕のような筆致がある。

一九五六年までに彼女のグループは新しいデータを多くの会議で発表できる状況になっていた。ロンドンではチバ財団の会議「ウイルスの生物物理学と生物化学」に出席した。彼女は唯一の女性参加者であった。二、三週間後にスペインを訪れた。以前にはフランコ体制への反感からスペインでの集会は避けてきたが、今回は会議の重要性が勝った。自分の学問への自信にあふれ、たくさんの友人とともにこの機会を楽しんだ。左上の写真では、フランクリンがグループのなかに写っている。左からアン・ケネディ（旧姓カリス。ペルーツと働いていたもう

1956年，マドリードでの国際結晶学連合会議シンポジウムでのロザリンド・フランクリン〔D・L・D・カスパー博士のご厚意による〕

一人の女性結晶学者）、クリック、カスパー、クルーグ、フランクリン、クリックの妻オディール、ケンドルーである。フランクリンの生活は絶頂にあり、会議後は南スペインのツアーにクリック夫妻と一緒に参加した。

一九五六年後半に米国へ二度目の旅行をした。このときまでに彼女は有名になっており、旅費の工面をする必要がなかった。ロックフェラー財団がゴードン会議出席だけでなく、その後の米国の研究所見学の費用も支援してくれた。東西の海岸地帯へ行って生産的かつ楽しい時を過ごし、その経験と印象を両親に定期的に知らせた。今回もカリフォルニアの多くの研究所を訪問した。カルテックではセミナーをした。またダルベッコと彼の友人からの招待でホイットニー山（アラスカ以外で米国一の高峰、標高四四一八メートル）を訪れ、山に登ってテントで一晩過ごすなど楽しんだ。魅力的な屋外環境は彼女が愛した世界であった。科学と友情にも恵まれていた。

旅の最後の一週間、米国東海岸から英国へ出発する前、スカートのファスナーを閉めるとき問題を感じた。医者へ行く必要性を感じたが英国に着くまで延期した。

悲劇的な死

フランクリンの研究業績が増え始め研究に調和を感じたとき、暗雲が空に広がり始めた。彼女は今まで健康そのものであり、山登りなど野外に出るのも好きだった。しかし一九五六年の米国での長期旅行のあいだに、緊急の病の症状に気づいた。その年の九月に手術が行われ、腹腔に卵巣起源の二つの腫瘍があった。腫瘍は除いたが、その非情な性質がすぐにわかった。彼女は勇気をもって禁欲的に病気と向き合った。関心を自分自身に保ち、焦点を絞った質の高い研究を続けようとした。クリック夫妻は回復期に彼女に自宅を提供した。ワトソンも親身になり、一九五六年十一月十三日付のクルーグへの短い手紙で、〔いつもとは違う〕驚くほど判読しやすい手書きで次のように書いた。「ロザリンド（著者注：ロージーではない）の病状がよくないと聞きました。早く治るように願っています。私の心からの思いをお伝えください。」手紙の最後に見舞いの言葉を繰返した。「奥様によろしく。再度ロザリンドの一刻も早い回復を願って。」

フランクリンのグループは一九五六年に七編、一九五七年に六編の論文を発表した。一九五八年一月、フランクリンは生涯で初めて生物物理学研究室の助教として正式雇用された。彼女は一九五八年三月二五日付のタイプで打ったビジネス文書を米国立アレルギー感染症研究所のレオナード・カレル博士に送った。彼女とクルーグは九月にウィーンで行われる生化学会議に出席予定で、研究費の一部をその旅費にあてることが認められ、それを感謝するものだった。しかし彼女はウィーンへ行けなかった。四月十六日に亡くなったのだ。死後に彼女の論文が二、三編印刷された。

ウイルスの分類

フランクリンがバークベックの短い期間に行ったウイルスの研究は、ウイルス学全般の進展に大きな影響を及ぼした。彼女が研究グループを指導するなかで、仕事は棒状のウイルスだけでなく球状ウイルスへも広がった。フランクリンの死の何年か後、クルーグと共同研究者であるジョン・フィンチとケネス・ホームズ（フランクリンが教えた学生）は、一九六二年にケンブリッジの分子

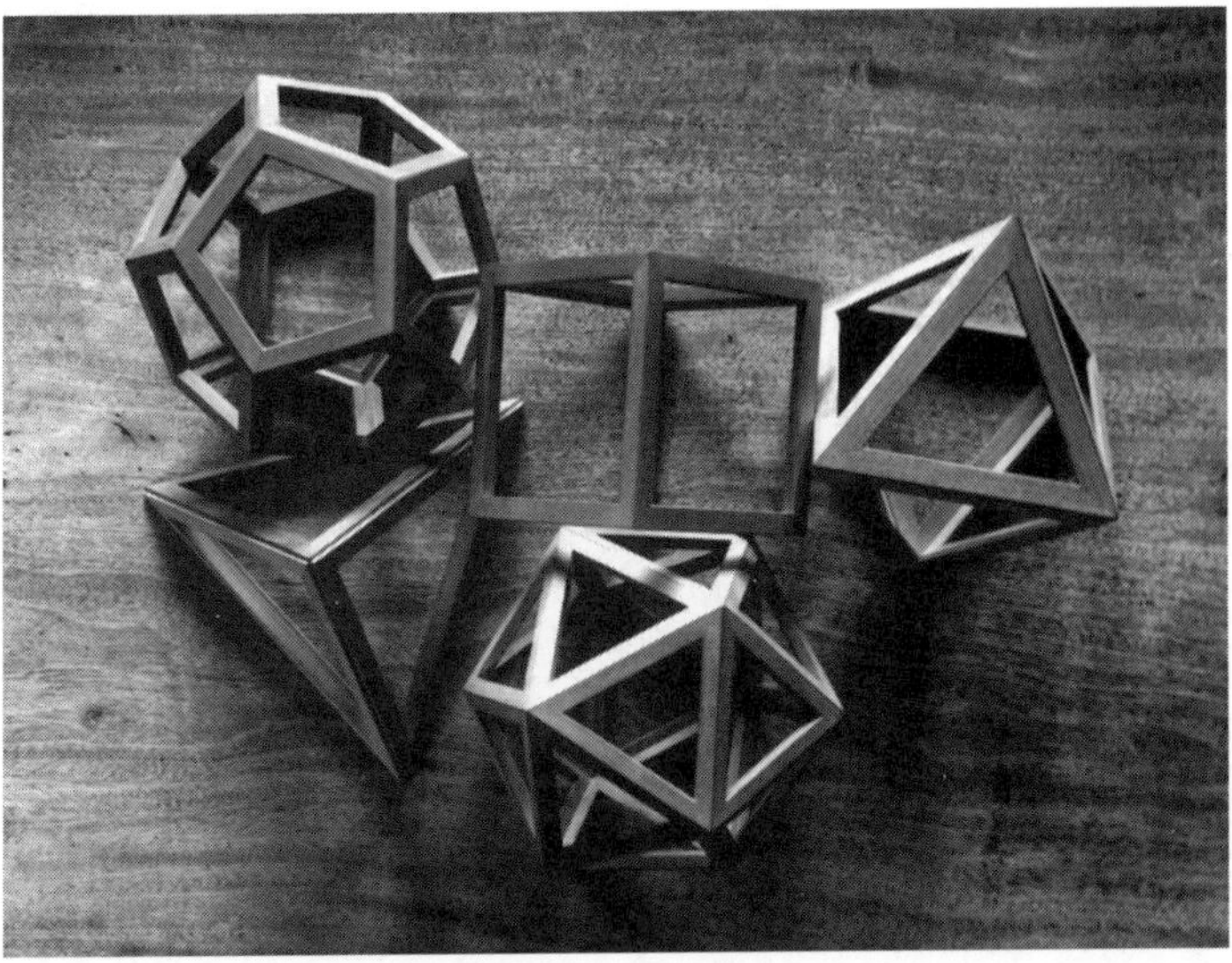

五種類の正多面体

生物学研究施設へ移った（そこは九年前のＤＮＡ構造発見の場所である）。同じ年にカスパーとクルーグは、ウイルス構造の対称性に関し、のちに画期的とたたえられる論文[34]を発表した。この論文はよく引用される古典となったが、実際はワトソンとクリックが一九五六年に発表した理論[24]に基づいている。その理論は一九六〇年にウェストグレンによって評価された。そのときの話に戻ろう。

　ワトソンとクリックの一九五六年の論文は、ウイルス粒子の対称性に関する予言的なものだった。彼らは、ウイルスの遺伝物質を囲んでいる殻は一つまたはいくつかの種類のタンパク質が集合したサブユニットからなっていると予測した。これらのサブユニットは棒形のウイルスではらせん状に並び、球形のウイルスでは立方対称の凝集体をつくると提案した。正多面体（プラトンの立体）とは正多角形がつくる三次元の立体で、正四面体、正六面体、正八面体、正十二面体、正二十面体の五種類がある。正二十面体は球に最も近く、表面積当たり最大の体積をもつ。正二十面体構造の全サブユニット（タンパク質分子）数は大きく異なるが、それはいつも六十の整数倍である。すべての球形ウイルスは正二十面体対称

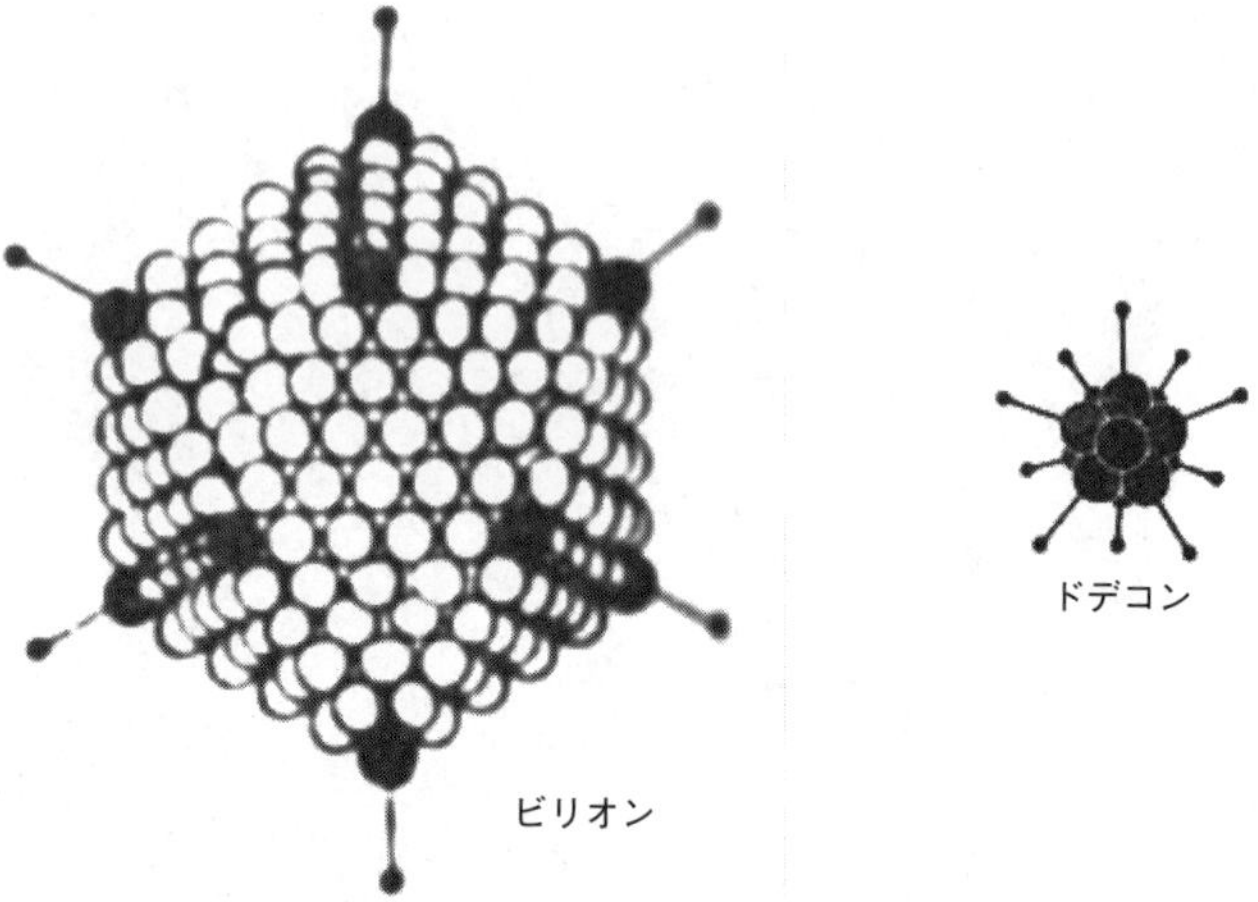

アデノウイルス粒子（ビリオン）および突起をもつ頂点キャプソメアが12個集合してできたドデコンの模式図

をとると予測された。たとえばアデノウイルスのキャプシド（殻）は二五二個のキャプソメア（形態学的単位）からなる。〔ウイルス粒子を電子顕微鏡で観察すると、キャプシドは小さなキャプソメアのつぶつぶが寄せ集まってできているのがわかる。〕

ワトソンとクリックのウイルス構造の論文から五十年以上が経って、三種類のキャプソメアの詳細な三次元構造とそれらの相互関係がX線結晶学を使ってわかってきた。正二十面体の十二の頂点以外のキャプソメアは三個のタンパク質からなり、それが二四〇個ある。十二の頂点には、五個のタンパク質からなるキャプソメアがある。三番目のキャプソメアは、頂点から飛び出している特殊な構造（ファイバー）である。私は一九六五年にこのファイバーを見つけた。[35] 頂点のキャプソメアのみが十二個集まった小さな粒子はドデコン（dodeca 十二）とよばれ、拡大して見るとファイバーがはっきりとわかる。これまでファイバーの構造は、大きなウイルス粒子では相対的に小さくてわからなかったのだ。同時期にロンドンのミルヒルにある国立医学研究所のヘリオ・ペレイラとロビン・ヴァレンティンが、別の型のアデノウイルスでもっと長いファイバーを見つけた。異なる研究室で同じ発見が同時にされることはよくあることだ。のちの結晶学研究で、ファイバーは一種類のタンパク質が三個集合したものであることがわかった。アデノウイルスのキャプシドをつくるタンパク質の数は、ファイバーを除いて二四〇×三＋十二×五（＝七八〇）となる。ワトソンとクリックが予言したとおり、六十の整数倍である。

カスパーとクルーグは、一九六二年の古典論文[34]で正二十面体構造の概念をさらに広げた。バックミンスター・フラーの「ジオデシック・ドーム」デザインを参考にして球形ウイルスのキャプシド構造のテーマを念入りに考え、キャプソメア数を増やした一連の構造に関する数学的法則を導き出した。そして正二十面体の準同一構造のウイルス粒子も考え、ある場合には鏡像異性体（D形とL形）が存在する可能性も取上げた。〔正三角形六十枚で囲まれた凸多面体（正十二面体の各面に五角錐を貼りつけたものと同等）は、ノロウイルスの粒子構造である。正三角形一四〇枚からなる多面体のD体は、パピローマウイルス粒子の構造である。〕

ワトソンとクリックが発案したウイルス構造の原理とカスパーとクルーグによる原理の拡張は、大きなインパクトがあった。構造の特徴からウイルスを分類する体系が生まれたのだ。この体系は、植物分類のためのリンネ式と同様に遺伝子での分類とは異なるが有用であった。一九六六年にモスクワでウイルス命名国際委員会が設立され、その名はのちに国際ウイルス分類委員会（ICTV）に変更になった。分類階級は、目、科、（亜科）、属、種の順である。ウイルス種の定義は長期にわたる議論の末、一九九一年に種を実用的に定義することで合意し、「多形質性クラス」の概念が適用され、種の定義に一つ以上の性質が使われるようになった。

二〇一一年のICTV第九報告書[36]では二二八四種、三四九属、十九亜科、八七科、六目になっており、その数は今も急速に増え続けている。ICTVは自然界に存在する全ウイルスの目録をつくろうと努力しているが、いまだほんの一部しかできていない。ウイルスは遍在し[16]、細胞があるところにはウイルスも存在する。湖や大洋の水一ミリリットル当たり一千万のウイルス粒子が存在し、全体では10^{24}個になる。これは宇宙の星の数の十倍以上である！　現時点での種の数は誰にもわからない。

さて、一九六二年のDNA構造解明のノーベル賞でワトソンとクリック以外の三人目の授賞者を誰にするかの問題へ戻ろう。

ウィルキンズ、それともフランクリン？

フランクリンは一九五八年に亡くなったので、彼女はノーベル賞に推薦されず、候補になりえたかの議論もなかった。前述のように、DNA構造発見への推薦は一九六〇年までなかった。もし彼女が生きていたならば何が起こったのか、仮説ながら考えてみたい。授賞者は三人までと決まっているので、委員会はウィルキンズかフランクリンを選ぶか、またはどちらも選ばなかっただろう。表6・1（化学賞と生理学・医学賞）からわかるように、ワトソンとクリック二人だけの推薦が九つあった。ウィルキンズを加えた推薦は五つあり、その一つはブラッグのもので影響力が大きかった。

ブラッグはもちろん、キングズ・カレッジの科学者からの情報なしではワトソンとクリックは答えを出せなかったことは知っていた。その情報こそがDNA鎖の組立てが逆平行二重らせんであることを知らせたのだ。ブラッグはまたDNA研究はキャベンディッシュではやらないという紳士協定から、最初の試みに失敗した二人に禁止令を出した。しかし彼はポーリングの誤った内容の論文を読んで禁止令を撤回した。この動機は、ワトソン著『二重らせん』（一九六八年）の序文に書かれている（214ページ）。「差し控えるわけにはいかない。このジレンマはDNA研究でも明確にあった。」その後の一文は、「一九六二年のノーベル賞において、ロンドンのキングズ・カレッジで長く辛抱強い研究をしたウィルキンズと、ケンブリッジで輝かしく迅速な答えを出したワトソンとクリックとがふさわしい受賞をしたことは、すべての関係者を十分に満足させた。」いた。

この序文を書く八年前の一九六〇年、ブラッグがウィルキンズを化学賞に推薦した理由は次のように書かれていた。

《キングズ・カレッジでウィルキンズ氏らによって得られた上質なDNAのX線回折写真を徹底的に分析すること

で、ワトソン-クリックモデルの全般的な正しさが十分に確認されました。さらにその構造に若干の修正が行われ、洗練されたものになりました。》

これはノーベル賞推薦の十分な理由だろうか？　生理学・医学賞は「発見」のみに授与される。ウィルキンズはどのような発見をしたのだろうか？　さらに複数人の受賞者の場合には「各人は自分自身の賞をもらうに十分な資格がある」というのが非公式なルールとしてある。フランクリンのデータがその発見に決定的な役をしたのに、ブラッグはなぜ彼女の貢献にふれなかったのだろうか？　ブラッグの伝記を書いた作家によれば[37]、ブラッグはキングズ・カレッジ内の研究グループ間での相克をよく知らず、科学者に関するゴシップや誹謗《ひぼう》を聞く気もなかった。ブラッグは、ウィルキンズとフランクリンを同一のグループとして認識していた。ウィルキンズを推薦することで、「ワトソンとクリックの画期的発見がキングズ・カレッジのデータを利用したことで初めて可能になった」事実にブラッグとキャベンディッシュ研究所が感じる負い目を満足させたという。しかし彼は発見前のデータ利用のことで悩んだのであって、推薦状に述べたウィルキンズの続行研究に関してではない。一九五〇年代中ごろブラッグはフランクリンと交流が深く、彼女のバークベック・カレッジでの仕事を助け激励したことは追加しておきたい。そして当時、彼は科学者としての彼女を尊敬していたことも明らかである。

一九六二年モノーは迫力ある推薦文を書き、候補者にウィルキンズを含めた。モノーがノーベル化学賞推薦の招待を受けたとき、彼はクリックに接触し、クリックは返信のなかでウィルキンズを推薦したのだ。モノーが『ネイチャー』掲載のワトソンとクリックの二論文と三つの随伴論文（ウィルキンズらの一論文、フランクリン-ゴスリンの二論文）を引用したのは適切であった。彼は長い推薦文のなかで二ページ後にウィルキンズへの授賞を次のように懇願した。

《ポーリングとコーリー両氏がDNAらせん構造を提案しましたが、そこからDNAはらせんであるとの話が始まったと考える人がいます。私の知る限りそれは間違いです。DNAはらせんであると最初に考えたのはウィルキンズ氏のようです。コクラン、クリック、ヴァンド氏が提案したらせん構造による回折の一般式（一九五二年）も、一部とはいえウィルキンズ氏の示唆から生まれたものです。ポーリングとコーリー両氏がタンパク質のαへリックスの解決に成功したことは、同様のことをやろうという大きな刺激となり、クリック氏自身が一九五四年に認めているように、ポーリングとコーリー両氏のやり方がワトソンとクリック両氏を大いに助けた実物教育になったというのがより正しいでしょう。

要約しますと、ＤＮＡの塩基対合二重らせん構造は独創的な新規の理論的発見であり、それはウィルキンズ氏らのX線を使った実験的研究に裏づけられ、正当化されたものです。このことに疑いはなく、いかなる反論もなかったようであります。》

私はこの文章を読むと、ウィンストン・チャーチルが演説原稿の縁に「弱点、大声で」と書いたことを思い出す。モノーは、明らかにキングズ・カレッジでのＤＮＡのX線解析の進展の過程とフランクリンの中心的な役割を知らなかった。ワトソンの頭の中の時計が動き始めたのは、ウィルキンズがフランクリンの撮ったB形ＤＮＡのX線回折写真を見せたときであることを思い出してほしい。

ウィルキンズは、自分の研究をノーベル賞委員会メンバーに紹介する機会がいくつかあった。ティセリウスは一九六二年の評価報告書のなかで、ウィルキンズは一九六〇年九月のストックホルムでの「生物学的構造と機能」シンポジウムで講演をしたと書いている。また一九六一年にエングストレームが主催したストックホルムでの第一回生物物理学会議に出席していたようだ。さらに彼はエングストレームと何年かにわたって接触している。重要な候補者と選考人とのあいだの個人的接触が影響を与えた可能性を推測してしまう。ウィルキンズも自分のことを吹聴した可能性がある。またブラッグが、ティセリウスのような委員会の重要人物と長年にわたって何回か接触した可能性もある（前章）。

ティセリウスが一九六二年の評価書でフランクリンにふれなかったことは驚きである。一方、結晶学者のウェストグレンは一九六〇年の評価書でバランスのとれた観点をもっていた。Ａ・B形ＤＮＡの異なる性質を明らかにしたのはフランクリンであると彼は正しく述べている（彼女は二つの形の関係について相対湿度の重要性を報告している）。ウェストグレンの評価書では、ワトソン－クリックモデルは仮説であり、実験データに貢献した誰かを授賞者に入れることを勧めた。検討すべき名前としてウィルキンズ、フランクリン、ゴスリンをあげた。フランクリンの役割はゴスリンを指導したことであると述べた。フランクリンは亡くなっていることを考慮して彼は最後に「もし彼女が生きていたら、賞のうちの自分に正当の分を受取ることを主張しただろう」と述べた。

ノーベル賞候補者を評価する委員が、候補者との利害関係について宣言するよう義務づけられたのはつい最近のことである。以前は評価者がよく知っている候補者の評価を任された際、評価者が辞退するかどうかの判断は個人の良心に任されていた。このやり方でだいたいうまくいっていたと私は思う。おそらくヨーロッパの隅に位置する、かつてはルター派で今は世俗化した小国のスウェーデンにある倫理観のためだろう。委員会の仕事に関係するすべての人は、自分の責任の重大さをよく知っている。彼らは個々の人間としてできる限り評価に客観的であろうと最大限の努力をする。そしてなお、ノーベル賞の評価は清く客観的であるべきとの議論を続けることに大きな意義がある。

ウィルキンズは、ノーベル賞講演で唯一DNAのことを話した受賞者だった。[38] 彼はこの機会とその後どのような感情だったのかと考えたくなる。彼は、結局第三の男にとどまったからである。講演ではDNAのX線回折研究の展望を語った。地位が高ければ、寛大で度量のある態度が期待される。しかし単に「ロザリンド・フランクリンは活動ピークの数年後に亡くなったが、X線研究に貴重な貢献をした」と話しただけだった。謝辞には次の言葉を加えた。「私の同僚であったロザリンド・フランクリンはX線回折の優れた能力と経験をもち、DNAの初期の研究を大いに助けてくれました。」もちろん勝者はすべてを獲り、また歴史を書く。しかしこの事例では、ウィルキンズは自身の成果を過大評価し、フランクリンの重要な貢献を過小評価してしまった。二、三年後にランダルはゴスリンへ次のように書いた。「ウィルキンズのノーベル賞講演はこの場所（キングズ・カレッジのランダルの生物物理学研究室)、特に貴殿とロザリンドに対して公正でないものでした。」それから二十年あまり経って雰囲気は変わった。クルーグはノーベル賞講演(39)で次のように述べた。

《タンパク質と核酸の相互作用を研究するとき特別な問題が生じます。私の最初の研究対象はタバコモザイクウイルスでしたが、その選択は私の手柄ではありません。一九五四年に私がロンドンのJ・D・バナール研究室に入ったとき、ウイルス研究を紹介してくれたのは故ロザリンド・フランクリンです。私は彼女に会えて幸運でした。彼女は研究対象をDNAからタバコモザイクウイルスへと変えたばかりでした。(そのX線研究は一九三六年にバナールが始めました)。この難しい問題に取組む例題を私に与えてくれたのはフランクリンです。彼女は悲劇的にも短命でしたが、もしそうでなければ、彼女はこの場所にもっと早く立っていたでしょう(傍点筆者)。》

最後に、ストックホルムのコンサートホールでの授賞式でエングストレームが三人の授賞者を紹介したときの演説(40)の一部を次に示す。

《ウィルキンズ氏のX線結晶学のデータは、長いDNA鎖が二本鎖になっていることを示しました。ワトソンとクリック両氏は、有機塩基は二つの絡まったらせんの中で特異的に対合することと、この分子の並び方の重要性を示しました。》

振返ってみれば、この表現は主観的である。そしてフランクリンの名は彼の演説には入っていなかった。

ノーベル委員会が(ありえないことだが)ウィルキンズとフランクリンのどちらかを選ぶとしたら、フランクリンが選ばれたと私は考える。DNA構造の発見を速やかに導いたのはフランクリンの一九五二年の上質なデータであった。それゆえ、彼女とウィルキンズのどちらかを選ぶ仮定の話では、フランクリンとしたくなる。

しかし記録文書を詳しく調べると、この誘惑が鎮められた。J・クレイグ・ヴェンター研究所文書館にあるノーマン収集品のなかの豊富で重要な資料が私の考えを広げてくれたのだ。

クリックとクルーグが、科学者フランクリンの能力を議論する

一九七九年九月、クリックは「黄金のらせんといかに生きるか」[41]という論文を発表した。今回はクリックがフランクリンに対し厳しい態度をとった。彼の行動の背景に何があったのだろうか。フランクリンは時代と仕事環境の犠牲者とする試みなのだろうか？　彼は明らかに「彼女が女性であるため」などという不適切な理由で彼女を英雄として祭り上げる動きを懸念していた。クリックは、証拠はないが彼女の家庭背景が重要であったとの推測をした。

《ロザリンド・フランクリンが対処しなければならなかったおもな障壁は、ロンドンのキングズ・カレッジ（英国国教会が設立したため、女性に偏見があった）からではなく、裕福で、教養があり、同情的な彼女の家庭からであった。研究は普通の女性がすることでないという家庭の考えである。》

彼は続けた。

《ロザリンドの困難と失敗は主として彼女の性格に由来する。きびきびと行動し感受性が過剰に強く、思い込みが強すぎて科学的にしっかりしておらず、手っ取り早い方法をとろうとした。自分の手で成功させたいという意志が強く、彼女のアイデア通りにいかなかったときに、他人からの忠告を受入れようとはせず、救いの手も払い除けた。》

当然、この記述は批判を呼んだ。ニューヨークのマウントサイナイ医学センターの有名な女性腫瘍ウイルス学者シャーロット・フレンドの反応は強かった。彼女は特に「思い込みが強すぎて科学的にしっかりしておらず」という表現を批判した。クリックは何を言おうとしたか説明し、さらにつけ加えた。「ロザリンドは、彼女を殉教者に仕立てようとする的外れな動きには先頭を切って反発するだろう。」

クリックとクルーグは手紙をやりとりして、フランクリンの研究者としてのパーソナリティーに関して議論し

た。手紙に「公表禁止」と記されていたことから、真剣さがわかる。その議論のなかに、フランクリンの性格の強みと弱みに関して二人が合意した点を見いだすことができる。彼女は第一級の科学者であったが、アイゲン、ブラッグ、ポーリング、ホジキンほどではなかった。優秀な実験家かつ分析家であった。理論的に結晶データを処理する能力は普通の研究者以上であった。困難な大問題に挑むことはしたが、注意深く行動するタイプの科学者であった。しかしDNA構造研究の課題は他者から与えられたものである。彼女はある程度柔軟性に欠け、それほど想像力が強いとはいえなかった。帰納的跳躍をせず、モデルづくりを始める前にすべてのデータを得ようとした。しかし科学の成果はデザインや計画から得られるものではなく、最大限いい加減にやり、好機がきたらそれを認識するという余裕をもっている必要がある。これはワトソンとクリックの強みで、フランクリンにはなかった。自明のことだが、すべての人のパーソナリティーは強みと弱みの複合物であり、これはワトソン、クリック、フランクリンだけでなくわれわれ全員に通用するものである。

女性科学者についての議論に関連して、結晶学の発展に女性がおおいに貢献したことを述べておこう。ロンズデール（前章）はアストベリーと並びこの分野の先駆者であり、王立協会会員に初めて選出された女性である。次にホジキン、オートン、カリス（ケネディ）と続いた。バナールとランダルは、女性学者を積極的に採用した。ある時期、ランダルのグループでは三一人のうち八人が女性であった。

クリック、特にクルーグはフランクリンの親友になっていた。クリックと妻オディールはフランクリンが病気の療養で滞在したときに限らずフランクリンに対しいつも親切だった。クルーグ家とはさらに親密で、クルーグは一九五七年十二月二日の遺言の第一受取人であった。

クリックはフランクリンの業績に関してクルーグと意見を交換した後、一九七九年十月に『サイエンス』編集長へ手紙を書いた。彼は自分が書いた文章「彼女は…思い込みが強すぎて科学的にしっかりしておらず、手っ取り早い方法をとろうとした」の意味を説明しようとした。「彼女は保守的なX線解析に従うだけで、他の手法に手を出さないと決めていた」という意味だと彼は明記した。彼は「彼女の研究法が科学的にしっかりしていない」と言おうとしたのではない。クリックの追加コメントが掲載されたかどうか、私にはわからない。

三人、それとも二人？

ノーベル委員会は信念をもって行動したが、キャベンディッシュ研究所グループがキングズ・カレッジに対する罪悪感を手放すためにウィルキンズを推薦したことは明らかである。紳士的行動という、名誉ある英国の伝統が背景に浮かぶ。ブラッグとワトソン、クリックにとって、ウィルキンズが含まれたことは大きな救いであった。しかし罪悪感の軽減をノーベル賞で行っていいのだろうか？　前述のように複数人へ授賞する場合、各人は賞に値する資格があるべきというのがノーベル賞のルールになっている。それが無条件に適用されなくても、それはよいルールである。ウィルキンズとフランクリンを比較すれば、既述のようにフランクリンの方が明らかに強力な候補であった。もし彼女が生存していたならば、彼女を入れるのが適切だっただろうか？　彼女は自身の賞をもちえただろうか？

この勇敢な女性に同情するのは簡単である。ギリシャ神話のヒロインのように、彼女には多くの矛盾する性格があり、それが短い人生のあいだに明らかになった。無口で独りでいることが多いため、明確にはならなかった面もたくさんあったことだろう。明晰《めいせき》な心と手の器用さを兼ね備えており、X線回折関連の装置の改良もした。また物事に集中する人で、エネルギーに満ちていた。強い意志をもち妥協せず、関係したどの分野にも彼女の足跡を残した。一九四〇年代後半の石炭の研究は先駆的で、生物物理学の分野に入ったときは、DNA研究とウイルス構造の研究で抜きん出ていた。『タイムズ』紙に掲載された訃報記事の一部を次に示す。

《彼女の生涯は、科学研究へのひたむきで献身的な一例である。偉大な知力と広い文化背景をもち、主たる興味は自然界に隠されている複雑で意味のあるパターンを発見することであった。この追究において彼女は個人的な斟《しん》酌《しゃく》や野心に無関心であり、科学界での名誉を求めず、それがなくても悲しまなかった。自分の周りの人とは付き合わなかったので著名な人物にしては有名でなく、親密さよりも尊敬を抱かせた。》

科学史のなかでのフランクリンの適切な場所の確保に一役買ったクルーグは、彼女の追悼演説を次のラテン語の引用で終えた。有名な十八世紀のアイルランド生まれの英国詩人、オリバー・ゴールドスミス〔一七三〇〜七四年〕へのサミュエル・ジョンソン〔一七〇九〜八四年、『英語辞典』の編集者〕の追悼文からの引用句である。

《Olivarii Goldsmith, Poetae, Phisici, Historici, Que nullum fere scribendi genus non tetigit-Nullum quod tetigit non ornavit. —オリバー・ゴールドスミス、詩人、博物学者、歴史家。いかなる表現様式にも触れないものはなく、そして飾らないものには触れなかった。》

引用の最後の部分の意味は「飾るべきものに触れた」である。クルーグの引用が意味することは、「フランクリンは、予想もされなかった飾るべき発見をした」と解釈したい。これは、彼女の科学的偉大さを判断できる人物が贈った美しい言葉である。もしもフランクリンが生きていれば、彼女をワトソンとクリックとの共同授賞とする提案は魅力的である。しかしそれは間違いであると私は考えるようになった。彼女は原理、原則を尊ぶ女性であり、この提案を受入れるとは思えない。ノーベル賞の推薦者の多くはワトソンとクリックのみをあげたことを頭に入れておきたい。ウィルキンズを加えた少数の推薦者がいたが、彼らはキャベンディッシュ研究所の医学研究評議会（ＭＲＣ）グループがキングズ・カレッジのＭＲＣグループに対して感じた負い目の意識を直接または間接的に理解した人たちだった。

この問題点を無視すれば、ワトソンとクリックのみの授賞がわかりやすい。他人のデータを再解釈して、空想的で予想もできないやり方でパラダイムを変える新しい洞察をすることは、もちろん悪いことではない。二人がドナヒューからの不可欠な一情報に頼ったことは誰も否定しないが、彼を共著者にするという示唆はなかった。さらに二人がキングズ・カレッジのグループの写真や計算に無条件に依存したことも、誰も否定しない。しかし

ノーベル賞を受取るクリック〔©Scanpix Sweden AB.〕

当時このグループは最終結論を導けなかった。科学を追究するうえで公開性は非常に重要である。しかし、フランクリンについて書いた本[26]でのセイヤーの見解「公平無私が科学者の絶対のルール」が無条件に適用されるべきか疑問である。

ワトソン-クリック「仮説」は、基本的に正しいDNA分子の足場（相補的な塩基の水素結合で逆平行らせんが安定化したもの）を説明するだけでない。いかにその分子が情報（生命の言語）の運び屋として働くか、それがいかに複製するかの劇的な洞察を与えてくれるものだ。塩基対合に関する中心的発見をしたことで二人だけの授賞が正当であると、今まで何度も言及されてきた。塩基対合の考えは「ゴルディウス王の結び目を切ること」〔ギリシャ神話で難問解決のたとえ〕であった。それは何といっても生物学、あるいは科学全般での二十世紀最大の発見であった。

DNA構造は二本の平行線である。最終的に三重らせんモデルはすべて間違いであることがわかった。正しい構造は二重らせんだ―一つの鎖はワトソン、もう一方の鎖はクリックである。

娘のガブリエルとダンスするクリック〔©Scanpix Sweden AB.〕

ワトソンと国王グスタフ六世アドルフ〔©Scanpix Sweden AB.〕

一九六二年十二月の祭典

一九六二年十二月十日、ストックホルムの暗い空のもと、ノーベル賞受賞者を祝う華やかな集いが行われた（197ページ）。物理学賞のレフ・D・ランダウは交通事故で出席できなかった。二人のタンパク質結晶学者のペルーツとケンドルー、DNA構造解明のワトソンとクリック、二重らせん構造を確認したウィルキンズが集まった。そこに生気あふれる作家ジョン・スタインベックも加わった。授賞式では国王が賞状やメダルをクリック、ワトソンのアルファベット順に授与した。賞状への署名は、この年初めて教授会全員でなくノーベル委員会の委員長、書記およびカロリンスカ研究所理事長だけのものになった。受賞者の子どもたちがお祝いに華を添えた。クリック夫妻は、クリックの一回目の結婚の息子マイケルと、八歳と十一歳の娘、ガブリエルとジャックリーヌを連れて来た。ウィルキンズは、一九五八年に結婚した二番目の妻パトリシア・チジェイと二人の小さな子どもと一緒だった。

12月11日の王室晩餐会．国王一家は列をつくって移動し客をもてなした．〔文献53〕

ワトソンはなお独身で、女性と関わることの難しさを感じていた。彼の高きを望む野心は、祝電で高められた。それは、一九六五年に物理学賞を共同受賞した華麗な人物リチャード・ファインマンからであった。電報には gly と署名がされていた（gly とはグリシン glycine を意味しており、後述のRNAタイ・クラブの二十人の特別会員の一人としてのファインマンの呼び名）。電文は「そして彼は美しい王女と出会い、ずっと幸せに暮らしました」であった。実際、ワトソンは十九歳から二八歳の四人の王女、マルガレータ、ビルギッタ、デジレー、クリスティーナに会った。一九四六年生まれの現在のスウェーデン国王カール十六世グスタフの姉たちである。そのうちの誰かは、儀式翌日の王室晩餐《さん》会で招待客を歓迎するのに王族が並んで歩く列にいた。ロマンスは起こらなかったが、一番若い王女クリスティーナはボストンで勉強したときにワトソンと会っている[42]。

五人の自然科学者は、講演で分子生命科学の驚くべき進展を語った。ワトソンとクリックはDNA構造の主題は話さなかった。代わりにクリックは進展している遺伝暗号の研究について話した。それは当時すでに二十個の異なるアミノ酸を規定するコドン（冗長性あり）であると解釈されていた[43]。ワトソンはタンパク質合成におけるRNAの役割について話した[44]。最初に、一九五二年に始めたRNAとTMVタンパク質の相互作用に関するX線結晶学による研究について話した。フランクリンがその二、三年後に美しい結論を出した。ワトソンはすでにRNAがタンパク質と相互作用して特定の構造をとると推測していた。このアイデアは重要で、一九五六年にクリックとともにウイルス構造の一般理論を立てた[24]。次にセントラルドグマの諸段階における異なるRNAの機能に関する最新知識を語った。ウィルキンズのみがDNAの結晶学研究について話した。その短い歴史と一九五三年以降にウィルキンズらが得たデータとについてであった。これらのデータは、ワトソン-クリックモデルを裏づけるものであった[34]。

分子生物学者の最高峰

クリックが繰返し強調しているように、DNA構造の発見は分子生命科学の異例な発展の出発点となっている。クリックはワトソンとの共同研究で刺激を受け、この分野での抜きん出た理論家になった。もちろん他の偉大な実験者や思考家もその発展に貢献しており、多くの優れた本に書かれている[3,4]。ノーベル賞に関する私の前著[16]での「ノーベル賞と核酸―五幕のドラマ」という章で、生命科学の問題を解決した科学者や研究の展開について凝縮した形で述べてある。分子生物学の発展初期、最高峰にいたのは何といってもクリックである。彼はユニークな理論家だった。特に正しく的を射た質問を出すという特別な能力があった。彼の陳述「もしビッグな質問をすれば、ビッグな解答を得る」には真実がある。

クルーグがフランクリンを形容するのに使ったサミュ

クリックとアレックス・リッチ，1990年代初期〔マサチューセッツ州MITのチャン・シゥーガン氏のご厚意による〕

エル・ジョンソンの引用文は、クリックにもよく当てはまるだろう。一九五三年にクリックはコラーゲンの構造を熟考し始めた。再度、彼は敵意に満ちた領域に入った。コラーゲン構造の研究はキングズ・カレッジの主要プロジェクトの一つだったのだ。一九五四年の元旦、彼はコラーゲン構造について最初の提案をした。このデータがランダルのもとに届いたとき、彼は仰天した。「クリックは、またやった！」そのモデルはDNAと同様に二本の逆平行鎖からなるものだった。しかしこの提案はのちにポーリングや他の研究者から間違いを指摘された。キングズ・カレッジからのコラーゲンのX線回折データ（会議議事録で入手可であった）は、クリックだけでなく他の科学者の興味もひいた。インドのマドラス大学のG・N・ラマチャンドランとG・カルタがほぼ正しいモデルをつくり、二本鎖でなく三本鎖であることを明らかにした（一九五四年『ネイチャー』）。

一九五五年にアレックス・リッチがケンブリッジへ来て、一カ月間の滞在予定が六カ月間まで延長した。これは一生続く友情の始まりだった。滞在のあいだに彼はクリックと一緒にコラーゲン構造の最終結果を出した。再度、彼らは他人が集めた情報を利用して前進したのだった。この発見は基本的にDNA構造解明と同じ性質のものであるとクリックは述べている。[1] しかし誰も『三重らせんへの競争』という本は書いていない。コラーゲンは人体や他の哺乳類で全タンパク質の三分の一を占める興味深い物質だが、植物には含まれず、重要度の一般性はDNAには適わない。DNAは遍在するがコラーゲンは偏在するのだ。クリックは皮肉っぽく言った。「コラーゲンは科学的に魅力のある分子だが、科学者は魅せられない。」

一九五四年クリックはイングラムと共同研究を始めた。これはのちに、DNAの突然変異が特異的にアミノ酸を変化させることを示した最初の研究となった（既述）。分子遺伝病の概念の最初の例である。しかしクリックの偉大さは、「セントラルドグマ」の確立と強化に多大の貢献をしたことに表れている。彼は遺伝暗号の性質を理解する基礎をつくり、メッセンジャーRNAの存在の概念化を進め、アダプターRNA（のちの転移RNA）の存在を仮定した。新しい洞察が生まれるときは、いつも知的な口論相手を見つけていた。その一人はシドニー・ブレンナーで、一九五〇年代の終わりにワトソンの役割を引き継いだ。

クリックによれば、[1] リボソームRNAとは別のメッセンジャーRNAの存在を概念化したのはブレンナーだという。それはパスツール研究所のジャコブがキャベンディッシュ研究所を訪問し、聖金曜日（復活祭前の金曜日）に皆がクリックの家に集まったときだった。クリック夫妻の家での寛大なもてなしで重要な議論が育ち、また人間関係も深まった。

クリックの遺伝暗号の研究は、彼が一九五三年に家族とともに米国へ移住し、ブルックリンのニューヨーク大学工業技術研究所でX線結晶学を使ってリボヌクレアーゼ（RNA分解酵素）の構造を調べるときに始まった。彼は研究室でルザッチ（パリから来たフランクリンの友人）と同室であった。その研究所で彼は初めて派手なロシア生まれの米国人物理学者ジョージ・ガモフと会った。ガモフはDNA塩基配列がアミノ酸配列に翻訳される際の言語を最初に考えた人である。その提案はすぐに見当外れであることがわかったが、くじけなかった。すでに一九五三年にワトソンとクリックが、ガモフと同様に遺伝暗号で考えるべきアミノ酸の数は二十であることを宣言していた。最終的に三文字のコドンが決まるまでに多くの段階があり、その最新の話を一九六二年にウィルキンズがノーベル賞講演で述べた。[4]

ガモフは悪ふざけが好きな茶化し屋であった。量子論への彼の貢献は比較的少ない。彼の最も重要な論文は一九四八年のビッグ・バンについてだった。共著者はラルフ・アルファーであり、ガモフは友人の物理学者ハンス・ベーテに共著者として名前を貸してほしいと頼み、著者名をアルファー、ベーテ、ガモフの順に並べた。ギリシャ文字アルファベットα（アルファ）、β（ベータ）、γ（ガンマ）が並んだのだ！

ガモフはいつも新しいアイデア出していた。一九五六年にRNAタイ・クラブという会をつくった。このクラブの目的はRNA構造に関して会員間で情報を交換し、RNAがいかにタンパク質合成を導くのか考えることだった。はじめ会員は物理学者十六人で構成されており、最終的にクリックとワトソンらを加えて二十人となった。各会員にはアミノ酸三文字表記の呼び名がついており、クリックはチロシン tyr であった。各人は三文字を刻んだ飾りピンをつけた。もちろんネクタイはガモフがデザインした。黒色の絹布を背景に糖-リン酸は緑色、塩基は黄色で刺繍された。オーゲルがオックスフォードの男性用服飾品店に注文したものであった。クラブ用の便箋のレターヘッドにはデルブリュックが考えた句「Do or die, or don't try. するか死ぬか、さもなくば試すな」と記されていた。そこには幹事の名も載っていた。ジオ・ガモフ＝共感者、ジム・ワトソン＝楽観主義者、フランシス・クリック＝悲観主義者（著者注：知的な現実主義者？）、マーチナス・イカス（生物学者でガモフの友人）＝文書管理人、アレックス・リッチ＝王璽《おうじ》尚書。クラブ会員間の相互作用がどれほどであったのか明らかでない。クリックの一論文はコドンの考えの発展に第一級の意義があった。しかし会員は仮想クラブでの悪ふざけやバカバカしさを楽しんだようだ。

学問との真剣な交わりのなかで楽しみは重要である。学者は土を掘り進めるような努力を要するため、ときには知性と感情の緊張を開放させる必要がある。ほとんどの実験は失敗に終わるか袋小路に入るので、元気が出る活動が必要なのだ。多くの成功した科学者はユーモアのセンスがある。ユーモアがあると研究での役割から離れた場所に自分を置けるのだ。

クリックに会って彼の笑顔を見なかった人はいない。私が個人的に会った機会は数少ない。前著[16]では、ラホヤの木曜クラブでのことを書いた。私が最初に彼に会ったのは一九八〇年代の初めで、のちにスクリップス研究所の所長になるリチャード・ラーナーがラホヤのプリンセス通りの家に夕食を取寄せてくれたときである。そのとき私の家族は一時的にラホヤに住んでいた。フランシス夫妻も招かれており、彼らは豊かな人間性で幸せに満ちていた。クリックの笑い声はずっと続いていた。

分子生物学の基盤的研究はすぐにノーベル生理学・医学賞となった（化学賞になるまでにはしばらく時間がかかった）。一九六五年、ジャコブ、ルウォッフ、モノーが受賞した（前述）。一九六八年にはロバート・W・ホリー、H・ゴビンド・コラナ、マーシャル・W・ニーレンバーグが「遺伝暗号の解釈とタンパク質合成におけるその機能に関する発見」、その翌年にはファージ遺伝学の創始者であるデルブリュック、ハーシー、ルリア（前述）が受賞した。ルリアは、コペンハーゲンとケンブリッジでの若いワトソンの初期の活動を支えていた。

一九六〇年代中ごろクリックとブレンナーは研究対象を変える時機と考え、胚発生の分野を選んだ。ブレンナーは線虫 *Caenorhabditis*《ケノラブディティス》 *elegans*《エレガンス》 をモデル系に選んだ。彼はセントラルドグマに関連した現象を明らかにした貢献でのノーベル賞は受賞しなかったが、長い年月の後、二〇〇二年に「組織発生の遺伝的調節とプログラム細胞死に関する発見」で共同受賞した。

一九七七年にクリックはケンブリッジを去り、ソーク研究所の教授になった。彼は以前に特別休暇の一年をそこで過ごしており、南カリフォルニアの生活環境が気に入っていた。彼は同時に研究領域を神経生物学に変更し、意識の研究に焦点を当てた。彼は洞察力に満ちた考えでこの分野の研究に大きな影響を与えた。彼は最期まで科学者として活動した。死の床で論文原稿を修正したのだ。

二〇〇四年の死後は火葬され、好奇心にかられた科学者がのちに分析するかもしれない脳は灰となった。彼は真のヒューマニストとして墓や竿石《さおいし》を望まなかった。灰

ワトソンと著者，2012年12月9日〔©Nobel Media AB. アレクサンダー・マームード撮影〕

は太平洋に撒かれた。追悼集会（私的と一般向けの二回）が行われて、世界の第一級の科学者を含む友人の大きな輪がこのユニークな才能の仲間を偲《しの》んだ。

黄金のらせんとともに六十年

ワトソンは、三番目に若いノーベル生理学・医学賞受賞者である。彼は二〇一二年十二月にストックホルムを再訪し、彼の授賞五十周年記念式典に出席した。この式典の開催は珍しく、ブラッグにも以前に同じ式典が開かれている。この年ノーベル財団付属の「ノーベル・メディア」が新規企画を行った。この式典のために「遺伝革命と社会へのインパクト」という題で、丸一日の「ノーベル週間対話」が授賞式典の前日に行われた。十五人ほどの発言者のうちの数人がワトソンを含む受賞者であった。マット・リドレーのインタビューで、ワトソンは一九五三年二月二八日の朝を思い出して語った。

ワトソンはスウェーデンの王女と結婚しなかった。彼は自分の「プリンセス」に出会うのにさらに六年待たねばならなかった。『二重らせん』が出版された年にエリザベス・ルイスと結婚したのだ。二人の息子に恵まれ、豊かで波瀾に満ちた生活を送った。彼の本『Avoid Boring People』[42]の題名は示唆的である〔「退屈な人を避けよ」と「人を退屈させるな」の二つの意味を掛けている〕。コールドスプリングハーバーにある彼の家は、長いあいだたくさんの訪問科学者を楽しませてきた「もてなし」の場所である。

黄金らせんの父であるという雰囲気をたたえて、その発見から六十年間きわめて活動的であった。クリックと同様に、DNA発見から始まるセントラルドグマまでの成熟の発展過程と、セントラルドグマに関する重要な分子の役者の同定に深く関係してきた。クリックと一緒にウイルス粒子の構造原理の輪郭を示し[24]（これはノーベル委員会で評価された）、メッセンジャーRNAを探す指導者の一人であった。さらに彼は多産の著述家でもある。ベストセラーとなった『二重らせん』[5]〔江上不二夫・中村桂子訳、講談社文庫〕を一九六八年に出版し、その前の一九六五年に評判のよい『遺伝子の分子生物学』〔中村桂子監訳、東京電機大学出版局〕の初版が出て、それ以来、改訂版が数回にわたり出版されている。ほかにも『DNAへの情熱—遺伝子、ゲノム、そして社会』[45]〔新庄直樹ら訳、ニュートンプレス社〕。『ぼくとガモフと遺伝情報』〔大貫昌子訳、白揚社〕がある。原題は『Genes, Girls and Gamow』[46]で、クリックと同様にガモフに魅せられ、題名に頭韻を踏んでガモフの名を入れた。『Avoid Boring People』[42]〔吉田三知世訳『DNAのワトソン先生、大いに語る』日経BP社〕。最近の本であるアンドリュー・ベリーとの共著『DNA 上・下巻』[47]〔青木 薫訳、講談社〕はクリックに捧げられた。ワトソンに関する他の著者の本はいくつかあり、その一つに『DNA博士—J・D・ワトソンとの率直な会話』[48]がある。

彼は科学の優秀な指導者であり、重要な本を出版するだけでなく、学術施設の指導者としても大きな貢献をした。一九五六年にはハーバード大学で終身権を得て一九七六年まで過ごし、この間に大学の生物学研究所で分子生物学研究を指導した。これと並行して一九六八年、ロングアイランドにあるコールドスプリングハーバー研究所（CSHL）の所長になった。この施設は人種衛生研究での汚点の歴史があったが、デルブリュックが復活させたのだ。彼はそこを分子生物学の研究と議論のメッカにした。ワトソンはその所長としてさらなるダイナミックな変化を起こした。彼は二〇〇七年までこの特筆すべき科学と会議のセンターの指導者であり、一九九四年からは会長、二〇〇四年には総長となった。

CSHLには独特の雰囲気がある。私はワクチン関連の会議を通して、十年以上にわたりそれを体感した。初めは会議の参加者で、のちの数年間は企画者を務めた。質素な寄宿舎の衛生施設は共同使用であった。扉に鍵はかけられなかった。会議の発表と議論は大きな黒板がある中程度の大きさの部屋で行われた。この部屋で行われた歴史的な発見に関する議論を感じることができる。魅惑的な水辺では、思いがけない人と何度も遭遇した。グラウンドの周りの小道を早朝にジョギングしたことは楽しい思い出だ。のちにワトソンは、「グレース・ホール」という近代的な会議センターと宿泊所を建てるためのお金を募った。新施設の雰囲気は、若干の変化はあるが、ほとんど昔のままである。

第三の男は第三の男のまま

ウィルキンズは、ノーベル賞受賞者として来日の的となったことを享受した。〔彼は亡くなる前の年に自叙伝『二重らせん 第三の男』（長野 敬・丸山 敬訳、岩波書店）を出版した。〕彼はいつも「第三の男」であった。DNA研究は一九六七年に辞めて、X線結晶学による神経細胞膜の研究を試みたが、画期的発見はできなかった。幸せな家庭を築き、科学者の責任、核兵器、世界の貧困などの社会問題にも興味を広げた。一九六〇年代には十年で解散した団体「英国科学者社会責任協会」に関わった。その団体は科学と芸術のような広い範囲に関係した。彼は二〇〇四年に亡くなった。

フランクリンは死後に認められた

フランクリンの科学への貢献を認める動きが徐々に強まった。彼女のことを書いた本[25,26]やクルーグ以外による数論文[27,28]が、彼女は「科学の栄誉の殿堂」に入るべきことを明らかにしている。B形DNAの鮮明なX線回折写真を得たのはフランクリンとゴスリンであった。繰返すが、ワトソンはこの写真を見てDNAの構造を思い付いたのである。「写真51」は長いあいだフランクリンの業績の象徴であった。最近ではアナ・ジーグラーの芝居『写真51』が米国のたくさんの劇場で上演され、高く称賛された。その劇では科学における「野心、孤独、高みへの競争」について問いかけ議論されてきた。二〇一一年にはニューヨークでの「世界科学フェスティバル」で上演された。上演後ワトソン〔都合がつかず欠席〕、カスパー、ゴスリンらが講師として内容について討論した。

フランクリンを認めようとする動きをいくつか紹介したい。彼女が卒業したニューナム・カレッジの庭には胸像が置かれた。二年後にロンドン大学バークベック・カレッジの結晶学教室は「ロザリンド・フランクリン研究室」をつくった。その一年後、英国立肖像美術館がフランクリンの写真をクリック、ワトソン、ウィルキンズの隣に加えたのは意義深い。キングズ・カレッジは、新設の研究室に「フランクリン-ウィルキンズ研究棟」と名付けた。その開所式にはワトソンが出席した。さらに健康科学フィンチ大学/シカゴ医学校は、名前を「ロザリンド・フランクリン医科学大学」と変更した。彼女の名が付いた賞もある。米国立癌研究所は「科学分野の女性のためのロザリンド・E・フランクリン賞」をつくった。英国王立協会は、自然科学、工学、科学技術の分野において著明な貢献をした者に対して「ロザリンド・フランクリン賞」を設立した。最後に、ケンブリッジ、クレア・カレッジのサーキル・コートの外にワトソンが寄付したDNAの彫刻がある。そのらせんには次の言葉が刻まれている。「DNAの構造は、ワトソンがクレアで暮らしていた一九五三年にフランシス・クリックとジェームズ・ワトソンによって解明された。」彫刻基台には「二重らせんモデルはロザリンド・フランクリンとモーリス・ウィルキンズの研究によって支持された。」

遺伝子とは何か?

この章を終えるにあたり、遺伝子の化学的な理解がいかに遺伝子概念の定義に影響してきたか考えてみたい。

構造がわかれば機能も理解できると単純に考えやすい。もちろんこれは基本的に正しい。しかし遺伝子構造に限り、異なる種のゲノム全体の特徴を調べるほど問題がきわめて複雑であることがわかった。逆説的にいえば、遺伝子の概念はより拡散し定義がはっきりしなくなった。学べば学ぶほど概念はぼんやりしていくようである。私は前著で[16]「生命の書」の読み書きの大きな進歩と、遺伝子発現の複雑なメカニズムに関する新たな洞察について短い概説を書いた。そのことはここで繰返さないが、ENCODE（DNA構成成分の百科事典）プロジェクト連合が最近印象的な報告書[49]を出したことをつけ加えたい。四百人以上の科学者からなる国際的な連合はヒトゲノムの特徴を詳しく調べ、たくさんのヒト細胞培養株で種々の試験法を使って異なる機能部分を調べた。結論は、少なくともある一つの細胞株ではゲノムの八十パーセントもの部分が機能に関係していた。タンパク質を発現させる配列は一パーセント程度のみであった。ゲノムの大部分は散在する遺伝子の調節に使われているのだ。しかしながら多くの科学者は八十パーセントという高い値に批判的であり、真の値は十パーセント以下であると考えている。この基本問題に関してはまだ判断を下すべきときではないだろう。

はじめ、セントラルドグマが遺伝子の性質に関する基本問題を説明すると思われた。DNAの暗号化されたメッセージが、特異的アミノ酸配列をもつタンパク質の合成に導く。DNAからRNAが転写され、原核細胞では直接、真核細胞では細胞質に運ばれた後に、タンパク質に翻訳される。三八億年前の生命誕生からDNAの系図は持続しており、遺伝暗号が普遍であることは、遺伝子機能の理解の基礎になってきた。しかし、遺伝子がDNAの連続する断片に相当し、さらにそれがポリペプチドに対応するというほど単純ではないことはすぐにわかった。中間のRNAはタンパク質をコードする部分より長かったのだ。RNAの種々の部分や、ときには大部分が調節機能に関与していることがわかった。遺伝子発現のプログラムが必要であることは、ジャコブとモノーが初めて明らかにした。メッセンジャーRNAに含まれる複数の信号がつくり出す全体の効果は多様で複雑であるとの考えが次第に強くなり、このプログラムをゲノン(genon)とよぶことが提案[50]された。特定の遺伝子の発現に関与するDNA部分がいくつか存在して、特異的なメッセンジャーRNAの発現を適切な時間と場所で起こすという概念である。別の表現を使えば、遺伝子は一つの単位でなく、協調の様式—諸機能の連合である。したがって広範なプログラムがあり、たとえば花の色の変化のような表現型変化が起こる。

メッセンジャーRNAとポリペプチドの対応が必ずしも一対一でないことが、RNAスプライシングの発見でわかった。この驚くべき発見は一九九三年のノーベル生理学・医学賞となり、リチャード・J・ロバーツとフィリップ・A・シャープが受賞した。DNAのある部分がRNAにそのまま転写され、次にそのRNAからいくつかの断片が特異的に除去される。もとの一遺伝子が編集によって一種以上のタンパク質をつくる〔選択的スプライシング〕。ビードルとテータムの一遺伝子ー一酵素という歴史的な説は修正しなければならなかった。ヒトゲノムは二万から二万二千のタンパク質コード部分を含み、約十万種類のタンパク質をつくる。つくられたタンパク質は二つの大きなカテゴリー（構造と調節）に分けられる。しかしこのあいだに明確な境界線はない。構造タンパク質は細胞骨格タンパク質（コラーゲンはその一つ）のような建築材としての機能をもつが、しばしば酵素作用や信号活性などの他の機能をもつ。

タンパク質をコードする遺伝子とは別に、翻訳されない（すなわちコドンが使われない）RNAをつくる遺伝子があり、独立に機能する。メッセンジャーRNAに加えて酵素作用や構造をつくるRNAがあるという基盤的発見にはノーベル賞が授与された。一九八九年の化学賞は、シドニー・アルトマンとトーマス・R・チェックの「RNAの触媒作用の発見」に対して与えられた。しかし全ゲノムの全体的機能はより複雑である。ゲノムをさらに研究していくと、メッセンジャーRNA以外に、多数の異なるカテゴリーの構造と機能をもつRNA以外に、多数の異なるカテゴリーの構造と機能をもつRNAや独立の構造と機能をもつのRNA産物があることがわかった[51]。これらのRNAの性質はまだ部分的にしかわかっていない。

遺伝子は簡単にいえば四種類に分けられる。構造および調節タンパク質の遺伝子と、構造および調節RNAの遺伝子である。しかしこのように遺伝子機能を分類しても、DNAの特定部分がある種における特定の性質—たとえば、チョウの色やヒトの特性—を決定するかどうかに影響する諸因子を完全に理解できるわけではない。それを知るためには、ＤＮＡの特定部分の複雑な発現を調節する一連の流れを明らかにしていくことが必要であろう。重要な発見はまだ行われていないが、それらは将来ノーベル賞の対象となるだろう。

タンパク質合成における重要な経時的段階は、現時点では大まかに次のように要約される。①クロマチンの修飾と活性化、②ＲＮＡへの転写とＲＮＡ-タンパク質複合体の形成、③機能的なメッセンジャーＲＮＡをつくるための加工、移動（真核細胞内で）、修飾、④最終的翻訳（タンパク質合成）のためのメッセンジャーＲＮＡの活性化または抑制。

逆説的であるが、ＤＮＡがもつ情報を発現するメカニズムの知識が増えるほど、遺伝子の詳細はぼやけて、定義がより曖昧になる。「遺伝子とはその塩基の変化が表現型に変化を起こすＤＮＡの一部分」とすると、曖昧さは解消される（ダーネル私信、文献51）。しかしこのような一般的な定義にも、多くの問題がある。強調する点が①表現型発現（調べるために選択した性質）か、②情報の保管および情報発現メカニズムかで、議論の結果は変わる。現段階では後者の問題により着目する必要がある。人間の素晴らしい創造性の応用で科学がさらに進歩し、この分野はさらに発展するだろう。この創造性に関する過去の資料はノーベル文書館で探せるが、将来何が発見されるのかは予想もできない。自然界にはなおわれわれが明らかにすべき多くの驚異―たとえば、地球環境変化に対し、いかに生物がランダムな遺伝子変異と新しい表現型の自然選択で生き残ってきたのか―が残されている。

訳者あとがき

本書で著者ノルビーは、ウイルス学、免疫学、分子生物学などの生命科学関係で特に重要なノーベル賞を取上げている。科学分野のノーベル賞は世界で最大の発見に対し毎年与えられるので、本書を読むことで生命科学の歴史をも知ることにもなる。著者はまた受賞者の人物像にも興味をもっており、科学とは別の人間臭さの面も書き込まれている。

遺伝子DNAの発見は二十世紀最大の科学上の革命といわれ、一九六二年にノーベル賞が授与された。その五〇年後の二〇一二年、賞選考の記録が公開になった。本書第6章は最も長く、そこで著者はこの発見の経緯、意義、選考の内容について詳しく書いている。この発見がはじめ化学賞（王立科学アカデミー担当）として推薦され、最終的には生理学・医学賞（カロリンスカ研究所担当）となった経過が、両賞それぞれの記録文書を使って書かれている。この発見には、夭折《ようせつ》した女性X線結晶学者ロザリンド・フランクリンも貢献している。今まで彼女については過大評価と過小評価の両極端があったが、著者は彼女の人物像に関する資料を丁寧に調べ、かつ研究業績を再検討して意見を述べている。また、ポーリングがワトソンとクリックへの授賞にいちゃもんをつけた手紙のことも書かれている。

この著者には次の背景がある。①著者がノーベル賞選考に長年にわたって関与してきた、②世界の多数の一流学者との接触があり、彼らの研究内容を熟知しているだけでなく、人物をも観察している、③科学アカデミーおよびカロリンスカ研究所の両方のノーベル文書館資料を利用しやすい立場にいる。ノーベル賞のことを書いた本は多数あるが、これらの点は他者が真似できないことである。

著者はすでにノーベル賞に関して三冊の本を著しており、本書はその第二作の翻訳である。第三作は『Nobel Prizes and Notable Discoveries』で、二〇一六年秋に刊行された。タンパク質アミノ酸配列決定法およびDNA塩基配列決定法を考案して二度ノーベル化学賞をもらったサンガーや、遺伝子発現の調節機構の発見、コレステロール代謝にまつわる発見などに関する人物についての興味深い話が載っている。

この日本語版では、紙幅などの理由で原書全九章のうち三章が載せられなかった。割愛したのは、原書第5章（一九四三年化学賞受賞者で、授賞は翌年であった物理学者ゲオルグ・ド・ヘベシーの話で、彼は放射性同位体の生物学研究への応用の基礎となる発見をした）、第6章（一九六一年の生理学・医学賞受賞の聴覚生理学者で物理学出身のG・フォン・ベケシーの話）、第9章（科学に関する著者のエッセー）である。

訳者は昔、著者ノルビーの研究室に留学したことがある。何年か前に、彼がノーベル賞に関する本を執筆中であり、この仕事はやりがいがあるとのメールをいただいた。第一作は日本語訳が刊行されて、それを興味深く読んだ。第二作を読もうと思ったが日本語訳がなく原書を読んだ。内容は科学だけでなく文化や古典にも及び、著者がもつ膨大な知識と内容の広さと深さに圧倒された。日本語訳があれば日本人研究者にも役立つと考え、旧知の昭和薬科大学の西島正弘学長に相談したところ、東京化学同人編集部長、住田六連氏をご紹介いただき、第二作の翻訳出版をご快諾いただいた。

ところで「ノーベル生理学・医学賞 Nobel Prize for Physiology or Medicine」の日本語名称は、「医学生理学賞」とも訳される。昔訳者は、生理学は医学に含まれる（医学部の中に生理学教室がある）のになぜ

「生理学」が賞の名前に入っているのかと不思議に思っていた。訳者がノルビーの研究室にいたとき、雑談時にスヴェン・ガード教授にその疑問を出してみた。彼の説明は、大腸菌の代謝や遺伝の研究は医学ではないが生理学であるとのことだった。

生理学・医学賞は、アルフレッド・ノーベルが一八九五年の遺言に入れた名称である（一八九六年十二月十日に六三歳で死去）。当時フランスにいたノーベルは、ウプサラ大学出身でカロリンスカ研究所にいてのちに教授になった生理学者ヨハン・エリック・ヨハンソンと密な交流があり、実母の霊に捧げてカロリンスカ研究所に寄付をしていた。科学アカデミーとの直接の接触はなかった。遺言では、ノーベル化学賞と物理学賞の選考に王立科学アカデミー内の化学部会および物理学部会を指名したが、生理学・医学賞の選考には、アカデミーの医科学部会でなくカロリンスカ研究所を指名したのである。**Physiology or Medicine** となっているので、この二つは別のカテゴリーであり、かつ「生理学」が「医学」の前に置かれているので前者により重点があることを意味する。ヨハンソンの意見が反映されているとの話がある。この「生理学」は広い意味での基礎医学をさしているといえよう。「生化学」という言葉が生まれたのは二十世紀初頭のことで、それ以前は「生理化学」ともよばれていた。

ノーベル賞は、ノーベルの遺言に従って生理学・医学賞では「人類に最大の貢献となる発見をした人」に対し授与されるので（物理学賞は発見と発明、化学賞は発見と改良）、その対象は人類への貢献に主点をおけば臨床医学、発見に主点をおけば基礎医学の分野になろう。

さて「カロリンスカ研究所」は、単科医科大学でありながら「カロリンスカ医学校」ではなく、「研究所」が伝統的に使われている。医学生の教育と基礎医学の研究が行われていて、学生は研究室に入って研究ができるようになっている。臨床研修を行う「カロリンスカ病院」は別にある。アルフレッド・ノーベルがカロリンスカ研究所を生理学・医学賞の選考機関に指名したときには戸惑いがあったとされるが、ノーベル賞の権威が高まり、カロリンスカ研究所の権威も高まった。一九〇一年に教授会は一九人であったのが、一九七〇年には六一人になり、現在は四百人を超す（准教授等も含む）。スウェーデンに医学部は全部で六つあるが、スウェーデン全体の生物医学研究の約半分はカロリンスカ研究所で行われているとのことである。ノーベル賞の最終決定を行うのは教授会総会であったが、一九七九年に五〇名の選ばれた教授からなる「ノーベル議会」がつくられた（112ページ）。

カロリンスカ医学校卒業者でノーベル賞受賞者は五人いる。A・フーゴ・T・テオレル（一九五五年受賞、酸化酵素の研究）、ウルフ・S・フォン・オイラー（一九七〇年、ノルアドレナリン）、トシテン・N・ウィーセル（一九八一年、視覚神経生理学）、スーネ・K・ベリストレーム（一九八二年、プロスタグランジン）、トマス・R・リンダール（二〇一五年、DNA修復酵素）である。リンダールは著者ノルビーの同級生である。彼は化学賞で、他は生理学・医学賞の受賞である。

著者は現在、八〇歳である。ノーベル賞に関しての四作目の執筆を始めたとのことである。最初に会ったとき彼は三十代前半で実際の歳より上に見えた。抜群の記憶力に驚かされた。その後あまり歳をとっていないように見える。今後ますますの活躍を期待したい。

本書で、若い日本人がノーベル賞や生命科学の歴史を知り、また自身の研究にも役立てられることを期待します。

翻訳にあたり、訳者に意味がわからない箇所は著者に問い合わせをし、言い換えをしていただきました。外国の固有名詞の日本語訳に関しては慣用のものを使い、スウェーデン語に関しては現地在住の中島香子さんにお尋ねしました。フランス語に関して、瀬戸 昭 滋賀医大名誉教授にお訊きしました。編集に関しては井野未央子さん、渡邉真央さんのお世話になりました。特に渡邉さんは原書にあたって訳をチェックされ、また日本語訳を読みやすくするのにご協力をいただきました。

二〇一八年一月

井《いの》 上《うえ》 栄《さかえ》

1940年山梨県生まれ．1964年東京大学医学部卒，1969年同大学院博士課程修了，医学博士．国立予防衛生研究所ウイルス中央検査部研究員，1971～72年カロリンスカ研究所ノルビー研究室に留学．国立公衆衛生院衛生微生物学部長，国立予防衛生研究所感染症疫学部長，国立感染症研究所感染症情報（現・疫学）センターの初代センター長を経て，2000～2012年大妻女子大学で健康教育に従事．現在，国立感染症研究所名誉所員，大妻女子大学名誉教授，東京都花粉症対策検討委員会委員．著書に『文明とアレルギー病―杉花粉症と日本人』（講談社，1992年），『感染症の時代』（講談社現代新書，2000年），『感染症―広がり方と防ぎ方』（中公新書，2006年），『母子手帳から始める若い女性の健康学』（大修館書店，2012年）．

ノーベル賞の真実

いま明かされる選考の裏面史

井 上 栄 訳

2018年3月26日 第1刷 発行

ISBN978-4-8079-0932-2
Printed in Japan

発行者
小 澤 美 奈 子

発行所
株式会社 東京化学同人
東京都文京区千石 3-36-7（〶112-0011）
電話 (03) 3946-5311
FAX (03) 3946-5317
URL http://www.tkd-pbl.com/

印刷 美研プリンティング株式会社
製本 加藤製本株式会社

索　　引

あ，い

う〜お

か，き

く，け

た　行

な　行

は，ひ

ふ

へ，ほ

ま　行

や　行

ら　行

わ　行

文　　献

第 1 章

1. Burnet, M., “Changing Patterns. An Atypical Autobiography”, American Elsevier Publishing, New York (1969).
2. Sexton, C., “Burnet：A Life, 2nd ed.”, Oxford University Press (1999).
3. Norrby, E., “Nobel Prizes and Life Sciences”, World Scientific, Singapore (2010).
4. Lewis, S., “Arrowsmith”, Buccaneer Books, New York (1925).
5. Burnet, F.M., “Virus as Organism：Evolutionary and Ecological Aspects of Some Human Diseases.”, Harvard University Press (1945).
6. Burnet, F.M., “Viruses and Man, 2nd ed”, Penguin Books, Harmondworth, Middlesex (1955).
7. Burnet, F.M., ‘The Bacteriophages’, *Biol. Rev.*, **6**, 332-350 (1934).
8. Stent, G.S., “Molecular Biology of Bacterial Viruses”, W.H. Freeman, San Francisco (1963).
9. Brock, T.D., “The Emergence of Bacterial Genetics”, Cold Spring Harbor Press, New York (1990).
10. Schlesinger, M., ‘Zur frage der chemischen zusammensetzung des bakteriophagen’, *Biochemische Zeitschrift*, **273**, 306-311 (1934).
11. Fenner, F., Ratcliffe, F.N., “Myxomatosis”, Cambridge University Press, Cambridge (1965).
12. Stolt, C.-M., ‘Moniz, lobotomy, and the 1949 Nobel Prize’, In “Historical Studies in the Nobel Archives. The Prizes in Science and Medicine” (Ed. Crawford, E.), Universal Academy Press, Tokyo (2002).
13. Burnet, F.M., “The Clonal Selection Theory of Acquired Immunity”, Vanderbilt University Press, Nashville (1959).
14. Klein, G., “… i stället för hemland” (in Swedish), Bonniers, Stockholm (1984).
15. Medawar, P.B., “Pluto’s Republic”, Incorporating ‘The Art of the Soluble’ and ‘Induction and Intuition in Scientific Thought’, Oxford University Press, USA (1982).
16. Murphy, F.A., “The Foundations of Virology”, Infinity Publishing, West Conshohocken, PA (2012).

第 2 章

1. Lagerkvist, U., “Pioneers of Microbiology and the Nobel Prize”, World Scientific, Singapore (2003).
2. Norrby, E., “Nobel Prizes and Life Sciences”, World Scientific, Singapore. (2010)
3. Burnet, F.M., Fenner, F., “The Production of Antibodies, 2nd ed.”, Walter and Eliza Hall Institute for Medical Research in Pathology and Medicine. Monograph No. 1, Macmillan, Melbourne (1949).
4. Burnet, M., “Changing Patterns. An Atypical Autobiography”, American Elsevier Publishing, New York (1969).
5. Huxley, A., “Brave New World”, Harper Perennial Modern Classics; reprint edition (2006).
6. Burnet, F.M., ‘A modification of Jerne’s theory of antibody production using the concept of clonal selection’, *Aust. J. Sci.*, **20**, 67-72 (1957).
7. Medawar, P.B., “Memoirs of a Thinking Radish：An Autobiography”, Oxford University Press, Oxford (1986).

8. Medawar, J., "A Very Decided Preference. Life with Peter Medawar", Oxford University Press, Oxford (1991).
9. Gibson, T., Medawar, P. B., 'The fate of skin homografts in man', *J. Anat.*, **77**, 299-310 (1943).
10. Anderson, D., Billingham, R.E., Lampkin, G.H., Medawar P.B., 'The use of skin grafting to distinguish between monozygotic and dizygotic twins in cattle', *Heredity*, **5**, 379-397 (1951).
11. Snell, G.D., Winn, H.J., Stimpfling, J.H., Parker, S.J., 'The homograft reaction', *Ann. Rev. Microbiol.*, **11**, 439-458 (1957).
12. Medawar, P.B., "The Threat and the Glory. Reflections on Science and Scientists", Oxford University Press, Oxford (1990).
13. Billingham, R.E., Brent, L., Medawar, P.B., 'Actively induced tolerance of foreign cells', *Nature*, **172**, 603-606 (1953).
14. Ivanyi, J., 'Milan Hašek and the discovery of immunological tolerance', *Nature Reviews*, **3**, 591-597 (2003).
15. Billingham, R.E., Brent, L., Medawar, P.B., 'The antigenic stimulus in transplantation immunity', *Nature*, **178**, 514-519 (1956).
16. Doherty, P., "The Beginner's Guide to Winning the Nobel Prize. A Life in Science", Columbia University Press, New York (2006).
17. Burnet, F.M., "The Clonal Selection Theory of Acquired Immunity", Vanderbilt University Press, Nashville (1959).
18. Burnet, F.M., "Virus as Organism: Evolutionary and Ecological Aspects of Some Human Virus Diseases", Harvard University Press (1945).
19. Burnet, F.M., 'Immunological recognition of self', In "*Les Prix Nobel en 1960*", pp.113-124, Imprimerie Royale, P.A. Norstedt & Söner (1961).
20. Medawar, P.B., 'Immunological tolerance', In "*Les Prix Nobel en 1960*", pp.125-134, Imprimerie Royal, P.A. Norstedt & Söner (1961).
21. Sexton, C., "Burnet. A Life., 2nd ed.", Oxford University Press (1999).
22. Burnet, F.M., "Viruses and Man, 2nd ed.", Penguin Books, Harmondworth, Middlesex (1955).
23. Burnet, F.M., "Endurance of Life. The Implications of Genetics for Human Life", Cambridge University Press, London (1978).
24. Burnet, F.M., "Credo and Comment: A Scientist Reflects", Melbourne University Press, Melbourne (1979).
25. Medawar, P.B., "The Uniqueness of the Individual", Dover Publications (1957).
26. Medawar, P.B., "Pluto's Republic", Incorporating 'The Art of the Soluble' and 'Induction and Intuition in Scientific Thought', Oxford University Press, USA (1982).
27. Medawar, P.B., "The Limits of Science", Paperback, Oxford University Press, USA (1988).
28. Medawar, P.B., "Advice to a Young Scientist (Alfred P. Sloan Foundation Series)", Basic Books, New York (1981).
29. Medawar, P.B., Medawar, J., "Aristotle to Zoos: A Philosophical Dictionary of Biology", Harvard University Press, Cambridge, Mass (1983).
30. Thomas, L., "Late Night Thoughts on Listening to Mahler's Ninth Symphony", Bantam Books, New York (1984).
31. Ohlmarks, Åke, "Nobelpristagarna" (in Swedish), (Ed. Forssell, G.B.), F. Beck & Son, Stockholm (1969).

第3章

1. Miller, J.F.A.P., 'The golden anniversary of the thymus', *Nature Reviews Immunology*, **11**, 489-495 (2011).
2. Martinez, C., Kersey, J., Papermaster, B.W., Good, R.A., 'Skin homograft survival in thymectomized mice', *Proc. Soc. Exp. Biol. Med.*, **109**, 193-196 (1962).
3. Arnason, B.G., Jankovic, B.D., Waksman, B.H., 'Effect of thymetomy on "delayed" hypersensitivity reactions', *Nature*, **194**, 99-100 (1962).
4. Möller, G., 'Demonstration of mouse isoantigens at the cellular level by the fluorescent antibody technique', *J. Exp. Med.*, **121**, 415-434 (1961).
5. Medawar, P.B., "Memoirs of a Thinking Radish: An Autobiography", American Elsevier Publishing, New York (1986).
6. Medawar, P.B., "The Threat and the Glory. Reflections on Science and Scientists", Oxford University Press, Oxford (1990).
7. Zuckerman, H., "Scientific Elite. Nobel Laureates in the United States. New Edition with a New Introduction", Transaction Publishers, New Brunswick (1996).
8. Hollingsworth, J.R., Hollingsworth, E.J., "Major Discoveries, Creativity, and the Dynamics of Science", Complexity Design Society, Vol. 15. Remaprint, Vienna (2011).
9. Norrby, E., "Nobel Prizes and Life Sciences", World Scientific, Singapore (2010).
10. Gardner, H., Czikszentmihalyi, M., Damon, W., "Good Work: When Excellence and Ethics Meet", New York, Basic Books (2001).
11. Porter, R.R., 'Structural studies of immunoglobulins', In "*Les Prix Nobel en 1972*", pp.174-183, Imprimerie Royale, P.A. Norstedt & Söner (1973).
12. Landsteiner, K., "The Specificity of Serological Reaction", Harvard University Press, Cambridge (1946).
13. Edelman, G.M., 'Antibody structure and molecular immunology', In "*Les Prix Nobel en 1972*", pp.147-170, Imprimerie Royale, P.A. Norstedt & Söner (1973).
14. Ramel, S., "Pojken i Dörren. Minnen", p.247, Atlantis, Stockholm (1994).
15. Vandvik, B., Norrby, E., 'Oligoclonal IgG antibody response in the central nervous system to different measles virus antigens in subacute sclerosing panencephalitis', *Proc. Nat. Acad. Sci., USA*, **70**, 1060-1063 (1973).
16. Köhler, G., Milstein, C., 'Continuous culture of fused cells secreting antibody of predefined specificity', *Nature*, **256**, 495-497 (1975).
17. Köhler, G., 'Derivation and diversification of monoclonal antibodies', In "*Les Prix Nobel en 1984*",pp.174-189, Almquist & Wiksell International, Stockholm (1985).
18. Milstein, C., 'From the structure of antibodies to the diversification of the immune response', In "*Les Prix Nobel en 1984*", pp.194-216, Almquist & Wiksell International, Stockholm (1985).
19. Norrby, E., Biberfeld, G., Chiodi, F., von Gegerfeldt, A., Nauclér, A., Parks, E., Lerner, R., 'Discrimination between antibodies to HIV and to related retroviruses using site-directed serology', *Nature*, **329**, 248-250 (1987).
20. Tonegawa, S., 'Somatic generation of immune diversity', In "*Les Prix Nobel en 1987*", pp. 203-227, Almquist & Wiksell International, Stockholm (1988).
21. Dausset, J., 'Concepts passés, presents et futures sur le complexe majeur d'histocompatibilite de l'homme (HLA)'. In "*Les Prix Nobel en 1980*", pp.196-211 Almquist & Wiksell International, Stockholm (1981).
22. Benacerraf, B., 'The role of MHC gene products in immune regulation and its relevance to alloreactivity', In "*Les Prix Nobel en 1980*", pp.165-191, Almquist &

Wiksell International, Stockholm (1981).
23. Doherty, P., "The Beginner's Guide to Winning the Nobel Prize. A Life in Science", Columbia University Press, New York (2006).
24. Klareskog, L., 'The Nobel Prize in Physiology or Medicine', In "*Les Prix Nobel en 1996*", pp.25-26, Almquist & Wiksell International, Stockholm (1997).
25. Murphy, F.A., "The Foundations of Virology", Infinity Publishing, West Conshohocken, PA (2012).

第 4 章

1. Olson, S., "Mapping Human History. Genes, Race, and our Common Origin", Houghton Mifflin Company, Boston (2002).
2. Oppenheimer, S., "Out of Africa's Eden. The Peopling of the World", Jonathan Ball Publishers, Johannesburg (2003).
3. Diamond, J., "Guns, Germs and Steel", W. W. Norton, New York (1997).
4. McNeill, W. H., "Plagues and Peoples", Anchor Books, New York (1976).
5. Boorstin, D.J., "The Discoverers, A History of Man's Search to Know His World and Himself", Vintage Books, New York (1985).
6. Mann, C.C., "1493: Uncovering the New World Columbus Created", Alfred A. Knopf, New York (2011).
7. Norrby, E., "Nobel Prizes and Life Sciences", World Scientific, Singapore (2010).
8. Gibson, D.G., Glass, J.I., Lartigue, C., *et al.*, 'Creation of a bacterial cell controlled only by a chemically synthesized genome', *Science*, **329**, 52-56 (2010).
9. Murray, J.E., 'The first successful organ transplants in man', In "*Les Prix Nobel en 1990*", pp.204-216, Almquist & Wiksell International, Stockholm (1991).
10. Murray, J.E., 'Autobiography', In "*Les Prix Nobel en 1990*", pp.201-203, Almquist & Wiksell International, Stockholm (1991).
11. Thomas, E.D., 'Bone marrow transplantation — past, present and future', In "*Les Prix Nobel en 1990*", pp.222-230, Almquist & Wiksell International, Stockholm (1991).
12. Hargittai, I., "Drive and Curiosity. What Fuels the Passion for Science", P.B. Prometeus Books, New York (2011).
13. Elion, G.B., 'The purine path to chemotherapy', In "*Les Prix Nobel en 1988*", pp.267-288, Almquist & Wiksell International, Stockholm (1989).
14. Elion, G.B., 'Autobiography', In "*Les Prix Nobel en 1988*", pp.263-266, Almquist & Wiksell International, Stockholm (1989).
15. zur Hausen, H., 'The search for infectious causes of human cancers: Where and why', In "*Les Prix Nobel en 2008*", pp.223-243, Edita Norstedts tryckeri, Stockholm (2009).
16. Murphy, F.A., "The Foundations of Virology", Infinity Publishing, West Conshohocken, PA (2012).

第 5 章

1. Liljas, A., 'Background to the Nobel Prizes to the Braggs', *Acta Crystallogr.*, A**69**, 10-15 (2012).
2. Hunter, G.K., "Light Is a Messenger: The Life and Science of William Lawrence Bragg", Oxford University Press (2004).
3. Brown, A., "J.D. Bernal: The Sage of Science", Oxford University Press (2005).
4. Perutz, M.F., 'X-ray analysis of haemoglobin', In "*Les Prix Nobel en 1962*",

pp.82-102, Imprimerie Royale, P.A. Norstedt & Söner, Stockholm (1963).
5. Norrby, E., "Nobel Prizes and Life Sciences", World Scientific, Singapore (2010).
6. Crowfoot Hodgkin, D., 'The X-ray analysis of complicated molecules', In "*Les Prix Nobel en 1964*", pp.157-178, Imprimerie Royale, P.A. Norstedt & Söner, Stockholm (1965).
7. Ferry, G., "Dorothy Hodgkin：A Life", Granta Books, London (1998).
8. Ferry, G., "Max Perutz and the Secret of Life", Chatto & Windus, London (2007).
9. Pauling, L., "The Nature of the Chemical Bond and the Structure of Molecules, new edition", Cornell University Press (1960).
10. Hargittai, I., "Candid Science II. Conversations with Famous Biomedical Scientists", Imperial College Press, London (2002).
11. Hager, T., "Force of Nature: The Life of Linus Pauling", Simon and Schuster, New York (1995).
12. Hägg, G., In "*Les Prix Nobel en 1954*", pp.29-32, Imprimerie Royale, P.A. Norstedt & Söner, Stockholm (1955).
13. Pauling, L., 'Modern structural chemistry', In "*Les Prix Nobel en 1954*", pp.91-99, Imprimerie Royale, P.A. Norstedt & Söner, Stockholm (1955)
14. Perutz, M., "I wish I'd Made You Angry Earlier: Essays on Science, Scientists and Humanity, expanded edition", Cold Spring Harbor Laboratory Press, New York (2003).
15. Kendrew, J.C., 'Myoglobin and the structure of proteins', In "*Les Prix Nobel en 1962*", pp.103-125, Imprimerie Royale, P.A. Norstedt & Söner, Stockholm (1963).
16. Westgren, A., 'The Prize in Chemistry.' In "Nobel, the Man and His Prizes, 3rd ed.", pp.119-133 Odelberg, W. Elsevier, New York (1972).
17. Hargittai, I., "The DNA Doctor. Candid Conversations with James D. Watson", p.61, World Scientific (2007).
18. Hägg, G., 'The introductory speech to the 1964 Nobel Prize in chemistry', In "*Les Prix Nobel en 1964*", pp.30-33, Imprimerie Royale, P.A. Norstedt & Söner (1965).
19. Hägg, G., 'The introductory speech to the 1962 Nobel Prize in chemistry', In "*Les Prix Nobel en 1962*", pp.30-33 Imprimerie Royale, P.A. Norstedt & Söner (1963).
20. Finch, J., "A Nobel Fellow on Every Floor. A History of the Medical Research Council Laboratory of Molecular Biology", Icon Books, Cambridge (2008).
21. Perutz, M., "Is Science Necessary? Essays on Science and Scientists", Oxford University Press (1991).
22. Ohlmarks, Å., "Nobelpristagarna" (in Swedish; ed. Forssell, G.B.), F. Beck & Son, Stockholm (1969).

第6章

1. Crick, F.H.C., "What Mad Pursuit：A Personal View of Scientific Discovery", Basic Books, New York (1988).
2. Watson, J.D., Crick, F.H.C., 'Molecular structure of nucleic acids. A structure for deoxyribose nucleic acid', *Nature,* **171**, 737-738 (1953).
3. Olby, R., "The Path to the Double Helix：The Discovery of DNA", Macmillan, London; revised edition (1994), Dover, New York (1974).
4. Judson, H., "The Eighth Day of Creation: Makers of the Revolution in Biology, expanded edition", Cold Spring Harbor laboratory Press, New York (1996).
5. Watson, J.D., "The Double Helix. A Personal Account of the Discovery of the Structure of DNA", Weidenfeld and Nicolson, London (1968).

6. Wilkins, M., "The Third Man and the Double Helix: The Autobiography of Maurice Wilkins", Oxford University Press, Oxford (2003).
7. Schrödinger, E., "What Is Life? The Physical Aspect of the Living Cell", Cambridge University Press, Cambridge (1944).
8. Olby, R., "Francis Crick. Hunter of Life's Secrets", Cold Spring Harbor Laboratory Press, New York (2009).
9. Cochran, W., Crick, R.H.C., Vand, V., 'Structure of synthetic polypeptides I. The transform of atoms on a helix', *Acta Crystallogr.*, **5**, 581-586 (1952).
10. Hager, T., "Force of Nature. The Life of Linus Pauling", Simon & Schuster, New York (1995).
11. Roberts, R.M., "Serendipity. Accidental Discoveries in Science", John Wiley & Sons, New York (1989).
12. Wilkins, M.H.F., Stokes, A.R., Wilson, H.R., 'Molecular structure of deoxypentose nucleic acids', *Nature*, **171**, 738-740 (1953).
13. Franklin, R.E., Gosling, R.G., 'Molecular configuration in sodium thymonucleate', *Nature*, **171**, 740-741 (1953).
14. Watson, J.D., Crick, F.H.C., "Genetic implications of the structure of deoxyribonucleic acid", *Nature*, **171**, 964-967 (1953).
15. Crick, F.H.C., Watson, J.D., 'The complementary structure of deoxyribonucleic acid', *Proc. Royal Society*, **223**, 80-96 (1954).
16. Norrby, E., "Nobel Prizes and Life Sciences", World Scientific, Singapore (2010).
17. Tatum, E.L., 'A case history in biological research', In "*Les Prix Nobel en 1958*", pp.160-169, Imprimerie Royale, P.A. Norstedt & Söner, Stockholm (1959).
18. Lederberg, J., 'A view of genetics', In "*Les Prix Nobel en 1958*", pp.170-189, Imprimerie Royale, P.A. Norstedt & Söner, Stockholm (1959).
19. Norrby, E., Albertsson, P.-Å., 'Concentration of poliovirus by an aqueous polymer two-phase system', *Nature*, **188**, 1047-1048 (1960).
20. Franklin, R.E., Gosling, R.G., 'The structure of sodium thymonucleate fibres. I. The influence of the water content', *Acta Crystallogr.*, **6**, 673-677 (1953).
21. Franklin, R.E., Gosling, R.G., 'The structure of sodium thymonucleate fibres. II. The cylindrically symmetrical Patterson Function', *Acta Crystallogr.*, **6**, 678-685 (1953).
22. Meselson, M., Stahl, F.W., 'The replication of DNA in *Escherichia coli.*', *Proc. Natl. Acad. Sci.*, **44**, 671-682 (1958).
23. Franklin, R.E., 'Structure of tobacco mosaic virus', *Nature*, **175**, 379-382 (1955).
24. Crick, F.H.C., Watson, J.D., 'The structure of small viruses', *Nature*, **177**, 473-475 (1956).
25. Maddox, B., "Rosalind Franklin. The Dark Lady of DNA", HarperCollins New York (2002).
26. Sayre, A., "Rosalind Franklin and DNA", W.W. Norton, New York (1975).
27. Klug, A., 'Rosalind Franklin and the discovery of the structure of DNA', *Nature*, **219**, 808-810, 843-844 (1968).
28. Klug, A., 'Rosalind Franklin and the double helix', *Nature*, **248**, 787-788 (1974).
29. Franklin, R.E., Gosling, R.G., 'Evidence for a two-chain helix in crystalline structure of sodium deoxyribonucleate', *Nature*, **172**, 156-157 (1953).
30. Franklin, R.E., Gosling, R.G., 'The structure of sodium thymonucleate fibres. III. The three-dimensional Patterson function', *Acta Crystallogr.*, **8**, 151-156 (1955).
31. Klug, A., 'Curriculum vitae', In "*Les Prix Nobel en 1982*", pp.89-92, Imprimerie

Royale, P.A. Norstedt & Söner, Stockholm (1983).
32. Finch, J.T. A., Klug, A., 'Structure of poliomyelitis virus', *Nature*, **183**, 476-477 (1959).
33. Hogle, J.M., Chow, M., Filman, D.J., 'Three-dimensional structure of poliovirus at 2.9 Å resolution', *Science*, **229**, 1358-1366 (1985).
34. Caspar, D.L.D., Klug, A., 'Physical principles in the construction of regular viruses', *Cold Spring Harbor Symp.*, **27**, 1-24 (1962).
35. Norrby, E., 'The relationship between the soluble antigens and the virion of adenovirus type 3. I. Morphological characteristics', *Virology*, **28**, 236-248 (1966).
36. "Virus taxonomy. Ninth Report of the International Committee on Taxonomy of viruses", (Eds. King, A.M.Q., Adams, M.J., Carstens, E.B., Lefkowitz, M.J.), Academic Press, London (2011).
37. Hunter, G.K., "Light Is a Messenger. The Life and Science of William Lawrence Bragg", Oxford University Press, Oxford (2004).
38. Wilkins, M.H.F., 'The molecular configuration of nucleic acids', In "*Les Prix Nobel en 1962*", pp.93-125, Imprimerie Royale, P.A. Norstedt & Söner, Stockholm (1963).
39. Klug, A., 'From macromolecules to biological assemblies', In "*Les Prix Nobel en 1982*", pp.93-125, Imprimerie Royale, P.A. Norstedt & Söner, Stockholm (1983).
40. Engström, A.V., 'Introductory speech to the Nobel Prize in physiology or medicine 1962', In "*Les Prix Nobel en 1962*", pp.38-40, Imprimerie Royale, P.A. Norstedt & Söner, Stockholm (1963).
41. Crick, F., 'How to live with a golden helix. A DNA pioneer takes another look at his seminal discovery', *The Sciences*. Sep., pp. 6-9 (1979).
42. Watson, J.D., "Avoid Boring People. Lessons from a Life in Science", Alfred A. Knopf, New York (2007).
43. Crick, F.C.H., 'On the genetic code', In "*Les Prix Nobel en 1962*", pp.179-187, Imprimerie Royale, P.A. Norstedt & Söner, Stockholm (1963).
44. Watson, J.D., 'The involvement of RNA in the synthesis of proteins', In "*Les Prix Nobel en 1962*", pp.155-178, Imprimerie Royale, P.A. Norstedt & Söner, Stockholm (1963).
45. Watson, J.D., "A Passion for DNA: Genes, Genomes, and Society", Cold Spring Harbor Laboratory Press, New York (2000).
46. Watson, J.D., "Genes, Girls, and Gamow: After the Double Helix", Oxford University Press, Oxford (2002).
47. Watson, J.D. (with Andrew Berry), "DNA. The Secret of Life", Arrow Books, London (2004).
48. Hargittai, I., "The DNA Doctor. Candid Conversations with James D. Watson", World Scientific, Singapore (2007).
49. The ENCODE Project Consortium, 'An integrated encyclopedia of DNA elements in the human genome', *Nature*, **489**, 57-64 (2012).
50. Scherrer, K., Jost, J., 'The gene and the genon concept: A functional and information-theory analysis', *Molecular Systems Biology*, **3**, 87-98 (2007).
51. Darnell, J., "RNA. Life's Indispensible Molecule", Cold Spring Harbor Laboratory Press, New York (2011).
52. Murphy, F.A., "The Foundations of Virology", Infinity Publishing, West Conshohocken, PA (2012).
53. Ohlmarks, Å., "Nobelpristagarna" (in Swedish, Ed. Forssell, G.B.), F. Beck & Son, Stockholm (1969).